U0215341

英漢日・木材と木構造・辞書

英汉日
木材与木结构词典

ENGLISH CHINESE JAPANESE
Dictionary of Wood and Wood Structure

阙泽利　梅长彤
杨学兵　赵　川　◆ 等著

中国林业出版社

图书在版编目（CIP）数据

英汉日木材与木结构词典 / 阙泽利等著 . — 北京：中国林业出版社，2022.1

ISBN 978-7-5219-1311-8

Ⅰ . ①英… Ⅱ . ①阙… Ⅲ . ①木材－词典－英、汉、日②木结构－建筑结构－词典－英、汉、日 Ⅳ . ① S781-61 ② TU366.2-61

中国版本图书馆 CIP 数据核字（2021）第 166066 号

策划编辑：杜 娟

责任编辑：杜 娟 陈 惠

出版咨询：（010）83143553

出版发行：中国林业出版社（100009 北京市西城区刘海胡同 7 号）

网 站：http://www.forestry.gov.cn/lycb.html

印 刷：河北京平诚乾印刷有限公司

版 次：2022 年 1 月第 1 版

印 次：2022 年 1 月第 1 次

开 本：787mm × 1092mm 1/32

印 张：11

字 数：440 千字

定 价：88.00 元

《英汉日木材与木结构词典》编纂指导委员会

支持单位 南京林业大学

日本京都大学

中国建筑西南设计研究院有限公司

日本木材出口协会

上海交通大学

中国林业科学研究院木材工业研究所

国家林业和草原局产业发展规划院

中国木材保护工业协会

北京林业大学

东北林业大学

华南农业大学

同济大学

加拿大木业协会

南京工业大学

欧洲木业协会

大连双华木结构建筑工程有限公司

上海融嘉木结构房屋工程有限公司

内蒙古农业大学

南京艺术学院

苏州择而栖木结构科技有限公司

洛阳汉子木制品安装有限公司

前　言

中国与世界各国在木材与木结构领域的技术交流、贸易往来越来越频繁，其间存在着专业术语的理解差异、使用误区，从而造成了技术障碍，因此，有必要为行业提供一本较为规范、准确的专业词汇工具书。本词典历经 6 年定稿。词汇的收录主要参考了日文版《木材·木质材料用语集》《木材科学略语辞典》，中文版《日汉建设常用辞典》，我国木材与木结构领域的国家标准、行业标准以及其他相关专业图书十余种，初步收词达 3.6 万余条，经过认真筛选、审定，最后收录木材与木结构领域专业词汇 3500 余条，以英、中、日三种文字对照，涵盖了木材、木质复合材料、木结构、木材保护、木材干燥和建筑结构等相关领域高频率使用的专业词汇，并对约 2500 个词汇进行了中文释义，以加强对术语的理解。本书还收录了行业常见树种的拉丁名，并与其英文名关联对应，方便读者查阅。另外，本书正文按英文字母顺序排列，建立了中文和日文词汇索引，检索便捷。

本书在编写过程中得到许多单位和个人的大力支持，他们为本书的出版付出了辛勤劳动。为此，向参加本书编写、整理、编辑、出版工作的同志们表示深切的谢意。

由于本书涉及专业面广，而编写人员的水平有一定的局限性，书中不足之处，望广大读者在使用过程中批评指正。

著　者

2021 年 12 月

联系方式：

江苏省南京市龙蟠路 159 号

南京林业大学阙泽利木结构工作室

邮箱：zelique@njfu.edu.cn

网址：https://qzl.njfu.edu.cn/

电话：025-85428205

编排说明

1. 所有词条不区分大小写，包括拉丁名，一律按字母顺序编排。

2. 符号含义:

▶ 中文译名

▷ 日文译名

* 中文释义

● 参见同义词或近义词词条

（ ）缩写、同义词（可替换）。此括号中为大写字母时，表示英文单词的缩写简称；括号中为单词时，表示其他同义替换单词。

[ ] 单复数。此括号中为“sing.”时，表示为单数名词形式；括号中为“pl.”时，表示为复数名词形式。

1、2 词条末的阿拉伯数字上角标，表示该词条有两个及以上译名，分开列举译名及其释义。

目　录

A

A-stage
▸A 状态
▹A 状態
＊酚醛树脂的初期反应阶段，处于可溶可融状态下，也称可溶酚醛树脂状态。从 A 状态继续加热缩合，使之几乎不能溶解于溶剂的中间缩合物的状态称为 B 状态，继续硬化使之完全不溶时的状态称为 C 状态。

Abies alba
▸欧洲冷杉
▹ヨーロピアンスプルース；ウシュウモミ；ヨーロッパモミ

Abies balsamea
▸香脂冷杉
▹バルサムファ；バルサムモミ

Abies cephalonica
▸希腊冷杉
▹ギリシャモミ；ギリシヤモミ

Abies firma
▸日本冷杉
▹モミ

Abies kawakamii
▸台湾冷杉
▹タイワンワイトファ

Abies procera
▸壮丽冷杉
▹ノーブルファー；ノーブルファ；ノーブルモミ

Abies sachalinensis
▸库叶冷杉；库页岛冷杉
▹トドマツ；椴松

abrasion
▸磨损；磨耗
▹磨耗

abrasion resistance of wood
▸木材耐磨性
▹木材耐磨耗性
＊木材表面抵抗磨损的能力。

abrasive cloth
▸砂布；研磨布
▹研磨布

abrasive grain
▸磨粒；研磨砂
▹砥粒

abrasive paper
▸砂纸；研磨纸
▹サンドペーパー；研磨紙

absolute dry weight
▸绝干重；炉干重；全干重
▹絶乾重量
＊经干燥后，水分（自由水和结合水）全部排除的试材重量。

absolute moisture content
▸绝对含水率
▹絶対含水率
＊木材所含水分的重量占木材绝干重量的百分率。

absorbed energy in impact bending
▸冲击弯曲吸收能
▹衝撃曲げ吸収エネルギー

absorption
▸吸收；吸着
▹吸収

absorption hysteresis of wood
▸木材吸湿滞后
▹木材吸着ヒステリシス
＊在相同温度和湿度条件下，木材吸湿平衡含水率低于解吸平衡含水率的现象。

absorptivity
▸吸收率；吸收能力
▹吸収量
＊表示试件中含有的药剂量。吸收率（kg/m^3）= 药剂含量（kg）/ 试件体积（m^3）。

accelerated aging test
▸加速老化试验
▹促進劣化試験

* 木质材料的耐久性试验。主要有ASTM法和BS法等，在特定的循环测试之后，再进行木质材料的性能试验，检验处理前后的性能下降情况。

accelerated exposure test

▸**加速暴露试验**

▹**促進暴露試験**

* 检验胶合性能耐久性的方法之一。使用老化试验设备进行试验，以检验胶合力的变化情况。

acceptance

▸**验收**

▹**検収**

* 建筑工程质量在施工单位自行检查合格的基础上，由工程质量验收责任方组织，工程建设相关单位参加，对检验批、分项、分部、单位工程及其隐蔽工程的质量进行抽样检验，对技术文件进行审核，并根据设计文件和相关标准，对工程质量是否达到合格以书面形式作出确认。

accessibility facilities

▸**无障碍设施**

▹**無障害施設**

* 指保障残疾人、老年人、孕妇、儿童等社会成员通行安全和使用便利，在建设工程中配套建设的服务设施。

accidental action

▸**偶然作用**

▹**偶然アクション**

* 在设计使用年限内出现的概率较小，而一旦出现则其量值很大且持续期很短的作用。

accidental combination

▸**偶然组合**

▹**偶然組合せ**

* 承载能力极限状态计算时永久荷载、可变荷载和一个偶然荷载的组合，以及偶然事件发生后受损结构整体稳固性验算时永久荷载与可变荷载的组合。

accidental design situation

▸**偶然设计状况**

▹**偶然設計状況**

* 在结构使用过程中出现概率很小且持续期限很短的设计状况。

accidental load

▸**偶然荷载**

▹**偶然荷重**

* 在设计使用年限内不一定出现，而一旦出现则其量值很大，且持续时间很短的荷载。

accidental torsion

▸**意外扭矩**

▹**アクシデンタルトーション**

* 建筑结构楼层其重量分布与刚度分布均具有不确定性，未必均匀分布在楼层上，故结构的重量中心与刚度中心可能错开，当地震来袭时，楼层惯性力的合力通过重量中心，相对于刚度中心形成扭矩，因此重量中心偏移造成的扭矩称为意外扭矩。

Acer mono

▸**色木槭**

▹**イタヤカエデ**

acetylation

▸**乙酰化作用**

▹**アセチル化**

acid copper chromate (ACC)

▸**酸性铬酸铜**

▹**エーシーシー**

* 一种水溶性防腐剂，主要成分为铜和铬化物。

acid stain

▸**酸性染料；酸性染色剂**

▹**酸汚染**

* 使酸性黏接剂或涂料等涂抹在木材上使之变成淡红色的化合物。

acoustic emission (AE)

▸**声发射**

▷エーイー；アコースティックエミッション

＊通过个体材料的变形或龟裂等使之产生弹性波的现象。大多数情况下，该频率属于超音波领域。应用于破坏现象中的解析和非破坏检查。

acoustic reflectivity

▸**声反射率**

▷**音压反射率**

acoustical properties of wood

▸**木材声学性质**

▷**木材音波性質**

＊木材有关声学的物理性质，如木材的传声、吸音、透声和共振性能等。

acoustical transmission coefficient of wood

▸**木材透声系数**

▷**木材音波透過係数**

＊在给定频率条件下，经过木材界面的透射声能通量与入射声能通量的比值。

acrylonitrile butadiene styren resin (ABS)

▸**丙烯腈－丁二烯－苯乙烯树脂；丁二烯苯乙烯**

▷**ABS 樹脂**

action

▸**作用**

▷**アクション**

＊施加在结构上的集中力或分布力（直接作用，也称为荷载）和引起结构外加变形或约束变形的原因（间接作用）。

active ingredient

▸**活性成分**

▷**活性成分**

＊木材防腐剂中能抑制木材腐朽菌、霉菌、变色菌、昆虫和海生钻孔动物在木材中生长和繁殖的一种或多种化合物。

actual moisture content

▸**实测含水率**

▷**実測含水率**

＊干燥过程中某一时刻测得的木材含水率。

actual size

▸**实际尺寸**

▷**実サイズ；実寸法；実測寸法**

＊锯材上实际测量的尺寸。

additives

▸**添加剂**

▷**添加剤**

＊加入聚合物中改进或改变一种或几种性能的任何物质，如脱膜剂、润滑剂、增塑剂、活性剂、引发剂、抗氧化剂、着色剂、防霉剂、发泡剂等。

adhesion

▸**黏着；黏附**

▷**接着**

adhesive

▸**胶黏剂**

▷**接着剤**

adiabatic evaporation process

▸**绝热蒸发过程**

▷**断熱蒸発過程**

＊干燥介质热含量不变时的水分蒸发过程。

adsorbed water

▸**吸附水**

▷**吸着水**

adsorption

▸**吸湿**

▷**吸着**

＊在纤维饱和点范围内木材吸收周围介质中的水蒸气而变湿的过程。

adsorption equation

▸**吸附方程**

▷**吸着式**

＊表示吸着量与温度、压力或浓度的关系式。表示一定温度下吸着量与压力或浓度的关系式称为吸

着等温式。木材的吸着等温线，经常使用BET式和Hailwood-horrobin式。

adsorption isotherm

▸吸附等温线

▹吸着等温線

adsorption stabilizing moisture content

▸吸湿稳定含水率

▹吸着安定含水率

＊在纤维饱和点范围内木材吸收水分最终达到的恒定含水率。

advertising

●参见 promotion

adze

▸锛子；弯柄锛

▹釿；手斧

Aesculus turbinata

▸日本七叶树

▹トチノキ

after cure

▸后硬化

▹後硬化

＊用热固性树脂胶黏剂黏接后，通过堆积或加热使之进一步固化的现象。

agarblock test

▸琼脂木块法

▹寒天ブロック法

＊测定防腐剂毒性效力的一种实验室生物试验方法。以麦芽汁和琼脂作培养基，用试块质量损失测定药剂的毒效。

Agathis alba

▸白贝壳杉

▹アガチス

aging

▸老化

▹老化

＊木材、胶黏剂或涂料经过水、光、微生物等内外因素的综合作用，发生物理及化学变质致使性能下降的现象。

air barrier

▸气密层

▹エアバリア

＊建筑围护结构中用于阻挡空气流动的材料和处理手段。

air-dried timber

▸气干材

▹気乾材

＊未干燥木材在大气中放置一定时间，通过自然干燥，其含水率与其所在环境的大气条件（温度、湿度）达到或接近平衡的木材。

air-dried wood

●参见 air-dried timber

air-dry condition

▸气干状态

▹気乾状態

＊长时间放在常态空气中的木材称为气干材，其水分状态和含水率分别称为气干状态和气干含水率。木材的气干含水率在中国平均约为14%，日本约为15%，欧美约为12%。

air-dry density

▸气干密度

▹気乾密度

＊木材在一定的大气状态下达到平衡含水率时的质量与体积的比值，一般须换算成含水率为12%时的密度。

air-dry moisture content

▸气干含水率

▹気乾含水率

air drying

▸大气干燥

▹空気乾燥；気乾

＊将木材堆放在空旷场地或通风棚舍下，利用大气热能蒸发木材中的水分进行干燥的方法。

air-felting process

▸气流铺装法

▷エアフェルティング法；乾式フォーミング；気流抄造法

air inlet flue

●参见 inlet air duct

air kiln

▶空气干燥室；蒸汽干燥室

▷エアキルン

* 以湿空气为干燥介质的干燥室，如以饱和蒸汽为热源的蒸汽干燥室。

air nailer

▶气动钉枪

▷エアネイラー

air-pressure forming

▶气流铺装

▷圧空成形

* 利用气流作用将刨花抛撒在垫板、网带或钢带上，从而形成板坯的一种铺装方式。气流式铺装头对刨花有很强的分选作用，常用于刨花板表层或渐变结构刨花板的铺装。

air relief shaft

▶通风道

▷エアリリーフシャフト

* 排除室内蒸汽、潮气或污浊空气输送新鲜空气的管道。

air seasoned timber

●参见 air-dried timber

air seasoning

●参见 air drying

air sifter

▶风筛机；气流分离器

▷気流分級機

air space

▶空腔

▷エアスペース

* 幕墙或吊顶结构中，覆面层内用于排水或通风的封闭或半封闭腔体。

air tacker

▶气钉枪

▷エアタッカー

air tightness

▶气密性

▷気密性

* 建筑围护结构防止空气渗透和泄漏的能力。

airless spray

▶无气喷涂

▷エアレススプレー

* 通过向涂料箱加压，使涂料从细嘴处喷出进行涂装的方法。比有气喷涂失误少。

Alaskan yellow cedar

●参见 *Chamaecyparis nootkatensis*

alate

▶有翅虫

▷有翅虫

alkyd resin

▶醇酸树脂

▷アルキド樹脂

* 通常在无水邻苯二甲酸或麻酸等多碱酸和甘油等多元酒精中添加亚麻籽油和大豆油等植物油，使其相互融合。这些是油变性树脂，主要用作涂料。

alkyl ammonium compounds (AAC)

▶烷基铵化合物

▷エーエーシー

* 季铵盐的烷基二甲基苯基氯化物。

allowable stress method

●参见 permissible stress method

allowable stress of wood

●参见 permissible stress of wood

allowable subsoil deformation

▶地基变形允许值

▷許容地盤変形

* 为保证建筑物正常使用而确定的变形控制值。

allowable unit stress

▶容许应力；许用应力

▷許容応力度

* 用于构造设计的材料强度评估法

之一。通常指将表示材料强度安全性指标的 5% 的下限乘以安全系数等而获得的值。长期容许应力度是基于足尺寸材料或无缺陷材料的实验结果进行统计，将计算的下限强度乘以安全系数（2/3）和负荷持续时间系数（1/2），即下限强度的 1/3，各国略有差异。

alternating pressure method (APM)

▸频压法

▹エーピーエム

* 类似于加减压交替法，反复进行加压和常压的循环操作，以便向木材中注入液体。

alternating-pressure process

▸频压法；频压工艺

▹变压法

* 在加压浸注作业中，短促时间频频加压。

aluminium

▸铝

▹アルミニウム

* 一种化学元素，化学符号是 Al。

ambrosia beetles

▸食菌小蠹

▹アンブロシア菌

* 针孔蛀虫。主要蛀食原木、新伐材、枯立木、病损木的害虫，主要包括长小蠹科和小蠹科某些属的昆虫。蛀孔为圆形，最大直径约 3mm。一般沿木材纹理方向蛀孔，颜色较深，无蛀屑。

American Commercial Standard (ACS)

▸美国商业标准

▹アメリカ商業規格

American Society for Testing and Materials (ASTM)

▸美国试验与材料协会

▹アメリカ材料試験協会

amino plastic resin

●参见 amino resin

amino resin

▸氨基树脂

▹アミノ樹脂

* 氨基或酰胺基化合物（如尿素、硫脲、三聚氰胺等）与醛类化合物（如甲醛）进行缩合反应生成的树脂。

amino resin adhesive

▸氨基树脂胶黏剂

▹アミノ樹脂系接着剤

aminoalkyd resin paint

▸氨基醇酸树脂涂料

▹アミノアルキド樹脂塗料

ammonia-treated wood

▸氨处理木材

▹アンモニア処理木材

* 使用氨气或氨水处理木材，使之软化或弯曲变形，之后再除去氨使之变形固定的木材。

ammoniacal copper arsenate (ACA)

▸氨溶砷酸铜

▹エーシーエー

* 主要成分为五氧化砷或砷酸与铜盐，溶于氨液中注入木材后，氨挥发形成具有杀菌虫效力的不溶性盐类固着在木材内。

ammoniacal copper citrate

▸氨溶柠檬酸铜

▹アンモニアクエン酸銅

* 铜（以氧化铜计）与柠檬酸的复配物，溶于氨液中。

ammoniacal copper quaternary ammonium compound (ACQ)

●参见 ammoniacal copper quats

ammoniacal copper quats (ACQ)

▸季铵铜

▹エーシーキュー

* 铜盐（以氧化铜计）与季铵盐化合物（以二癸基二甲基氯化铵

计）的水溶性木材防腐剂。

ammoniacal copper zinc arsenate (ACZA)

▸氨溶砷锌铜

▹エーシーゼットエー

＊以铜、锌、砷等的氧化物与氨水混合而成的防腐剂。

amorphous regions of cellulose

▸纤维素无定形区

▹セルロース非結晶領域

＊微纤丝内纤维素分子链排列不平行、不整齐和无规律的区域。

amount of set

▸齿路

▹歯振の出

an angle to grain

▸斜纹

▹斜木目

＊木构件木纹方向与构件长度方向形成一定角度。

analytical zone

▸分析区域

▹分析ゾーン

＊防腐木材中用于检测分析要求的防腐剂应渗透的区域。

anchor bolt

▸锚固螺栓

▹アンカーボルト

＊用于防止结构构件提升的一种钢质螺栓。这种螺栓的一端通常被弯曲以便更好地固定于包裹它的混凝土或砖石之中。

anchor effect

▸锚固作用；固着效果

▹投錨効果

anchoring

●参见 anchor effect

angle brace sill

▸水平角撑木地槛

▹火打土台

angle bridge joint

▸开口明榫

▹矩形三枚継ぎ

angle rafter

▸角椽

▹隅木

angle tie

▸水平角撑

▹火打

＊在内角斜着安装木板等强化材料。作用是强化承重墙和主要水平构件的交叉点，确保水平构面的强度和刚度。

animal glue

▸动物胶

▹動物膠；膠

＊由动物和鱼类的骨头、皮肤制成的胶状黏合剂。它们分别称为动物胶和鱼胶。使用前浸入水中，在 60℃左右加热并熔化，涂在材料表面并冷却固化。

***Anisoptera* spp.**

▸异翅香属

▹メルサワ

anisotropy of wood

▸木材各向异性

▹木材異方性

＊木材在纵向、径向和弦向具有不同的解剖、物理、力学和化学性质的特性。

anisotropy

▸各向异性

▹異方性

＊在材料的性质上存在方向性。木材在结构上属于各向异性材料，在尺寸稳定性或机械性上存在各向异性。

annual ring

▸年轮

▹年輪

＊一年中温带和寒带树木形成层分生形成的一同心圆层木材。

annual ring density

▸年轮密度

▷年輪密度

annual ring width

▸年轮宽度

▷年輪幅

＊相邻两个年轮边界的垂直距离。

Anobiidae

●参见 deathwatch beetles

anomalistic fracture plane

▸不规则形断面

▷異常破面

＊非圆形、非椭圆形等不规则几何图形断面。

anthracene oil

▸蒽油；杂蒽油

▷アントラセン油

＊高温煤焦油分馏时，在270～400℃蒸出的馏分。主要含有蒽、菲、咔唑，可用作木材防腐剂。

anti-condensation coefficient

▸抗凝结系数

▷結露防止係数

＊抑制水汽遇冷由气态转化为液态的系数。

antimold chemicals

▸防霉剂

▷防カビ剤

＊能杀死或抑制霉菌的生长和繁殖，预防木材及其产品发霉变质的化学药剂。

antishrink efficiency (ASE)

▸抗收缩性

▷エーエスイー；抗収縮能

＊用收缩率来评价各种处理木材的尺寸稳定性的方法，以无处理木材的收缩率为基准计算得出。ASE（%）=100（*Sc*-*St*）/*Sc*，其中 *Sc* 为无处理木材的收缩率，*St* 为处理木材的收缩率。

antiswelling efficiency (ASE)

▸抗湿胀性

▷エーエスイー；抗膨潤能

＊评价尺寸稳定性的方法之一，由吸湿或吸水处理木材的膨胀率和无处理木材的膨胀率计算得出。

apitong

●参见 *Dipterocarpus grandiflorus*

apotrachel parenchyma

▸离管薄壁组织

▷アポトラチェル柔組織

＊不依附管孔或导管周围的轴向薄壁组织。分为轮界状、星散状、星散聚合状和带状薄壁组织等。

apparent modulus of elasticity

▸表观弹性模量

▷見かけ弾性率

＊梁弯曲试验中，根据全跨变形计算得到的弹性模量。

appearance defects

▸外观缺陷

▷外観欠点

＊单板或胶合板成品表面上可见的材质缺陷和加工缺陷。

***Araucaria* spp.**

▸南洋杉属

▷アラウカリア（ナンヨウスギ）

arch structure

▸拱结构

▷アーチ構造

＊半圆形（拱）结构。在木结构中，一般由曲形胶合木和连续拱架组合而成。施加在拱形材料上的外力主要是轴向力，所以在变形量上比直线（梁）材小，多用于体育馆、大厅和木桥等大型木框架结构。

arched

▸起拱

▷ムクリ

area ratio of window to wall

▸窗墙面积比

▷窓壁面積比

＊窗户洞口面积与建筑层高和开间定位线围成的房间立面单元面积的比值。无因次。

arm rest
▸扶手
▹腕木

around sawing
▸翻转下锯法
▹アラウンドソーウィング
＊四面下锯法的一种，原木依次连续作 90°或 180°翻转，每次割取 1 ~ 2 块板材循环翻转的下锯法。

arris
▸材棱
▹アリス；稜
＊锯材相邻两材面的相交线。

artificial drying
▸人工干燥
▹人工乾燥
＊在人工控制干燥介质的条件下对木材进行干燥的方法。

artificial seasoning
●参见 artificial drying

asbestos slate
▸石棉瓦
▹石綿スレート

Ascomycotina
●参见 subdivision ascomycota

aspect ratio
▸宽高比；长宽比
▹アスペクト比
＊长方形试片或细长刨花，其竖（长）和横（宽）长度的比值。

***Aspergillus* spp.**
▸曲霉属
▹アスペルギルス

asphalt
▸沥青
▹アスファルト

asphalt roofing
▸沥青防水毯
▹アスファルトルーフィング

aspirated pit-pair
▸闭塞壁纹孔对
▹閉塞壁孔対
＊被视为针叶树材管胞的具缘纹孔对，纹孔膜的纹孔塞偏向一侧而另一侧的孔口关闭的状态。在闭塞壁纹孔对下，物质难以通过。虽然被视为心材管胞，但是一旦干燥，也经常被视为边材。

asplund defibration
▸热磨法
▹熱磨解繊法
＊将木材或其他植物纤维原料加热蒸煮后，用热磨机进行纤维分离的方法。

asplund defibrator
▸阿斯普伦分纤机；阿斯普伦热磨机
▹アスプルンドディファイブレータ
＊一种用于制造纤维板的分解纤维的机器。

assay zone
●参见 analytical zone

assembly
▸集成组坯
▹アセンブリー；堆積；集成
＊将涂胶后的层板按照工艺要求层叠组合在一起的过程。

assembly time
▸集成时间；积压时间
▹アセンブリータイム；堆積時間

assessed working life
▸评估使用年限
▹評価耐用年数
＊经可靠性评定所预估的既有结构在规定条件下的使用年限。

atrium
▸挑空
▹吹抜け

attached annex
▸厢房
▹下屋

attack by marine borers
▸海生钻孔动物侵害
▹海洋穿孔虫侵害
＊海生钻孔动物对木材的侵害、蛀蚀所造成的破坏。

attic
▸阁楼
▹屋根裏（部屋）
＊位于顶层天花板和屋顶之间，也称为屋顶空间。

attractant
▸引诱剂；引诱物
▹誘引物質
＊引诱昆虫的刺激性化合物。白蚁体内的乙醚提取物，具有引诱腐朽木材中白蚁的作用。

auger bit
▸螺旋钻头；麻花钻
▹オーガービット；螺旋錐

automatic feed planer
▸自动送料刨床
▹自動送り鉋盤

automatic lay-up system
▸自动铺装系统
▹自動レイアップシステム

automatic loader and unloader
▸自动装卸机
▹ローダー・アンローダー

automatic shaper
▸自动成型机
▹自動面取盤

autumn wood
●参见 late wood
▹秋材

average annual ring width
▸平均年轮宽度
▹平均年輪幅

average diameter
▸平均直径
▹平均直径
＊长径与短径的平均值，或最长径与最短径的平均值。

average moisture content
▸平均含水率
▹平均含水率
＊木材厚度上内外层含水率的平均值，或材堆内试材含水率的平均值。

aviation plywood
▸航空用胶合板
▹航空ベニア
＊由桦木或其他材质相近树种的单板和酚醛胶膜纸组合压制成的特种胶合板，主要用于飞机部件。

awl
▸钻子；锥子
▹錐；揉み錐
＊在表面开圆孔的工具，包括手动锥、机械锥等。锥头的形状包括三棱、四棱、三叉等。

awning
▸遮篷窗
▹オーニング
＊与平开窗类似，但是在顶部（遮篷窗类）或底部（内拉窗类）上铰链（合页）。

axial bolt
▸轴型螺栓
▹軸ボルト

axial parenchyma cell
▸轴向薄壁细胞
▹軸方向柔細胞

axial slot bolt
▸开孔轴向螺栓
▹箱抜き軸ボルト

azathioprine (AZP)
▸硫唑嘌呤
▹エーゼットピー
＊唑类化合物木材防腐剂。成分是环唑醇和烯虫磷。

B

B-stage
▸B 状态
▹B 状態
＊进一步加热酚醛树脂的 A 状态，使之进行缩合反应后的状态。

baby scantling
▸细木条
▹小割
＊劈成长方形的小块和椽子。

baby square
▸小方材
▹小角
＊截面宽 8 ~ 16cm，材长 4m 左右的方木。

back
▸背侧
▹背盛り

back block
▸端头撑
▹バックブロック
＊位于工字梁腹板，与另一工字梁的端头相交之处，增加支撑力。

back board
▸背板
▹背板

back face
▸背面
▹逃げ面
＊通常指刀背。

back halving
▸背裂
▹背割

back of tooth
▸齿背
▹歯背

back saw
▸背锯；手锯
▹胴付鋸
＊锯身薄，嵌有背金以防止弯曲的横切锯。在木材对接和门窗等细工活时使用。

back side
▸髓侧
▹木裏

back-up roller
▸防弯压辊
▹バックアップローラ
＊旋切机上防止木段旋切至小直径或小径级木段时发生弯曲的一种加压装置。

back veneer
▸背面单板
▹裏板
＊用作胶合板背面的单板。

backfill soil
▸回填土
▹埋め戻し土壌
＊工程施工中，完成基础等地面以下工程后，再返还填实的土。

backing
▸背衬；衬垫；支撑
▹基材
＊为某些装饰材料提供加固或提供受钉表面的材料。

bacteria [pl.]
●参见 bacterium [sing.]

bacterium [sing.]
▸细菌
▹バクテリア；細菌
＊没有细胞核膜和细胞器膜的单细胞微生物。

baffle
▸导风板
▹バッフル
＊为气流导向的挡板。

bag filter
▸袋式除尘器
▹バッグフィルター

bag moulding process
▸袋压成型工艺

▹バッグモールド法

bagasse board

▸甘蔗板；蔗渣板

▹バガスボード

*使用甘蔗渣为原料的纤维板。

balance paper

▸平衡纸

▹バランス紙

balanced construction

▸对称结构

▹平衡構成

balanced lay-up

▸对称异等组合

▹対称異等級構成

*胶合木构件采用异等组合时，不同等级的层板以构件截面中心线为对称轴，成对称布置的组合。

balanced structure glued-laminated timber

▸对称结构集成材；平衡组合结构集成材

▹対称構成集成材

*厚度方向上中心层两侧相对应的各层板的等级、树种等均相同的集成材。

balancing sheet

▸平衡层

▹平行層

*在人造板单面贴面装饰时，在其背面覆贴的起平衡作用的一层材料。

balcony

▸阳台

▹バルコニー

balloon framing

▸通柱式结构

▹バルーン構造

*一种木框架构筑方式，其中一根完整的墙骨从地基墙延伸至支撑屋顶的顶板。中间楼层常用托木附于龙骨上。

balsam fir

•参见 *Abies balsamea*

baluster

▸栏杆立柱

▹手すり子；バラスター

*栏杆结构中的竖向构件。

balustrade

▸栏杆

▹手摺壁

bamboo

▸竹材

▹竹

*竹类植物木质化茎干部分。有时泛指竹的茎、枝和地下茎的木质化部分。

bamboo lath

▸竹片

▹小舞（竹）

bamboo strip

▸竹条

▹間渡し竹

band saw

▸带锯

▹帯鋸

band saw wheel

▸带锯轮

▹鋸車

bandage method

▸包扎法

▹ほう帯法

*一种现场防腐处理方法，削去木柱腐烂的根部，涂上厚厚的糊状水溶性防腐剂，并用布或防水纸盖在上面，埋入土中。

bandage treatment

▸绷带处理

▹包带处理

*一种扩散式防腐处理方法。将含有水载性防腐剂制成浆膏状或糊状涂于湿木材上，用绷带（布带或塑料带）包缠，外面再涂以防水涂料。

bar clamp
▸钢筋夹；杆夹
▹バークランプ；端金
* 大型框夹。用于厚板的边缘连接或家具的组装等。

barb
▸倒钩
▹あご

bare substrate spots due to defective surface covering
▸局部缺纸
▹局部欠紙
* 由于胶膜纸破损造成基材显露的缺陷。

barge board
▸山墙封檐板
▹バージボード
* 用于遮盖山墙面上山墙椽子的装修板。

bark
▸树皮
▹樹皮
* 树干或原木木质部以外所包围的外表组织部分。

bark beetles
▸小蠹科
▹キクイムシ
* 属鞘翅目，体型小，椭圆或长椭圆形，色暗。头半露于体外，窄于前胸；触角略呈膝状，端部三、四节呈锤状；上唇退化，上颚强大，很多种类是林木的重要害虫，多危害树皮及边材。

bark pocket
▸夹皮
▹入皮
* 一部分形成层死掉，其周围部分的愈伤组织继续活动，导致一部分树皮被木质部包裹，该部分称做夹皮。

bark side
●参见 face side

barker
▸剥皮机
▹バーカー；剥皮機

barrier paper
▸防护纸
▹バリヤー紙；遮蔽紙
* 防止芯层的图案通过贴面纸或花纹纸反射到表面，使用浸渍三聚氰胺或酚醛树脂的报纸。

base
▸底板
▹捨張り

base flashing
▸底部泛水
▹ベースフラッシング
* 沿着墙体底部一圈的泛水板，用于把沿着墙体排下来的水导向远离墙体的地方，防止墙体基础受到水的浸透。

base isolated structure
▸免震构造
▹免震構造

base plywood
▸底层胶合板
▹台板合板
* 覆盖、印染、涂装等二次加工用的胶合板。

basement
▸地下室
▹ベースメント；地階；地下室
* 房间地平面低于室外地平面的高度超过该房间净高的 1/2 者为地下室。

basic density
▸基本密度
▹容積密度
* 木材的全干材质量除以饱和水分时木材的体积。

basic sawing method
▸基本下锯法
▹ベーシックソーウィング
* 原木锯割方案和程序。主要有毛

板下锯法、三面下锯法、四面下锯法。

basic specific gravity
●参见 basic density

basic variable
▸**基本变量**
▹**基底変数**
∗代表物理量的一组规定的变量，它表示各种作用、材料与岩土性能以及几何量的特征。

basic wane
▸**基本钝棱**
▹**ベーシックウェイン**
∗每个等级的规格材都允许有一条贯通全长的钝棱，但其宽度不应大于所在等级要求的最大宽度，称为基本钝棱。

Basidiomycete
▸**担子菌**
▹**担子菌類**
∗有性孢子外生在担子上的菌类，是木材腐朽的主要菌源。

basidiomycetous fungi
●参见 *Basidiomycete*

Basidiomycotina
●参见 subdivision basidiomycotina

batten
▸**板条；挂瓦条；横穿板**
▹**貫**

battenboard
▸**条板芯细木工板；实木夹芯板**
▹**バッテンボード**
∗具有实木板芯的胶合板，其中实木芯条的宽度范围为 30 ~ 76mm。

batter board
▸**龙门板**
▹**遣り形貫**
∗早期小型建筑放线的一种装置，是由两根木桩上部横钉一块不太宽的木板，呈门形。高度距地面 500 ~ 600mm，作用是标记外墙轴线。

battledore bolt
▸**毽型螺栓**
▹**羽子板ボルト**

bay window
▸**凸窗**
▹**出窓；張り出し窓**
∗伸出建筑物及其所在房间外轮廓线之外的窗户。

bead
▸**压条**
▹**押し縁**

beam
▸**梁**
▹**梁**
∗有两个或两个以上支点，但不是整体支撑的水平结构构件。

beam pocket
▸**梁槽**
▹**ビームポケット**
∗通常开在砖墙或者混凝土墙上，用于支持梁端的凹槽或空间。

bearing capacity
▸**承载力**
▹**地耐力**
∗也称地基承载力，是指土层单位面积能承受的压力。

bearing partition
▸**承重隔墙**
▹**構造間仕切**
∗分隔建筑物内部空间的墙，承担自身荷载及其上方的垂直荷载。

bearing wall
▸**承重墙**
▹**耐力壁**
∗支撑上部楼层重量的墙体。

bearing wall construction
▸**承重墙结构**
▹**耐力壁構造**

bearing wall panel
▸**承重墙板**
▹**耐力壁パネル**

beating
▸打浆
▹叩解
＊用打浆机或精磨机将纸或纤维板用的纤维软化，使其游离度适合于制作薄板。

beetle hole
▸虫孔；蛀孔
▹虫食い

beetles
▸鞘翅目
▹鞘翅目
＊属昆虫纲，总称为甲虫（beetles），一般体躯坚硬，有光泽。前翅鞘翅，角质，质坚而厚，无明显翅脉。其中有些种是蛀蚀木材的重要昆虫。

belt sander
▸带式砂光机
▹ベルトサンダー；ベルト式研磨機

bender
▸弯折器
▹ベンダー
＊弯折泛水板的宽口钳式手工具。

bending energy
▸弯曲能
▹曲げ仕事量
＊用外力弄弯物体的时候，被物体吸收的能量。由抗弯试验得到的荷载－挠度曲线和挠度轴包围的面积求得。

bending moment
▸抗弯承载力矩；弯矩
▹曲げモーメント
＊静态简支弯曲测试条件下，工字搁栅抵抗垂向荷载的弯矩。

bending stiffness
▸抗弯刚度
▹曲げ剛性
＊静态简支弯曲测试条件下，工字搁栅抵抗垂向弯曲变形的能力，用其弯曲弹性模量和截面惯性矩的乘积表示。

bending strength
▸抗弯强度
▹曲げ強さ

bending strength of wood
▸木材抗弯强度
▹木材曲げ強さ
＊木材受静力弯曲荷载作用时所产生的最大应力。

best opening face
▸合理下锯
▹合理的な鋸引き
＊出材率、质量、经济效益最佳化的下锯方法。

Bethell process
▸贝瑟尔法；参见 full cell process

Betula albosinensis
▸红桦
▹イエローバーチ

Betula alnoides
▸西南桦；西桦
▹シルバーチェリー；西南樺

Betula grossa
▸日本樱桃木
▹ミズメ；ヨグソミネバリ；アズサ

Betula maximowicziana
▸王桦
▹マカンバ；ウダイカンバ；シラカンバ；樺；白樺

Betula papyrifera
▸北美白桦
▹ホワイトバーチ；バーチホワイト

Betula pendula
▸垂枝桦
▹ヨーロピアンバーチ；ヨーロッパバーチ

Betula pubescens
▸欧洲桦
▹ヨーロピアンバーチ；ヨーロ

ッパバーチ

***Betula* spp.**

▸桦木属

▹カバ

bevel

▸斜角

▹斜角

＊非直角相交的两平面所形成的倾斜角。

bevel angle

▸研磨角；楔角

▹ベベル角度

＊旋刀的前刀面与后刀面之间的夹角。

bevel siding

▸互搭板壁；斜壁板

▹南京下見

＊木结构住宅的外墙，横向自下而上叠压而成的壁板。

bevelled edge chisel

▸斜边凿

▹追入のみ

bevelled housing

▸斜槽插接

▹傾ぎ大入れ

＊木构件的连接方法之一，连接立柱和横梁、立柱和窗台、立柱和型板、立柱和墙板等。不是普通的嵌接，而是斜接。

bias angle

●参见 cutting angle

big square

▸大方材

▹大角

＊只是概念上的名称，没有规格。用于大型木建筑、桥梁和土木工程。在美国指的是横截面边长 18 英寸以上的木材，10 ~ 18 英寸的称为中方材。

binder

▸黏合剂

▹結合剤

biochemical oxygen demand (BOD)

▸生化需氧量

▹生化学的酸素要求量

biodegradation

▸生物降解

▹微生物分解；生分解

＊木材被微生物分解为结构较单一组分的现象。

biodeterioration

▸生物劣化

▹生物劣化

＊木材受真菌、细菌、昆虫、海生钻孔动物等的生物侵害而产生的变质和降解。

biogas generating pit

▸沼气池

▹バイオガス生成ピット

＊有机物在其中经微生物分解发酵而生成可燃性气体的一种池子，其材质有玻璃钢、红泥塑料、钢筋混凝土等。

biological reference value

▸生物参考值

▹生物学的基準値

＊能有效阻止某种生物危害的木材防腐剂用量，单位为克每平方米（g/m^2）或千克每立方米（kg/m^3）。

biological resistance

▸生物耐久性

▹生物劣化抵抗性

＊材料对腐朽菌和变色菌等微生物或白蚁等昆虫的抵抗能力。

birch

▸桦树；桦木条

▹カバ

bird's eye figure

▸鸟眼图案

▹鳥目杢

bird's eye grain

▸鸟眼纹

▹鳥眼杢

bit
▸锥子；钻头
▹ビット；錐；ドリル

black-heart
▸黑心病
▹黒心

blade shading
▸百叶遮阳
▹シェーディングブレード
＊由若干相同形状和材质的板条，按一定间距平行排列而成面状的百叶系统，并将其平行设在门窗洞口外侧的建筑遮阳构件。

blanching
▸发白
▹ブランチング；白化
＊木塑复合材在受力过程中，主要由于纤维与塑料界面局部损伤引起的材料表面发白现象。

blank
▸大料
▹ブランク
＊经大带锯或剖料主锯加工后提供给其他剖分锯机的各种形状坯料。

bleached veneer
▸漂白单板
▹漂白単板
＊经过漂白处理的单板。

bleeding[1]
▸通风孔；换气口
▹息抜き
＊在板材制造中加热加压高含水率铺装层时，在加压过程中铺装层内的水分容易蒸发，为了防止高压蒸汽引起的鼓泡，要暂时放气来降低压力。

bleeding[2]
▸溢油
▹滲み
＊防腐处理作业完成后，液体防腐剂从处理材中渗出的现象。渗出防腐液可能会保持液态、挥发或硬化为固体。

blender
▸搅拌机
▹ブレンダー

blinding concrete
▸混凝土找平层；盖面混凝土
▹捨てコンクリート

bliste
▸鼓泡；气泡
▹パンク
＊在胶合板、刨花板和纤维板热压成型时，如果板材含水率过大，或者热压温度过高，内部的蒸汽压力就会大于黏合剂的黏合强度，压机解压时会发生内部剥离（鼓泡）。

blister figure
▸泡状纹理
▹泡杢
＊一种不规则纹理，在弦切面上呈现圆形泡状图案。

block
▸木段
▹ブロック
＊从原木上截取的、适用于旋切一定规格单板的短原木。

block centering
▸木段定中心
▹ブロックセンタリング
＊旋切前确定木段回转中心线的过程。

block compression-shear strength test
▸木材压向剪切强度试验
▹ブロック圧縮せん断試験

blockboard
▸细木工板
▹ブロックボード
＊由木条或木块组成板芯，两面与单板或胶合板组坯胶合而成的一种人造板。

blocking
▸挡块
▹ブロッキング
＊在龙骨、搁栅或椽木之间，为了提供额外的强度和刚度，或支撑其他构件的短木档。

blood-albumin
▸血清蛋白胶
▹血液接着剤

blooming
▸起霜
▹ブルーム
＊防腐剂或阻燃剂从处理木材内部移动到木材表面，由于溶剂或水分挥发，在木材表面形成固体沉积物的现象。

blow
●参见 blister

blue stain
▸蓝变；青变
▹青変
＊由于长喙壳属（*Ceratocystis*）等蓝变菌滋生繁殖，导致木材边材表面变成蓝色的现象，多见于松木、橡胶木等木材。

blue stain fungus
●参见 blue-staining fungus

blue-staining fungus
▸蓝变菌
▹青変菌

blueing
●参见 blue stain

blushing
▸白化
▹白化
＊当使用真漆类速干涂料时，涂膜面干燥过程中因包含湿气而出现白浊的情况。

boad halving joint
▸半接榫
▹二枚組継ぎ
＊一种箱子等转角处的接头。

board
▸板材；板料
▹板類
＊宽度为厚度两倍以上的板材。

board core
▸板芯
▹ボードコア
＊由小条组成的拼板或木格结构的芯板。

boards
▸墙面板
▹板類
＊用于墙体表面的板材。

body press
▸压床；压机
▹ボディープレス

boil-over oil
▸沸溢性油品
▹ボイルオーバーオイル
＊含水并在燃烧时可产生热波作用的油品。

boil-resistant plywood
●参见 class I plywood

boiling cyclic test
▸Ⅰ类浸渍剥离试验
▹煮沸繰り返し試験
＊用于测试Ⅰ类胶合板的试验。在沸水中浸泡4小时，（60±3）℃下干燥20小时，再浸入沸水中浸泡4小时，然后在水中浸泡冷却至常温，并在湿润状态下进行胶合强度试验。

boiling water resistance
▸耐沸水性能
▹耐沸騰水性
＊衡量材料抵抗湿热作用的能力。常以试件在沸水中煮一定时间后，其质量和厚度的增量以及强度的损失或有无鼓泡和分层来衡量。

bolt
●参见 block

bolt-hole treater
▸打孔机
▹ボルトホールトレーター
＊能施以压力将防腐剂借螺旋钻孔注入木材深处的设备。

bolt-hole treatment
▸钻孔处理
▹ボルトホール処理
＊先在活树或木材上钻出一定数量的孔洞，然后将防腐剂注入孔洞中，防腐剂借与水分接触使药剂扩散到木材内部。

bolted connection
▸螺栓连接
▹ボルト接続
＊一种利用螺栓的抗弯、抗剪能力和螺栓孔孔壁承压传递构件间作用力的销连接形式。

bolted joint
▸螺栓节点
▹ボルト接合
＊用于木构件的接头或接口，用螺栓穿过连接构件的开孔并用螺母固定，它和钉连接一样都是木结构中常用的金属连接件。

bond classification
▸胶合等级
▹接着等級
＊反映板材的胶合抵抗水分作用的能力，与板材的防物理老化（腐蚀、紫外光等）和耐生物侵蚀（霉菌、真菌腐朽和昆虫等）的能力无关。胶合等级决定了板材的使用环境。

bond joint core blockboard
▸板芯胶拼细木工板
▹接着コアブロックボード
＊用胶拼的实体板芯制成的细木工板。

bond strength
●参见 bonding strength

bonding
▸胶合
▹接着
＊施加或不施加胶黏剂的板坯，在一定温度和压力下成板的过程。

bonding agent
▸结合剂
▹結合剤

bonding property
▸胶合性能
▹接着性能

bonding strength
▸胶合强度
▹接着強度
＊胶合板中各层单板之间胶合的牢固程度。一般用拉伸剪切强度来表示。

book matching
▸拼板；正反拼板法
▹ブックマッチ；抱き目ばり
＊像打开书一样把相邻的单板纹理相互对称粘贴的装饰胶合板。

bordered pit
▸具缘纹孔
▹有縁壁孔
＊纹孔膜被次生细胞壁呈拱形环抱的一种纹孔。当通向细胞腔的纹孔腔逐渐紧缩，在平面上呈内外两个同心圆时，也称重纹孔。

bordered pit pair
▸具缘纹孔对
▹有縁壁孔対

bore dust
●参见 frass

bore hole
▸蛀孔
▹ボアホール
＊木材蛀虫和海生钻孔动物取食或穿蛀木材形成的孔洞。

bored holes method
▸穿孔填充法
▹穿孔充填法；コプラ法

* 一种现场处理方法，在木柱接地附近含水率高的部位穿孔，并把糊状或粉末状的药剂填入其中，塞住之后再埋入土中。

boron alkyl ammonium compound (BAAC)
▸硼烷基铵化合物
▹ビーエーエーシー
* 硼烷基铵化合物防腐剂。成分是硼化合物、烷基铵化合物的水溶性木材防腐剂。

boron compounds
▸硼化合物
▹ホウ素化合物
* 硼酸和硼酸盐化合物（如八硼酸钠、四硼酸钠、五硼酸钠、硼酸锌）及其混合物。

Bostrychidae
●参见 false powder

both-side finished stud wall
▸隐柱墙
▹大壁

bottom chord
▸下弦
▹下弦
* 桁架下部的构件，通常用以支撑下部吊顶。

bottom coater
▸反向涂胶机
▹ボトムコーター

bottom plate
▸底梁板
▹底板
* 木框架墙底部的水平构件，与墙骨底部和楼板框架构件钉接。

Boucherie process
▸布舍里法；端部压力处理
▹ブーシェリープロセス

Boulton process
▸博尔顿除湿法；真空油煮法
▹ボールトン・プロセス
* 加压浸渍处理前，在真空状态下将生材或部分干燥的木材置于煤焦油防腐剂中加热，促使木材内水分蒸发的调湿过程。

bound water
▸吸着水
▹結合水
* 吸附水和微毛细管水的总称。其中吸附水是指被吸附在微晶表面和无定形区域内纤维素分子游离羟基（—OH）上的水分，而微毛细管水是存在于组成细胞壁的微纤丝、大纤丝之间所构成的微毛细管内的水分。

boundary line of land
▸用地红线
▹敷地境界線
* 各类建筑工程项目用地的使用权属范围的边界线。

boundary line of roads
▸道路红线
▹道路境界線
* 规划的城市道路（含居住区级道路）用地的边界线。

bounded action
▸有界作用
▹有界作用
* 具有不能被超越的且可确切或近似掌握其界限值的作用。

bow
▸弓形弯曲
▹弓反り
* 制品弦面弯曲成弓形的纵向弯曲。不均匀的干燥或刨削厚材时易出现。

bowing
▸弯曲
▹反り

bowling (investigation)
▸钻探（调查）
▹ボーリング（調査）

box beam
▸箱形梁

▷ボックスビーム

box joint
▸齿榫连接
▷組み継ぎ

boxed heart timber
▸带心材；髓心材
▷心持ち角
* 两个横截面近中心处存在树心的锯材。

brace
▸斜撑；支撑
▷筋かい
* 木工作业中，在墙、桁架或框架屋顶中所设的三角斜撑。当斜撑支撑椽子时，称为压杆。

braced shear wall
▸构造剪力墙
▷構造せん断壁
* 按照构造设计法设计，面板采用木基结构板材或石膏板、墙骨柱用规格材构成的用以承受竖向和水平作用的墙体。

bracing
▸撑拉件；系杆；斜撑
▷ブレーシング；筋違い
* 用于支持和加强建筑物的各种类型的拉杆。

bracing strut
▸撑柱
▷控柱

bracket
▸斜撑
▷ブレース

breach
▸缺角
▷切欠き

breakdown
▸剖料
▷木取り
* 以基准面加工，将原木纵解为毛方、大料的制材过程。

breaking load
▸破坏荷载
▷破壊荷重

breaking stress
▸破坏应力
▷破壊応力

breathing
• 参见 bleeding[1]

brick
▸砖
▷レンガ
* 以黏土、页岩以及工业废渣为主要原料制成的小型建筑砌块。

brick ties
▸砖饰面连接条
▷レンガタイ
* 通过将横向荷载传递给支撑墙而对建筑物砖饰面提供横向支撑的金属条。

brick veneer
▸砖饰面
▷レンガベニヤ
* 用砖做材料的墙体外饰面。

Brinell hardness
▸布式硬度
▷ブリネル硬さ

British Standard (BS)
▸英国标准
▷イギリス標準規格

brittleness
▸脆性
▷脆弱性

brittle heart
▸脆心
▷脆心
* 材质脆弱的树心部分。常见于柳桉类。

broad leaves timber
▸阔叶树材
▷広葉樹材
* 木材产自阔叶树，被子植物，通常具有导管。

broadleaved wood
- ●参见 hardwood

brown rot
- ▸褐腐
- ▹褐色腐朽
- *由褐腐菌分解破坏纤维素所形成的腐朽，腐朽材外观呈红褐色或棕褐色，质脆，中间有纵横交错的块状裂隙。

brown-rot fungus
- ▸褐腐菌
- ▹褐色腐朽菌

brush treatment
- ▸涂刷处理
- ▹ブラッシング処理
- *用刷子将防腐剂涂刷于木材表面的处理方法。

bucking
- ●参见 cross cut of log

buckling
- ▸屈曲；挫屈；纵向弯曲；压曲
- ▹座屈；バックリング
- *相对于横截面尺寸而言非常长的木材在长度方向（纤维方向）上受到压力，并且当该力超过某个极限时，在该方向上弯曲并破裂的现象。屈曲强度表示为：屈曲时的力 / 横截面积。

buckling line
- ▸屈曲线
- ▹座屈線

buckling strength
- ▸屈曲强度
- ▹座屈強さ

buckling type cut
- ●参见 shear type cut

buff
- ▸抛光布
- ▹羽布
- *把剪成圆形的布重叠安装在旋转轴上，旋转摩擦涂装面的抛光工具。

buffer capacity of wood
- ▸木材缓冲容量
- ▹木材緩衝能；木材バッファ容量
- *木材抵抗因加入酸性或碱性物质使其 pH 值变化的能力。

buffing
- ▸抛光；磨光
- ▹バッフィング

bug screen
- ▸防虫网
- ▹防虫網
- *防腐金属网（或凿孔金属），可使空气自由流动以防止虫害。

building coverage ratio
- ●参见 building density

building curtain wall
- ▸建筑幕墙
- ▹建物カーテンウォール
- *由金属构架与板材组成的，不承担主体结构荷载与作用的建筑外围护结构。

building density
- ▸建筑密度
- ▹建物密度
- *在一定范围内，建筑物的基底面积总和与占用地面积的比例（%）。

building enginering
- ▸建筑工程
- ▹建築エンベロープ
- *通过对各类房屋建筑及其附属设施的建造及其配套线路、管道、设备等的安装所形成的工程实体。

building envelope
- ▸围护结构
- ▹エンベロープ
- *建筑各面的围挡物，包括墙体、屋顶、门窗、地面等。

building line
- ▸建筑控制线
- ▹建築線

* 有关法规或详细规划确定的建筑物、构筑物的基底位置不得超出的界线。

building paper

▸防潮纸

▹防水紙

* 用于木框架建筑物外立面装修材料下部或后部的，作为防潮层和空气屏障的油衬纸。此材料可以透气，因此不能作为蒸汽隔层。

built-up beam

▸组合梁；拼合梁

▹重ね梁；充腹梁；組立梁

* 将数根规格材或工程木（3～5根）用钉或螺栓拼合在一起的受弯构件。

built-up column

▸组合柱

▹組立柱

* 由规格材或工程木产品组合制成的柱。

bulge

▸鼓包

▹バルジ

* 产品内含固体实物引起的局部异常凸起。

bulking effect

▸膨胀效应

▹かさ効果

* 在木材进行尺寸稳定性处理时，用处理药剂膨胀木材后的体积膨胀率，用于体积大、尺寸稳定的情况。

bulling hardware

▸拉引五金

▹引き寄せ金物；ホールダウン金物

bunk

▸木托板

▹寝台

* 仓库垫板、集装箱隔板、纸夹板等多拼纵向板。

bunker

▸料斗；存储器

▹バンカ；貯蔵器；サイロ

Buprestidae

●参见 jewel beetles

burl

●参见 lump

burls figure

▸瘤状纹理

▹瘤杢

butt end

▸根端截面

▹元口

* 原木根端的横截面。

butt joint

▸对接接头；纵接接头

▹突き付け継ぎ；突き付け；平打付け継ぎ；バットジョイント；継手

butt rot

▸干基腐朽

▹根株心腐病

* 活立木状态时，发生在树木基部或树干下部的腐朽。

butt treatment

▸端部处理

▹バット処理

* 对柱材或杆材的下端部进行防腐处理，一般采用热冷槽浸注处理。

by-product

▸副产品

▹副産物；副生成物；副製品

* 除主产品外，可割取与原木等长的板、方材等产品。

C

C-stage
▸C 状态
▹C 狀態
* 详见 A-stage。

cabinet work
▸细木工
▹指物

Calcium silicate board
▸硅酸钙板
▹ケイ酸カルシウム板

calendar press
▸辊压机
▹カレンダープレス
* 把加工成薄片的刨花垫插入大直径的热辊轴和钢带之间，加热施压，制作成环状薄板的机器。

Calophyllum inophyllum
▸海棠木；红厚壳
▹カロフィラムイノフィラム

***Calophyllum* spp.**
▸红厚壳属
▹カロフィラム

camber
▸起拱
▹キャンバー；そり
* 为减小桁架或梁等受弯构件的视觉挠度，制作时使构件向上拱起。

cambium
▸形成层；维管形成层
▹形成層
* 位于韧皮部和木质部之间的植物侧生分生组织，细胞具持续分裂能力，向外分生韧皮部，向内分生木质部。

camphor tree
• 参见 *Cinnamomum camphora*

Camponotus
• 参见 carpenter ants

cant
▸毛方
▹割り材
* 原木劐去板皮后制成的毛边方材，分为单面毛方、双面毛方。

cant sawing
▸四面下锯法
▹カントソーウィング
* 原木先劐成对称的两面毛方，然后把基准面向下翻转，依次平行下锯的下锯法。

cant strip
▸嵌角板条
▹広木舞
* 通常安装在平屋顶周边或墙和屋顶交接线上的楔形条或三角条。

cantilever
▸悬臂梁
▹片持梁

cantilever truss
▸悬臂桁架
▹カンチレバートラス
* 桁架端部上弦杆与下弦杆相交面的外端，位于支座边沿外侧的桁架。

capacity-type moisture meter
▸电容式测湿仪
▹容量型水分計

capillary action
▸毛细作用
▹毛管作用
* 木结构相邻竖向构件之间，由于缝隙很小造成水从下到上运动的一种现象。

Carapa guianensis
▸圭亚那蟹木楝
▹アンディロバ

carbide tipped saw
▸硬质合金（镶齿）锯
▹カーバイトチップソー

carpenter ants
▸木工蚁

▷カンポポトス

＊膜翅目蚁科弓背蚁属，体大而黑。常危害木材已发生腐朽且开始软化的部分（如树墩、活树的心材、柱桩，木结构建筑中的结构用木材），在其中挖木筑巢。

carpenter bee

▸木蜂

▷クマバチ

＊膜翅目木蜂科，常危害木材或小枝，特别是干材，在其中蛀蚀坑道，喂养幼蜂。

carriage

▸运材车

▷送材車

case goods

▸箱型货物

▷箱物

case hardening

▸表面硬化

▷表面硬化

＊干燥前期在木材表层产生的拉伸残余变形。

casein glue

▸酪蛋白胶

▷カゼイン接着剤

casement

▸平开窗

▷開き窓

＊活动窗框，通常向外推出，部分活动窗框可以在自身窗框中关闭或在垂直窗框中关闭。

casing

▸框

▷ケーシング

＊木结构装饰构件，用于覆盖石膏（板）和门窗边框之间的缝隙。

Castanea crenata

▸日本栗

▷クリ

Castanopsis cuspidata

▸尖叶栲

▷スダジイ；コジイ；ツブラジイ

catalyst

●参见 curing agent

cat's eye

●参见 pin knot

cats face

▸猫脸纹

▷猿喰

caul

▸垫板

▷当て板；コール

＊支撑和运送板坯进入压机，并对压板起保护作用的衬板。

caulless system

▸无垫板系统

▷コールレスシステム

＊在制造刨花板和纤维板时，不使用垫板，而用传送带转移板坯至压机，并自动把板坯插入热压机的方式。

ceiling board

▸吊顶；天花板

▷天井板

cell wall

▸木材细胞壁

▷セル壁；細胞壁

＊包裹木材细胞内含物（如原生质）等生命活动物质且相当结实的膜。在成熟的细胞中，其细胞壁由初生壁、次生壁所构成。

Cellon process

▸赛隆法；有机溶剂载送法

▷セロン法

cellulose

▸纤维素

▷セルロース

＊构成植物细胞壁物质的主要多糖，由植物光合作用产生的葡萄糖在酶催化作用下以 β-1，4- 糖苷键连接而成。约占木材成分的 40% ~ 50%。

cement board
▸水泥板
▹セメント板；セメントボード
＊用水泥制成的为内外装饰提供防水背衬的大幅面薄板。

cement bonded particleboard
▸水泥刨花板；强化耐候板
▹木片セメント板

cement excelsior board
▸水泥木丝板
▹木毛セメント板
＊按一定配比将细长木丝、水泥和其他添加剂加水混合搅拌后，经过铺装、加压、干燥和养护等工序制成的板材。

cement fiberboard
▸水泥纤维板
▹繊維セメント板
＊以水泥为基体和胶凝材料，以植物纤维为增强材料制成的一种复合纤维板。

cement flyash gravel pile
▸水泥粉煤灰；碎石桩
▹セメントフライアッシュグラブルパイル
＊用长螺旋钻机钻孔或沉管桩机成孔后，将水泥、粉煤灰及碎石混合搅拌后，泵压或经下料斗投入孔内，构成密实的桩体。

cement particleboard
▸水泥刨花板
▹セメントパーティクルボード
＊按一定配比将刨花、水泥和其他添加剂加水混合搅拌后，经过铺装、加压、干燥和养护等工序制成的板材。

cemented carbide alloy
▸超硬合金
▹超鋼合金

center knot
▸中节
▹センターナット
＊节子的节心与规格材宽面中心线重合的节子。

center layer
●参见 central ply

centering
●参见 block centering

central pillar
▸中央主柱
▹大黒柱

central ply
▸中心层
▹中央層
＊胶合板厚度方向对称中心平面层。

Cerambycidae
●参见 long-horned beetles

Cercidiphyllum japonicum
▸连香树
▹カツラ

Chaetomium
▸毛壳菌属；毛壳属
▹カエトウム

chain saw
▸链锯（机）
▹鎖鋸；チェーンソー

Chamaecyparis lawsoniana
▸美国扁柏
▹ベイヒ

Chamaecyparis nootkatensis
▸阿拉斯加黄杉；黄扁柏
▹ベイヒバ

Chamaecyparis obtusa
▸日本扁柏
▹ヒノキ

Chamaecyparis pisifera
▸日本花柏
▹サワラ

Chamaecyparis obtusa* var. *formosana
▸台湾扁柏
▹タイヒ（タイワンヒノキ）

chamfer strip
▸倒角条

▷**面木**

* 把棱角切削成一定斜面的材料。

chamfering

▸**倒角**

▷**面取り**

Chapman process

▸**查普曼法**

▷**チャップマン法**

* 一种抄制纤维板的方法，属于分批式抄造法，把液体浆注入缠着钢丝网的盒子中后，真空脱水制成湿板，再进行冷压脱水。

char

▸**炭化**

▷**炭化**

* 常出现在木材干燥过程中。微波或高频干燥时，含水率很低（约5%）的部位因过热而使木材变成炭化状的现象。

characteristic combination

▸**标准组合**

▷**特性組合**

* 正常使用极限状态计算时，采用标准值或组合值为荷载代表值的组合。

characteristic strength

▸**强度标准值**

▷**特徴強さ**

* 在温度为20℃，相对湿度为65%条件下，使试件达到平衡含水率状态，进行力学强度试验（从加载到破坏持续时间300s左右）所得各试验数值的5%下限值，或以含水率12%为准的足尺试验数值的5%下限值。在此又称5%分位值。

characteristic value

▸**标准值**

▷**特性値**

* 符合规定质量的材料性能概率分布的某一分位值。在75%置信水平下锯材群强度性能概率分布的5%分位值。

characteristic value of a geometrical parameter

▸**几何参数标准值**

▷**幾何学的パラメータ特性値**

* 设计规定的几何参数公称值或几何参数概率分布的某一分位值。

characteristic value of a material property

▸**材料性能标准值**

▷**材料性能特性値**

* 符合规定质量的材料性能概率分布的某一分位值。

characteristic value of an action

▸**作用标准值**

▷**アクション標準値**

* 作用的基本代表值，为设计基准期内最大作用概率分布的某一分位值。

characteristic value of subgrade bearing capacity

▸**地基承载力特征值**

▷**地盤支持力特性値**

* 由载荷试验测定的地基土压力变形曲线，其线性变形段内规定的变形所对应的压力值，其最大值为比例界限值。

charcoal

▸**木炭**

▷**木炭**

charcoalization

▸**炭化**

▷**炭化**

* 常出现纤维热压过程中。热压或热处理过程中，由于温度过高，纤维炭化，使板面局部呈棕黑色的一种缺陷。

check

▸**裂纹**

▷**割れ**

* 木材纤维沿纹理方向发生分离所形成的裂隙。分为贯通裂和非

贯通裂。

checkered board core
▸方格板芯
▹チェッカーボードコア
＊用木条组成的方格状板芯。

chemical anchor bolt
▸化学锚栓
▹ケミカルアンカー

chemical composition of wood
▸木材化学组分
▹木材化学組成
＊组成木材的化学物质，主要有纤维素、半纤维素和木质素等细胞壁主要成分，以及树脂、脂肪、萜烯类和单宁等次要成分。

chemical degradation
▸化学降解
▹化学分解
＊木材在化学物质作用下引起的分解。

chemical drying
▸化学干燥
▹薬品乾燥；化学乾燥
＊用化学物品处理木材进行的干燥。

chemical elements of wood
▸木材化学元素
▹木材化学元素
＊组成木材化学组分的基本元素，主要有碳、氧、氢、氮等元素。

chemical oxygen demand (COD)
▸化学需氧量
▹化学的酸素要求量

chemical stain
▸化学着色；药品着色
▹化学着色；薬品着色

chief project management engineer
▸总监理工程师
▹監理技術者
＊由工程监理单位法定代表人书面任命，负责履行建设工程监理合同、主持项目监理机构工作的注册监理工程师。

chimney
▸烟囱；烟道
▹垂直煙道

chimneys in pile
▸堆内通气道
▹堆積の煙突道
＊材堆内部留的通风气道。

Chinese cork tree
●参见 *Phellodendron amurense*

chip
●参见 wood chip

chip board
●参见 particleboard

chip cleaning
▸木片清洗
▹チップクリーニング
＊去除木片中金属、泥沙等杂质的过程。分为水洗和风洗。

chip saw
▸超硬合金圆锯
▹チップソー

chip screen
▸木片筛选机
▹チップスクリーン

chip softening
▸木片软化
▹チップ軟化
＊采用热水浸渍、蒸煮或添加化学药品的方法提高木片塑性，降低纤维间结合力，以利于纤维分离的过程。

chipboard
●参见 particleboard

chipper
▸原木切削机；削片机
▹チッパー；削片機

chisel
▸凿子
▹鑿

chiseling
▸凿毛
▹目荒らし

chlorothalonil (CTL)
▸百菌清
▹クロロタロニル
＊四氯间苯二甲腈，相对分子质量 265.9，分子式 $C_8Cl_4N_2$。

chock
▸楔形物
▹楔

chop saw
▸斜断锯
▹チョップソー
＊小型台式电锯，可以进行角度切割。

chord
▸弦杆
▹コード
＊位于桁架顶部或底部的主要杆件。

chromated copper arsenate (CCA)
●参见 copper chrome arsenic

CHUANDOU-style timber structure
▸穿斗式木结构
▹穿斗式木構造
＊按屋面檩条间距，沿房屋进深方向竖立一排木柱，檩条直接由木柱支承，柱子之间不用梁，仅用穿透柱身的穿枋横向拉结起来，形成一榀木构架。每两榀木构架之间使用斗枋和纤子连接组成承重的空间木构架。

Cinnamomum camphora
▸樟树
▹クスノキ

circular cutterhead
▸圆盘刀头
▹丸胴

circular saw
▸圆锯
▹丸鋸

circular saw machine
▸圆锯机
▹丸鋸盤

circular saw with tilting arbor
▸斜轴圆锯机
▹軸傾斜丸鋸盤

circulation velocity
▸循环速度；气流速度
▹循環速度
＊气体介质往复通过材堆的速度。

civil building
▸民用建筑
▹民間建築
＊供人们居住和进行公共活动的建筑的总称。

cladding
▸外饰面
▹クラッディング
＊完整外装体系（粉饰灰泥、石材、石材饰面、木护墙板、复合护墙板、防雨幕墙体系等）。

***Cladosporium* spp.**
▸芽枝孢霉
▹クラドスポリウム

clamp
▸夹具
▹鎹；クランプ

clamping bonding
▸夹持冷压胶合
▹クランプ接合
＊用夹紧装置将组坯后集成材板坯夹持固定并保持压力，使胶黏剂在室温下固化成型的方法。

class I plywood
▸Ⅰ类胶合板
▹一類合板
＊能够通过煮沸试验，供室外条件下使用的耐气候胶合板。

class II plywood
▸Ⅱ类胶合板
▹二類合板
＊能够通过（63±3）℃热水浸渍

试验，供潮湿条件下使用的耐水胶合板。

class III plywood

▸Ⅲ类胶合板

▹三類合板

*能通过干状试验，供干燥条件下使用的不耐潮胶合板。

clean creosote

●参见 pigment emulsified creosote（PEC）

clearance angle

▸齿背角；后角

▹歯背角；逃げ角

*后刀面与切削平面之间的夹角。

clearance gauge

▸塞尺

▹隙間ゲージ

cleat

▸挡块

▹滑り止め；転び止め

*附于结构构件上的较小木挡，以支撑另一结构。

cleavability

▸可裂性

▹割裂性

cleavage resistance (of wood)

▸（木材）抗劈裂性

▹割裂抵抗

*物体分裂成两部分的现象称为劈裂。木材具有沿纤维方向容易割裂的性质。在纤维正交方向上施加抗裂力后得到的最大荷载除以劈裂面的宽度值表示抗劈裂性能（抗劈裂强度）。抗劈裂性能的倒数称为劈裂性能。

close-recycle system

▸封闭式水循环

▹クローズドリサイクルシステム

*湿法纤维板生产中，板坯成型、脱水、热压等工段产生的废水，经处理后全部循环使用不向外排放的废水处理工艺。

closed assembly

▸闭式陈化；闭口陈化

▹クローズドアッセンブリー；閉鎖堆積

*单板涂胶后立即进行组坯，然后放置一段时间再进行加压胶合。

closed assembly time

▸闭合陈化时间

▹閉鎖堆積時間；クローズドアッセンブリータイム

closed panelized system

▸封闭式组件

▹クローズドアセンブリー

*在工厂加工制作完成的，采用木基结构板或石膏板将开放式组件完全封闭的板式单元。该组件可包含所有安装在组件内的设备元件、保温隔热材料、空气隔层、各种线管和管道。

closing time

▸闭合时间

▹クロウジングタイム；閉鎖時間

*板坯装进压机后，从压板闭合动作开始到压机中全部板坯的上表面接触到热压板下表面的这段时间。

coach bolt

▸方头螺栓

▹コーチボルト

coal tar

▸煤焦油

▹コールタール；石炭タール

*煤干馏成焦炭所得的黑色黏稠油状液体，是含有多种芳烃化合物的复杂混合物。

coal tar creosote

▸煤焦油－杂酚油混合物；杂酚油

▹クレオソート油

*多种煤焦油馏分的混合物。主要由上百种芳烃化合物组成，并含

有一定量的焦油酸类和焦油碱类。馏程为 200 ~ 400℃。暗红褐色的黏稠液体，未脱晶产品常析出结晶体。

coated wood-based panel
▸涂饰人造板
▹コート木質パネル
* 用涂料涂饰的人造板。

coefficient of heat transfer
▸传热系数
▹熱伝達係数
* 在稳态条件和物体两侧的冷热流体之间单位温差作用下，单位面积通过的热流量，单位为 W/（$m^2 \cdot K$）。

coefficient of linear expansion
▸线性膨胀系数
▹線膨張率
* 是板材吸湿引起的板面尺寸变化率。通常情况下，测量板面的纤维方向或者与纤维铺装方向垂直的方向。

coefficient of over-all heat transmission
▸传热系数
▹熱貫流率

coefficient of swelling
▸膨胀系数
▹膨潤率

coefficient of vapor permeability
▸蒸汽渗透系数
▹蒸気透過係数
* 单位厚度的物体，在两侧单位水蒸气分压差作用下，单位时间内通过单位面积渗透的水蒸气量。

coefficient of viscosity
▸黏滞系数
▹粘性係数

co-formulant
▸副成分
▹副成分
* 按配方制造的木材防腐剂中，除活性成分以外的成分。

cogging
▸勾齿搭接；接头
▹渡り腮；あご

cohesive failure
▸胶层破坏
▹凝集破壊
* 连接件受到破坏时，在黏合剂层内部产生破坏的情况。

cold-hot-cold process
▸冷—热—冷工艺
▹冷—熱—冷プロセス
* 一种用于高压装饰板制造的热压工艺。指板坯送入压机时，压板温度不高于 50℃，当板坯进入压机后升温至规定的温度，直至各层胶膜纸中树脂完全固化，然后冷却至 50℃左右后，再降压出板的工艺过程。

cold pressing
▸冷压
▹コールドプレス；冷圧
* 在室温条件下，对板坯加压，经过一定时间使其成板的过程。

cold-setting adhesive
▸冷固性胶
▹低温硬化性接着剂

cold-soak treatment
▸冷浸处理
▹冷浸透処理
* 常温下将木材浸入未加热的、低黏度油类防腐剂中，浸渍时间随树种、尺寸、含水率和所用防腐剂而定。与浸渍处理的区别是，主要使用油类防腐剂。

cold soaking
▸冷浸；冷浴
▹浸せき法

Coleoptera
• 参见 beetles

collapse
▸皱缩；溃陷

▷崩壊

＊木材在干燥时或干燥后，在纤维方向上发生条状凹陷，或者横截断面出现极端缩小的现象。产生这种现象的原因是由于细胞内腔充满水分，细胞壁的气密性强时，水的蒸发在开口处极其细小的壁孔部分，由于水的张力使充满水的内腔产生很大的负压，细胞壁被牵引至内侧而产生。

collar tie

▸屋架拉条

▷カラータイ

＊为相对的屋顶椽子提供中间支撑的水平杆件，通常位于椽子中部1/3处。也称为系梁或支柱。

color bleeding

▸色溢

▷色滲み

＊着色剂或着色组分渗出或渗移到木塑制品表面的现象。

color difference

▸色差

▷色差

＊重组装饰单板的颜色与预先设计或样板的颜色有差异，或整体颜色不均匀。

colored veneer

▸调色单板；调色薄木

▷着色单板

＊用漂白和染色等加工方法制成的着色单板。

column

▸柱

▷柱

＊直立构件，其荷载沿轴向作用。

column spacing

▸柱间距

▷柱間

combination knot

▸组合节

▷組合ナット

＊如果一个节子在规格材宽度方向与另一个节子的任何部分交叠，则认为这两个节子为组合节。

combination of actions

▸作用组合；荷载组合

▷組合荷重

＊在不同作用的同时影响下，为验证某一极限状态的结构可靠度而采用的一组作用设计值。

combination of laminations

▸组坯

▷積層の組合せ

＊制作层板胶合木时，沿构件截面高度各层层板质量等级的配置方式，分为同等组坯、异等组坯、对称异等组坯和非对称异等组坯。

combination saw

▸组合锯

▷組合せ丸鋸

combination value

▸组合值

▷組合値

＊对于可变作用，是使组合后的作用效应在设计基准期内的超越概率与该作用单独出现时的相应概率趋于一致的作用值；或组合后，使结构具有统一规定的可靠指标的作用值。

combined stress

▸复合应力

▷複合応力

combining package pile

▸组堆堆积法

▷組合堆積法

＊由数个材堆组合的堆积方法。

combustibility (of wood)

▸（木材）可燃性

▷（木材）可燃性

＊木材进行有焰燃烧的能力。

combustion (of wood)

▸（木材）燃烧

▷（木材）燃焼

* 木材和氧气之间的发热反应，通常指反应特别显著的情况。在木材的燃烧中，有自燃燃烧、有焰燃烧、阴燃、灼热燃烧四种形态。

commercial facilities

▸**商业服务网点**

▹**商業施設**

* 设置在住宅建筑的首层或其二层，每个分隔单元建筑面积不大于 $300m^2$ 的商店、邮政所、储蓄所、理发店等小型营业性用房。

commercial timber name

▸**商品材名称**

▹**商業用木材名**

* 以木材的树种识别特征相似、材性及材质相近为原则，适当归类后统一命名的木材的商用名称。

compartment kiln

▸**周期式干燥室**

▹**周期式乾燥窯**

* 同时装入或卸出全部木料，在装卸期间停止干燥，即干燥作业为周期性的干燥室。

compass saw

▸**截圆锯；曲线锯**

▹**突き廻し鋸；廻し挽き鋸**

composite fiberboard

▸**复合纤维板**

▹**複合繊維板**

* 由木纤维、无机物及合成纤维等混合压制而成的纤维板。如石膏纤维板、水泥纤维板等。

composite foundation

•**参见** composite subgrade

composite material

▸**复合材料**

▹**複合材料**

composite plybamboo

▸**复合竹材胶合板**

▹**複合竹材合板**

* 将竹片、竹篾、竹单板等不同构成单元按一定规则组坯胶压而成的竹材胶合板。

composite plywood

▸**复合胶合板**

▹**複合合板**

* 芯层（或某些特定层）由单板或实木以外的材料构成，但芯层每侧至少有两层相互交错的单板组坯胶合而成的人造板。

composite subgrade

▸**复合地基**

▹**複合基礎**

* 部分土体被增强或被置换而形成的由地基土和增强体共同承担荷载的人工地基。

compound middle lamella

▸**复合胞间层**

▹**複合細胞間層**

compreg

▸**浸胶木；浸胶层压木**

▹**硬化積層材；コンプレッグ**

* 将浸渍酚醛的木单板经干燥，并沿着纤维方向平行组坯，再高压热压的产品。

compress strength

▸**抗压承载力**

▹**圧縮強さ；圧縮強度**

* 工字搁栅在垂向均布荷载状态下抵抗竖向荷载的能力。

compress tightly device

▸**压紧装置**

▹**締め付け装置**

* 加压固定材堆的装置，用于防止上部板材翘曲。

compressed impregnated wood

•**参见** compreg

compressed wood

▸**压缩木；强化木**

▹**圧縮木材**

* 在 130 ~ 160 ℃，10 ~ 28MPa 的高温高压下，将山毛榉、白杨等散孔气干材压缩而成的木材。

compressibility
▸压缩率
▹圧縮率

compression brace
▸压缩斜撑
▹圧縮筋かい

compression failure
▸压缩破坏
▹圧縮破壊；揉め

compression ratio
▸压缩比
▹圧縮比

compression set
▸压缩变形
▹コンプレッションセット

compression shrinkage
▸加压收缩
▹加圧収縮

compression strength
▸抗压强度
▹圧縮強度；耐圧強度
*试件最大压缩载荷与试件受载面积之比。反映材料抵抗压缩破坏的能力。

compression strength parallel to (the) grain of wood
▸木材顺纹抗压强度
▹縦圧縮強さ
*木材顺纹方向承受压力荷载作用所产生的最大应力。

compression strength perpendicular to (the) grain of wood
▸木材横纹抗压强度
▹横圧縮強さ
*木材在垂直于纹理方向承受压力荷载的比例极限应力。

compression wood
▸应压木
▹圧縮あて材

compressive molding
▸压缩成型
▹圧縮成形

compressive shear bond strength
▸胶层压向剪切强度；压缩剪切黏结强度
▹圧縮せん断接着強さ

compressive strength
▸压缩强度；抗压强度
▹圧縮強さ

compressive stress
▸压应力
▹圧縮応力
*含水率高于纤维饱和点或表面硬化的木材部分，因受压缩产生的应力。

computer tomography (CT)
▸计算机断面扫描
▹シーティー；コンピューター・トモグラフィー
*CT 检查。一种基于穿过物体的特定横截面的辐射和超声波的吸收，通过计算处理来重建横截面图像的方法。

concealed space
▸密闭空间
▹密閉区域
*与外界相对隔离，进出口受限，自然通风不良，足够容纳一人进入并从事非常规、非连续作业的有限空间。

concrete-form plywood
●参见 plywood for concrete-form
▹コンクリート型枠用合板

concrete slab on grade
▸路面混凝土板
▹土間コンクリート

condensation
▸结露；冷凝
▹結露

conditioning
▸调湿
▹調湿；コンディショニング
*木材和木基复合材料的含水率达到与使用环境的大气含水率平

衡的过程。目的是提高木材和木基复合材料在使用中的尺寸稳定性。防腐处理前去除生材或部分干燥木材中的水分，可改善木材的渗透性和可处理性。可采用自然方法或通过干燥窑和调湿室进行调湿。

conditioning treatment
▸**热湿处理；调湿处理**
▹**調湿処理；コンディショニング処理**
* 在较高温度和不蒸发水分的高湿介质下对木材进行的处理。

cone penetration meter
▸**圆锥贯入仪**
▹**コーンペネトロメーター**

cone pulley
▸**升吊卷筒；塔轮**
▹**コーンプールー**

coner board
▸**隅板**
▹**隅板**
* 用于加强框架组织而在四个角落安装的三角形力板。

coner locked joint
▸**L 型企口接头**
▹**刻み継ぎ**
* 一种 L 型接头。在构件的横截面上制作，和木板厚度相同大小的缺口连接的方法。

coniferous timber
▸**针叶树材**
▹**針葉樹材**
* 产自针叶树的木材，裸子植物，不具有导管。

coniferous wood
●参见 softwood

connector
▸**连接件**
▹**接合具**
* 用于木结构中木构件之间、木构件与基础之间的金属连接件。

constant rate of drying
▸**恒速干燥**
▹**恒率乾燥**

constitutional agent
▸**体质剂**
▹**体質剤**
* 木粉填料的主剂，填充性和着色性好，包括抛光粉、胡粉、黏土粉、滑石粉、硅藻土等。

construction joint
▸**接续面**
▹**打ち続ぎ面**

construction project management
▸**建设工程监理**
▹**建設プロジェクト管理**
* 工程监理单位受建设单位委托，根据法律法规、工程建设标准、勘察设计文件及合同，在施工阶段对建设工程质量、进度、造价进行控制，对合同、信息进行管理，对工程建设相关方的关系进行协调，并履行建设工程安全生产管理法定职责的服务活动。

construction project management enterprise
▸**工程监理单位**
▹**建設プロジェクト管理企業**
* 依法成立并取得建设主管部门颁发的工程监理企业资质证书，从事建设工程监理与相关服务活动的服务机构。

construction sheathing
▸**覆面板**
▹**下張りパネル**
* 钉合在木构架墙面单侧或两侧，以及钉合在楼盖搁栅顶面或屋顶椽条顶面的 OSB 或胶合板板材，即在轻型木结构建筑中用作墙面板、楼面板和屋面板的板材。

construction site
▸建设场地
▹建設現場
＊根据用地性质和使用权属确定的建筑工程项目的使用场地。

construction duration extension
▸工程延期
▹施工期間延長
＊由于非施工单位原因造成合同工期延长的时间。

contact adhesive
▸接触型胶黏剂
▹コンタクト接着剤

contact angle
▸接触角
▹接触角

contact drying
▸接触式干燥
▹接触乾燥
＊一种用加热的平板或辊筒以一定的压力与单板接触，借以将热量传递给单板使其多余水分蒸发的干燥方法。此方法在干燥的同时可以一定程度上提高干燥后单板的平整度，常用于易发生干燥变形的厚单板。

contact insecticide
▸接触性杀虫剂
▹接触性殺虫剤

continuous beam
▸连续梁
▹梁勝ち

continuous column
▸通柱
▹通し柱

continuous foundation
▸连续基础
▹布基礎

continuous platen-pressing method
▸连续平压法
▹連続プラテンプレス法
＊板坯从进口端进入连续式平压机，在加热、加压的同时，以一定的速度不断向前移动，最后从出口端输出连续成型板带的热压方法。

continuous press process
▸连续施压法
▹連続プレス法
＊一种制造木基人造板时连续施压的方法，用于制造刨花板、MDF、OSB 和 LVL 等。其特征是，在压机的长度方向上设定几个温度范围可以进行温度控制，通过蒸汽在直线反方向上的移动而进行的中心加热，提高 10% ~ 20% 生产效率，缩短加载与卸载时间，提高厚度精度等。

continuous sill
▸贯通式木地槛
▹土台通し

continuous vacuum dryer
▸连续真空干燥机
▹連続真空乾燥機
＊加热与真空是连续进行的真空干燥机。

continuous veneer dryer
▸连续式单板干燥机
▹連続式単板乾燥装置

continuously rising temperature drying schedule
▸连续升温干燥基准
▹連続加温乾燥基準
＊在干燥过程中匀速升高干球温度，维持干球温度与木材温度之间的温差为常数，使干燥速度基本上为常数的一种干燥基准。

contractor
▸承建商
▹建築請負人
＊承接建设任务的商人或组织，通俗地说就是施工方或施工单位。

controller
▸控制装置

▷コントローラー；制御装置
* 木材干燥室内用于控制加热、加湿、风机的系统。

convection drying
▸对流式干燥
▷対流乾燥
* 一种利用循环流动的热空气将热量传递给单板，并不断地从单板表面带走水分的干燥方法。热空气流动方向与单板表面平行的对流式干燥，根据热空气流动方向又分为纵向循环方式和横向循环方式两种；热空气流动方向与单板表面垂直的对流式干燥又称为喷气式干燥，是目前较常用的单板干燥方法。

conventional column and beam structural system
▸传统梁柱结构体系
▷在来（軸組）構法

conventional drying
▸常规干燥
▷従来乾燥
* 以常压湿空气作干燥介质，蒸汽、热水、炉气或热油作热媒，干燥介质温度控制在100℃以下，对木材进行干燥的室干方法称为常规干燥。如以蒸汽作热媒的称为常规蒸汽干燥。

cooling
▸冷却
▷冷却
* 干燥过程结束后，材堆卸出干燥室之前，使木材温度逐渐降低到40℃以下的过程。

cooling limit temperature
▸冷却极限温度
▷冷却限界温度
* 在水分蒸发过程中，干燥介质达到饱和状态时的温度，即湿球温度。

coping
▸盖梁
▷笠木

copper
▸铜
▷銅
* 一种化学元素，化学符号是Cu。

copper 8-hydroxyquinolate (Cu-8)
▸8-羟基喹啉铜
▷銅8-ヒドロキシキノレート
* 有机铜盐化合物，溶解于脂肪族和芳香族的石油溶剂中，加助溶剂可制成乳剂。

copper azole
▸铜唑
▷アゾール系銅
* 铜与三唑的复配物。

copper bis-dimethyldithiocarbamate (CDDC)
▸双二甲基二硫代氨基甲酸铜
▷シーディーディーシー
* 二甲基二硫代氨基甲酸钠与乙醇胺铜的混合物。

copper chrome arsenic (CCA)
▸铜铬砷
▷シーシーエー
* 主要成分为铜、铬和砷盐或其氧化物的混合物，水溶性木材防腐剂，在世界上使用最多。但由于经CCA处理的木材，在对其废弃物处理的过程中可能不环保，目前在有些国家已经禁止使用。

copper naphthenate
▸环烷酸铜
▷ナフテン酸銅
* 黄绿色黏稠液，具有良好的防腐作用，与煤杂酚油或船底漆混用可以预防海生钻孔动物对木材的侵害。

Coptotermes formosanus
▸家白蚁

▹イエシロアリ
∗鼻白蚁科，土木两栖性白蚁，在室内和室外筑巢，群体较大，喜蛀蚀旱材。主要危害房屋建筑、桥梁、枕木、电杆等用材。

cord
▸考得
▹コード
∗美国的木材堆体积单位。

core
▸木芯
▹芯板；コア
∗旋切结束后剩余的木段部分。用生长锥钻取的圆柱状木材样品。通过长度测量，可确定边材厚度和防腐剂的透入深度，也可进行定量分析，检测防腐剂的保持量和分布。

core-end gap
▸芯条端面缝隙
▹エンドギャップコア
∗实体板芯在长度方向上相邻两芯条间的缝隙。

core gap
▸芯板离缝；离芯
▹ギャップコア
∗胶合板中同一层内芯板或相邻两拼接芯板间产生分离的现象。

core-side gap
▸芯条侧面缝隙
▹サイドギャップコア
∗实体板芯在宽度方向上相邻两芯条间的缝隙。

core strip
▸芯条
▹コアストリップ
∗用作实木板芯或方格板芯的木条。

corner butt joint
▸直角对接
▹隅打付け継ぎ

corner locked joint
●参见 matched joint

corner stud
▸转角龙骨
▹コーナースタッド
∗位于墙交界处的龙骨，为上部结构及内外装饰提供结构支撑。

cornice
▸檐口
▹コーニス；蛇腹
∗大屋面最外边缘处的屋檐的上边缘，即“上口”。

corrugated nail
▸槽纹钉
▹波釘
∗暂时用于固定板材等边缘连接的波形板钉。

counter batten
▸顺水条
▹カウンターバッテン
∗屋面瓦挂瓦条下面与挂瓦条垂直相交的木条，用来固定挂瓦条、架空屋面瓦，有利于屋顶通风。

counter flashing
▸反向泛水
▹カウンターフラッシング
∗在另一个泛水之上的泛水。它在下层泛水的上方散水，允许相互移动而不破坏泛水。

counterfort
▸护墙
▹控壁

coupled beam
▸复合梁
▹合わせ梁
∗将板和方材沿宽度拼接方向合并，用钉子、螺栓等接合工具或黏合剂合成的复合梁。与将木材层叠堆放的层叠梁的层叠方向不一样。无论在哪种情况下，在现场加工，能够比较简单地获得大截面的梁材。

coupling agent
▸偶联剂

▷カップリング剤
* 一类具有两个不同性质官能团的物质，能在增强材料与树脂基体之间形成界面层，提高界面结合力，或促进、建立较强结合力的物质。

covering agent
▶隐蔽剂；遮蔽剂
▷被覆剂
* 在贴面装饰时，为遮盖人造板表面存在的节疤、腐朽、变色等缺陷引起的材色差异而在基材表面涂布的一层不透明遮盖材料。

covibration
▶共振现象
▷共振現象

CP-L hardware
▶CP-L 五金
▷CP 一金物

crack
▶龟裂
▷割れ
* 高压装饰板、树脂浸渍纸贴面人造板由于固化过度或表面层与基材膨胀收缩不一致而造成的产品表面不规则的细微裂纹。

cramp
▶N 型钉
▷かすがい

crawl space
▶架空层
▷縦に狭い空間
* 由于高度太低无法作为地下室的，位于房屋主要楼层下的空间。此空间便于接近设备系统，并能为楼层结构提供额外的舒适度和环境保护。

creep
▶蠕变
▷クリープ変形
* 在一定环境状态下，材料承受恒定外力作用时，其变形随时间增加而逐渐增大的现象。

creep-recover ration
▶蠕变恢复率
▷クリープ回復率
* 模拟长期施加规定荷载后，工字搁栅恢复变形量占总变形量的比例。

creosote oil
▶杂酚油
▷クレオソート油

creosote-petroleum solution
▶杂酚油石油混合液
▷クレオソート石油溶液
* 按一定比例配制的杂酚油和石油的混合溶液，通常石油占30% ~ 70%，可用于枕木、电杆和各种室外用材。

crib test
▶平叠三角堆垛燃烧试验；垛式支架试验
▷クリップテスト
* 检测处理木材阻燃性能的一种方法。每层三块长条状板材试样端部交叉搭接，形成平面三角，层层堆积构成空心平叠三角垛。试样垛置于受控火焰上规定时间后，记录处理材的质量损失、无焰燃烧持续时间、火焰的传播范围和余辉持续时间。

cricket
▶泻水假屋顶
▷クリケット
* 一种位于烟囱和屋顶交接处，疏导烟囱周围雨水的小型斜屋顶。

crimp
●参见 collapse

cripple stud
▶托柱
▷短縮間柱
* 从底板到顶板的非连续短构件。

crook
▸横弯
▹縦反り；曲がり
＊干燥时，在与材面平行的平面上，材边沿材长方向的横向弯曲。

cross-arm
▸横臂；横撑
▹腕木

cross beam
▸檩条；横梁
▹桁
＊在柱子和墙壁的建筑物长度方向安装的横木。

cross bridging
▸剪刀撑
▹クロスブリッジ
＊在相邻的屋顶或楼板搁栅间的对角放入木板或金属撑，以提供附加的支撑和刚度。

cross cut
▸横截
▹横切り；横挽

cross cut of log
▸横截原木；造材
▹玉切

cross-field pit (ting)
▸交叉场纹孔
▹分野壁孔
＊交叉场是指在针叶树材射线薄壁细胞和轴向管胞相交处的细胞壁区域。在交叉场中的纹孔排列方式，早材部分常见。主要有窗格型、松木型、云杉型、柏木型、杉木型、南洋杉型。

cross grain
▸木纹（纤维）倾斜
▹目切れ；交走木理

cross grain jointing
▸单板横向胶拼
▹目切れ接着
＊胶拼时单板进给方向与单板纹理方向垂直。

cross laminated timber (CLT)
▸正交胶合木
▹クロスラミネーテッドティンバー；直交積層材
＊由三层或三层以上构成且相邻层互相垂直排列胶合的板状材料，其中各层内由锯材或结构用木质复合材（SCL）平行胶合而成。

cross laminated timber structure
▸正交胶合木结构
▹直交積層材構造
＊墙体、楼面板和屋面板等承重构件采用正交胶合木制作的单层或多层木结构。其结构形式主要为箱形结构或板式结构。

cross laminating
▸交错层压
▹直交積層
＊把板坯各层层叠成直角。

cross oblique strut
▸斜交支撑
▹たすき掛け

cross section
▸横切面
▹木口面
＊与树干主轴或木材纹理相垂直的切面。又称端面或横断面。

cross-shaft kiln
▸短轴型干燥室；横轴型干燥室
▹クロスシャフトキルン
＊多台轴流通风机沿干燥室的长度方向，并联安装在室内通风机间多根短轴上的周期式强制循环干燥室。

cross square halving joint
▸十字对嵌连接
▹十字型相欠き継ぎ

cross (transverse) circulation
▸横向循环
▹横方向循環
＊干燥介质水平地、和材堆侧面垂直地反复通过材堆。

crossband (veneer)
▶芯板；中心板
▷添え心板；クロスバンド；直交単板

crosser
●参见 sticker

crosslinking agent
▶胶黏剂固化剂
▷架橋剤

crushing machine
▶碎料机
▷クラッシャー

crustacean borers
▶甲壳钻孔动物
▷甲殼類せん孔動物
* 主要有蛀木水虱属（*Limnoria*）、团水虱属（*Sphaeroma*）和蛀木跳虫属（*Chelura*）等。蛀木水虱属和团水虱属为甲壳纲（Crustacea）等足目（Isopoda），蛀木跳虫属为甲壳纲端足目（Amphipoda）。

Cryptomeria japonica
▶日本柳杉
▷スギ；杉

***Cryptotermes* spp.**
▶堆砂白蚁
▷砂シロアリ
* 木白蚁科，干木白蚁，在干燥木材内蛀食蚁路；群体小，活动隐蔽，主要危害房屋建筑、木质家具等用材。

crystalliferous regions of cellulose
▶纤维素结晶区
▷セルロース結晶領域
* 在微纤丝内，纤维素分子链平行排列、定向良好，呈清晰的 X 射线衍射图的区域。

crystallinity of cellulose
▶纤维素结晶度
▷セルロース結晶化度
* 纤维素微纤丝中，结晶区占纤维素整体的百分率。

CuAZ
▶铜唑防腐剂
▷シーユーエーゼット

cup (ping)
▶翘弯
▷幅反り
* 干燥、保存过程中锯材沿材宽方向呈瓦形的弯曲。特点是仅材面弯曲，材边不弯曲。

curative treatment
●参见 remedial treatment

curbwall
▶围护墙；地圈梁
▷リングビーム

Curculionidae
▶象甲科
▷ゾウムシ科
* 属鞘翅目象甲总科，额和颊向前延伸形成明显的喙，口器位于喙的顶端；触角膝状，其末端 3 节膨大呈棒状；前足基节窝闭式。幼虫身体柔软，肥胖而弯曲，无足。成、幼虫均植食性。蛀屑多呈颗粒状。所蛀虫道，常随虫体增大而加宽，能形成大量孔洞，严重破坏木材的完整性。

cure time
▶固化时间
▷硬化時間
* 在一定温度、压力条件下，胶黏剂固化所需的时间。

curing
▶固化
▷硬化
* 通过化学反应（聚合、交联等）使胶黏剂由液态转变为固态的不可逆过程。

curing agent
▶固化剂
▷硬化剤
* 促进或控制树脂等固化反应的物质。可分为催化作用和交联作用

两种类型。

curing temperature

▸固化温度

▹硬化温度

curing time

●参见 cure time

curly figure

▸波状纹理

▹縮れ杢

curtain flow coater

▸淋幕式平面涂装机

▹フローコーター；カーテンフローコーター

*从细缝（0.3 ~ 1mm）处加压以膜状流下的黏合剂或涂料，以一定速度通过材料进行涂抹的装置。

curtain plybamboo

▸竹帘胶合板

▹カーテン合板

*将竹篾编织成竹帘，再经组坯胶压而成的竹材胶合板。

curved beam

▸曲梁

▹曲り梁

curved laminated wood

▸曲型胶合木

▹わん曲集成材

cushion

▸缓冲材料

▹クッション

*贴面板热压加工时在热压板上铺设的一层富有弹性的衬垫材料。

cutter

●参见 milling cutter

cutter head

▸刀头；刀盘

▹カッターヘッド；鉋胴

cutting

▸切削

▹切削

cutting angle

▸切削角

▹切削角

*旋刀前面与通过切削刃的木段表面的切面之间的夹角，即旋刀的研磨角和后角之和。

cutting condition

▸切削条件

▹切削条件

*切削时的条件。被切削材料有切削宽度（锯宽、钻孔深度）、锯材厚度、切削方向等条件，机械方面包括切削速度、运送速度、切入量（切削深度、切入深度）等条件。

cutting force

▸切削力

▹切削力

cutting height

▸切削高度

▹挽幅

cutting parallel to grain

▸顺纹切削

▹縦切削

cutting perpendicular to grain

▸横纹切削

▹横切削

cutting resistance

▸切削阻力

▹切削抵抗

*在切削加工时，工件抵抗刀具切削时产生的阻力。根据被切削材料和刀具的条件、切削时的条件的不同，所需切削力也不同。多见于切削所需动力中。

cutting speed

▸切削速度

▹切削速度

cutting with grain

▸顺纹切削

▹順目切削

cyanoacrylate adhesive

▸氰基丙烯酸酯胶黏剂

▹シアノアクリレート系接着剤

cycle vacuum/pressure process
▸**循环浸注法**
▹**循環注入法**
* 按照限注或半限注法的工艺程序，重复地或相结合地进行两次或多次的循环作业。

cylindrical forming machine
▸**圆筒形成型机**
▹**円網式フォーミングマシン**
* 在圆筒状框架上铺设金属丝网，制造纸浆或水泥浆的抄造机械。与长网成型机相比，费用便宜，适用于少量生产。

cylindrical shell
▸**圆筒壳结构**
▹**円筒シェル構造**

cypress
▸**柏木**
▹**ベイヒ**

D

D-bolt
▸D 形螺栓
▹D－ボルト

Dactylocladus stenostachys
▸钟康木
▹ジョンコン

damper
▸闸门
▹調整弁
* 开关进、排气道用以控制气流的装置。

dampwood termites
▸湿木白蚁
▹湿材シロアリ
* 原白蚁科白蚁，主要危害树木、伐倒木和埋于土壤中的木材。

daylight factor
▸采光系数
▹採光率；昼光率
* 在室内给定平面上的一点，由直接或间接地接收来自假定和已知天空亮度分布的天空漫射光而产生的照度，与同一时刻该天空半球在室外无遮挡水平面上产生的天空漫射光照度之比。

daylighting
▸采光
▹昼光照明；採光
* 为保证人们生活、工作或生产活动具有适宜的光环境，使建筑物内部使用空间取得的天然光照度，满足使用、安全、舒适、美观等要求。

dead load
▸恒载
▹静荷重
* 恒定的荷载。

deathwatch beetles
▸窃蠹科
▹シバンムシ
* 属鞘翅目，多危害阔叶树材和针叶树材的边材及一些淡色的阔叶树材心材，常见于干燥的木建筑物。

debarking
▸剥皮
▹皮むき
* 剥去木段树皮的加工过程。根据剥皮方法可分为机械剥皮、水力剥皮和人工剥皮等。

decay
▸腐朽
▹腐朽；腐れ
* 木材由于长期经受风雨或细菌的侵害而败坏的现象。

decay resistance
▸耐腐性
▹耐朽性
* 木材对木材腐朽菌生物劣化的抵抗能力。

decay resistance test
▸耐腐性测试
▹耐朽性試験
* 评估木材耐腐蚀性的测试方法。有户外试验和室内试验，前者是通过把测试材料放在使用环境中评估，后者是一种通过人工培养腐朽菌来强制腐烂的方法。前者是一种实际方法，但评估需要很长时间，并且缺乏可重复性。后者与自然条件下的耐腐蚀性不同，结果可重复性高。

decayed knot
▸腐朽节；腐节
▹腐れ節

decayed wood
▸腐朽材
▹腐れ材
* 受木材腐朽菌的侵害发生腐朽的木材。

deck
▸平台；露台
▹デッキ
＊一种与住宅相连的无顶平台。当低于居住空间时，通常构件之间留有间隙，可排水；若高于居住空间时，须彻底做好防水与排水，并直接排出建筑物。

decoration
▸装饰
▹装飾
＊以建筑物主体结构为依托，对建筑内、外空间进行的细部加工和艺术处理。

decorative melamine laminate
▸三聚氰胺树脂装饰板
▹メラミン樹脂化粧板

decorative plywood
▸装饰胶合板
▹化粧合板
＊表面用装饰单板、PVC 薄膜、金属箔、装饰纸、合成树脂浸渍纸等材料贴面，具有装饰效果的胶合板。

decorative veneer
▸薄木；装饰单板
▹化粧単板
＊用刨切、旋切和锯切方法加工而成以用于表面装饰的单板。

deep saw marks
▸瓦棱状锯痕
▹ディープソーマック
＊锯切时，在锯材表面上产生高低不平的深痕，呈瓦棱状。

defects
▸缺陷
▹欠点；きず

defiberating
▸纤维分离；解纤
▹解繊
＊将木材或其他植物纤维原料分离成纤维的工艺过程。

defibrating machine
▸纤维分离机
▹蒸煮解繊装置

defibration
●参见 defiberating

deflection
▸挠度；挠曲
▹たわみ；撓み
＊相对固定线的偏离或转向；梁或其他任何结构部分在荷载作用下的弯曲。

deflection limit
▸变形限制值
▹変形制限値

deformation joint
▸变形缝
▹変形ジョイント
＊为防止建筑物在外界因素作用下，结构内部产生附加变形和应力，导致建筑物开裂、碰撞甚至破坏而预留的构造缝，包括伸缩缝、沉降缝和抗震缝。

degrade
▸降等
▹デグレイド；劣化
＊木材在干燥时因产生缺陷而使质量等级降低。

degrease drying
▸脱脂干燥
▹脱脂乾燥
＊针对各种含树脂的木材，采用物理或化学方法进行脱脂处理的干燥方法。

degree of anisotropic swelling
▸各向异性膨胀率
▹膨潤異方度
＊木材各个方向在宏观和微观上结构都不相同，所以，木材在吸湿或吸水后会显示出各向异性膨胀。各向异性膨胀率在横切面上表示切线方向之于射线方向的膨胀率之比，在纵切面上表示射线

方向或切线方向之于纤维方向的膨胀率之比。

degree of cure

▸**固化程度**

▹**硬化度**

degree of reliability

▸**可靠度**

▹**信頼度**

* 结构在规定的时间内和规定的条件下，完成预定功能的概率。

dehumidification drying

▸**除湿干燥**

▹**除湿乾燥**

* 湿热空气在封闭系统内作“冷凝—加热—干燥”往复循环，对木材进行干燥。

dehumidification drying kiln

▸**除湿干燥室**

▹**除湿乾燥室**

* 对木材进行除湿干燥的干燥室。

dehumidifier

▸**除湿器**

▹**除湿器；除湿装置**

* 除湿干燥的主要设备，由制冷压缩机、蒸发器（冷源）、冷凝器（热源）、制冷剂循环管道等部件组成。

delamination

▸**分层**

▹**層間剥離；剥離**

* 基材自身、层板之间、胶膜纸自身、胶膜纸与基材之间的分离现象。

delay of construction period

▸**工期延误**

▹**建設期間遅延**

* 由于施工单位自身原因造成施工期延长的时间。

deluging

▸**管道喷淋处理**

▹**デリュージ**

* 木材由传送装置送进管道中，接受上下、左右的药液喷淋处理，下部有容器回收多余药液。药液不会向外到处飞溅，该法适用于各类锯材的防腐处理。

density

▸**密度**

▹**密度**

* 单位体积木材的质量。通常分为基本密度、生材密度、气干密度和绝干密度 4 种，而以基本密度、气干密度最常用。

dents

▸**崩边**

▹**へこみ；くぼみ**

* 产品在齐边加工过程中产生的装饰板面层的锯齿状缺损。

depth-span ration of beam

▸**梁高跨比**

▹**梁せいスパン比**

* 支点间距离（跨度）之于梁断面高度之比。该比值越小，梁的强度越容易受到剪切力以及荷载部分的压缩破坏。当木材纤维为梁轴方向，并且高跨比在 20 以上时，可以忽视剪切力的影响。

design basic acceleration of ground motion

▸**设计基本地震加速度**

▹**設計基本地震加速度**

* 50 年设计基准期超越概率 10% 的地震加速度的设计取值。

design characteristic period of ground motion

▸**设计特征周期**

▹**設計特徵周期**

* 抗震设计用的地震影响系数曲线中，反映地震震级、震中距和场地类别等因素的下降段起始点对应的周期值，简称特征周期。

design parameters of ground motion

▸**设计地震动参数**

▹**地震設計パラメータ**
*抗震设计用的地震加速度（速度、位移）时程曲线、加速度反应谱和峰值加速度。

design reference period
▸**设计基准期**
▹**設計基準期間**
*为确定可变作用及与实践有关的材料性能等取值而选用的时间参数。

design situation
▸**设计状况**
▹**設計状況**
*代表一定时段的一组物理条件，设计应做到结构在该时段内不超越有关的极限状态。

design value of a geometrical parameter
▸**几何参数设计值**
▹**幾何学的パラメータ設計値**
*几何参数标准值增加或减少一个几何参数附加量所得值。

design value of a load
▸**荷载设计值**
▹**荷重設計値**
*荷载代表值与荷载分项系数的乘积。

design value of a material property
▸**材料性能设计值**
▹**材料性能設計値**
*材料性能标准值除以材料性能分项系数所得的值。

design value of action
▸**作用设计值**
▹**作用設計値**
*作用代表值乘以作用分项系数所得的值。

design working life
▸**设计使用年限**
▹**設計耐用年数**
*设计规定的结构或构件不需进行大修即可按其预定目的使用的时期。

desired moisture content
▸**要求含水率**
▹**所望含水率**
*技术规定要求达到的含水率。

desorption
▸**解吸**
▹**脱着**
*在纤维饱和点范围内木材散失水分的过程。

desorption isotherm
▸**等温解吸线**
▹**脱着等温線**
*介质温度不变时，木材解吸含水率与气体相对蒸汽压的关系曲线。

desorption stabilizing moisture content
▸**解吸稳定含水率**
▹**脱着安定含水率**
*在纤维饱和点范围内木材散失水分（汽）最终达到的恒定的含水率。

destructive test
▸**破坏性试验**
▹**破壊試験**
*按规定的条件和要求，对结构、构件或连接进行直到破坏为止的试验。

detail drawing
▸**节点图；详图**
▹**詳細図；部品図**
*两个以上装饰面的汇交点的图。是把在整图当中无法表示清楚的某一个部分单独拿出来表现其具体的构造。

details of seismic design
▸**抗震构造措施**
▹**耐震構造措置**
*根据抗震概念设计原则，一般无须计算而对结构和非结构各部分必须采取的各种细部要求。

deterioration
▸退化
▹劣化

Deuteromycotina
●参见 imperfect fungi

Deutsche Industrie Normen (DIN)
▸德国工业标准
▹ディン；ドイツ工業規格

device for adjusting wet
▸调湿装置
▹調湿装置
* 在常规木材干燥室内喷射蒸汽或冷（热）水，来提高干燥介质相对湿度所必需的设备。

dewatering
▸板坯脱水
▹脱水
* 湿法纤维板生产时，板坯成型过程中借助水的自重、真空负压和机械加压等作用，去除板坯水分降低板坯含水率的过程。

diagonal bracing
●参见 brace

diagonal grain
▸对角状纹理；斜纹理
▹斜走木理

diagonal nailing
▸斜钉连接
▹斜め釘打ち
* 钉子钉入方向与两构件间连接面成一定斜角的钉连接。

diallyl phthalate resin
●参见 diallyl phthalated resin (DAP)

diallyl phthalated resin (DAP)
▸热固化树脂；苯二甲酸二烯丙酯树脂
▹ジアリルフタレート樹脂
* 由酞酸二烯丙聚合物形成的热固性树脂，耐热性、耐水性、抗化学药品性优秀。用于树脂装饰板等的二次加工。

diameter at breast height
▸胸径
▹胸高直径
* 作为测定树木直径基准的高度称为胸高，各地标准不同，如：日本 1.2m，欧洲 1.3m，美国 1.4m。胸高直径即为胸径。

diameter class
▸检尺径；径级；标准径
▹直径クラス
* 按标准规定，经过进舍后的直径。

diameter ratio in the edge of width surface
▸宽面材边节径比
▹広面エッジ直径比
* 板材宽度材面上，距板材两棱边 10mm（对于干燥刨光后的层板距板材两棱边 5mm）以内的范围称做材边部分。节径比是指节子或孔洞的直径与所在的材面宽度之比的百分数。

diamond matching
▸菱形纹配板法
▹ダイヤモンドマッチング
* 4 张装饰单板对接在 1 个点上，其纹理形成似钻石图案的菱形纹样。

diamonding
▸菱形变形
▹ダイヤ型変形
* 方材干燥时因生长轮方向的收缩大而使断面变成菱形的变形现象。

dicotyledonous wood
▸双子叶材；阔叶树材
▹広葉樹材

dielectric constant
▸介电常数；电容率
▹誘電率
* 木材介质电容器的电容量与同体积尺寸、同几何形状的真空电容器的电容量的比值，是表征木材

交流电作用下介质极化强度和存储电荷能力的物理量。

dielectric loss

▸介电损耗

▹誘電損失

＊木材由于导电或在交变电场作用下极化弛豫过程引起的能量损耗。

dielectric loss tangent

▸介电损耗角正切

▹誘電正接

dielectric properties

▸介电性

▹誘電性

＊木材在外电场作用下所表现出来的对电能贮存和消耗的性质。

dielectric substance

▸电介质

▹誘電体

different-grade lamination glued-laminated timber

▸异等级构成集成材

▹異等級構成集成材

＊用不同等级的层板构成的集成材。

diffuse-porous wood

▸散孔材

▹散孔材

＊在一个年轮内早晚材管孔的大小没有显著区别，分布也均匀的木材，如槭木、杨木、椴木、桦木、赤杨等。

diffusion

▸扩散

▹拡散

diffusion coefficient

▸扩散系数

▹拡散係数

＊不同浓度差（相）断面的分子量移动，通过比例系数表征浓度梯度。根据扩散分子和介质种类的不同而不同，另外还会随着温度而变化。

diffusion penetration

▸扩散渗透

▹拡散浸透

diffusion process

▸扩散工艺

▹拡散処理法

＊药液中的药剂由于热运动会从高浓度一侧扩散到低浓度一侧，该处理方法即利用此原理。为了让大量药剂浸渍到木材中，需要提高木材含水率，把药剂制作成高浓度的水溶液，提高处理温度。多用于硼砂、硼酸系列的防虫剂处理等。应用技术包括渗透法、包扎法、穿孔填充法等。

diffusion treatment

▸扩散处理

▹拡散処理

＊水溶型防腐剂以浆膏或浓缩液的形式涂敷于生材表面，防腐剂在浓度梯度力（浓度差）作用下向木材内部扩散。

dimension lumber

▸规格材

▹ディメンションランバー

＊保证木材截面的宽度和高度符合规定尺寸而加工的规格化木材。

dimensional stability

▸尺寸稳定性

▹寸法安定性

＊材料在所处环境条件发生变化时，保持其原有尺寸和形状的能力。

Diospyros kaki

▸柿

▹カキ

dip peel test

▸浸渍剥离试验

▹浸せき剥離試験

＊将试件放入一定温度的水中浸渍一段时间后再干燥，测定其胶层剥离程度的试验。一种测定人造板胶合强度和胶层耐水性的方法。

dip treatment
▸浸渍处理
▹浸せき処理

Diplotropis martiusii
▸马氏双龙瓣豆
▹ディプロトロティクスマルティウス

Diplotropis purpurea
▸紫双龙瓣豆
▹ディプロトロピーズプンプレア

***Diplotropis* spp.**
▸双龙瓣豆属
▹ディプロトロピーズ

dipping
▸瞬时浸渍；蘸浸处理
▹浸せき法
＊木材浸入防腐剂溶液中约10～600s。多用于锯材防霉、防变色等处理。

***Dipterocarpus* spp.**
▸龙脑香属
▹アピトン；クルイン

Dipterocarpus grandiflorus
▸羯布罗香木；阿必栋；大花龙脑香
▹アピトン

direct print
▸直接印刷
▹ダイレクトプリント
＊在基材上直接印刷纹理等图案的方法。在印刷柄上涂上1～2种颜色，从原版转移到橡皮辊上后，在事先填料、着色、密封等处理的基材上，用凹版印刷的方式印刷。

disc planer
▸圆盘刨床
▹円盤鉋盤

discharge header
●参见 drain header

discoloration
▸变色
▹変色
＊干燥时，木材在高温、高湿或烟气长期作用下发生的棕红色或褐色变色。

discoloration by light
▸光照褪色
▹光变色

discolored wood
●参见 stained wood

disk planer
▸盘式刨片机
▹ディスクプレーナー

disk refiner
▸圆盘精研机
▹磨砕機

dissected log
▸剖开材；半圆材
▹切開材
＊原木沿材长直径方向锯剖为两等分或接近两等分的木材。

distance between finger tenons
▸齿距
▹歯距；ピッチ
＊两相邻指榫中心线之间的距离。

distance between knife tip and pressure bar
▸刀门
▹刃と押さえ棒の距離
＊旋刀刀刃与压尺压棱间的距离。

distance piece (or bar)
▸定距片；定位块
▹ディスタンスピース（またはバー）
＊安装在热压机热板间，使木板保持一定厚度的厚度规。

distortion
▸变形
▹ねじれ
＊在木材干燥和保管过程中所产生的形状变化。

distributing bar
▸分配筋
▹配力筋

distribution of molecular weight
▸分子量分布
▹分子量分布

Distylium racemosum
▸蚊母树
▹イスノキ

diverter flashing
▸导水泛水板
▹ダイバータフラッシングボード
＊屋顶和墙体交接处的阶梯式泛水板系统的第一块，即最下面一块泛水板，其末端弯折一定角度可以把流下的水导向远离墙体的位置。

doctor role
▸涂胶控制
▹調節ロール
＊用于调整和均匀胶黏剂涂布量的辊子。可通过调整辊子和涂布辊之间的距离来保持胶黏剂的涂层量恒定。

doctor roll
▸涂胶量控制辊
▹ドクターロール

dominant item
▸主控项目
▹支配的アイテム
＊建筑工程中对安全、节能、环境保护和主要使用功能起决定性作用的检验项目。

door sill
▸门槛
▹敷居

dormer
▸老虎窗
▹ドーマー
＊一种凸出于斜屋顶，在屋顶形成壁龛的框架。

double annual ring
▸双年轮
▹重年輪
＊一个年轮里有两个以上的成长轮状的层。

double branch log
▸双丫材
▹ダブルブランチ材
＊小头呈两个分岔，具有两个独立断面的原木。

double diffusion treatment
▸双扩散处理
▹二重拡散処理
＊湿材浸渍在两种能相互作用的水载性防腐剂药液中，先浸的药剂，能与后浸的药剂在扩散过程中相互作用，生成不溶性沉淀物，从而起到防腐的作用。

double end tenoner
▸双头开榫机
▹両端ほぞ取り盤

double-face decorated wood-based panels
▸双饰面人造板
▹両面装飾木質パネル
＊两个表面均进行装饰加工的人造板。

double heart log
▸双心材
▹ダブルハート材
＊小头断面有两个髓心，两组年轮系统，外围全部或一侧环包有共同年轮的原木。

double hung
▸双扇上下拉窗
▹ダブルハング
＊窗扇垂直滑动，通过和窗框架的摩擦接触或者通过各种平衡装置使其保持在适当的位置。

double-revolving-disc milling method
▸高速磨浆法

▷高速纖維分離法
＊利用具有两个动磨盘，且能反向高速旋转的磨浆设备分离纤维的方法。

double sizer
▸双边齐边机
▷ダブルサイザー

double spread
▸双面涂胶
▷両面塗布
＊①在要黏结的构件各个面上涂抹胶黏剂。②在胶合板制造中，涂抹芯板的两面。

double surface planer
▸双面刨床
▷二面鉋盤

double track kiln
▸双轨干燥室
▷ダブルトラックキルン
＊在干燥室的宽度上铺设双线轨道，放置两列材堆的干燥室。

double vacuum process
▸双真空处理法
▷腹式真空注入法
＊通过减压把药液注入木材后，再恢复大气压，之后再次排气（二次真空）回收木材中药液的处理方法。

Douglas fir
●参见 *Pseudotsuga menziesii*

dovetail
▸燕尾榫
▷蟻

dovetail housed joint
▸入榫燕尾搭接
▷大入れ蟻掛け

dovetail joint
▸燕尾榫接合
▷蟻掛；蟻掛ぎ

dovetail key
▸燕尾键
▷衽

dovetail pivot
▸燕尾榫
▷蟻継ぎ

dowel[1]
▸销；圆棒榫
▷太枘

dowel[2]
▸暗榫
▷ダボ

dowel-bearing strength
▸销槽承压强度
▷だぼ支圧強度
＊木质材料承受销类金属连接件压力的能力。

dowel joint
▸销连接
▷だぼ矧ぎ；太枘矧ぎ

dowel type fasteners
▸销类金属连接件
▷だぼ締め具
＊钉、木螺钉、码钉、圆钢销和螺栓等细长的杆状金属连接件的统称。

doweled joint
▸销连接（节点）
▷だぼ接合（太枘接合）；ジベル接合

downspout
▸落水管
▷縦樋
＊将水从檐槽传送到地面或雨水排水系统的水管。

dragging beam
▸水平梁
▷火打ち（梁）

drain
▸排水管
▷排水管
＊排放溢出水的管道。

drain header
▸排水主管
▷排水ヘッダー

* 排泄加热器中冷凝水的总管。

drain pipe
▸下水管
▹下水管
* 生活污水排放管道。

drain tank
▸集液槽；余液罐
▹ドレンタンク
* 通常为水平放置的圆筒。防腐处理作业完成时，剩余防腐剂在重力作用下流入余液罐。

drain tile
▸暗管
▹排水土管
* 基脚和地下室下方使用陶木管、混凝土管或软管等构成的排水系统。

drainage
▸地漏
▹排水溝
* 地面与排水管道系统连接的排水器具。

dried sawn timber
▸干燥锯材
▹乾燥材
* 经过大气干燥或人工干燥达到规定含水率要求的锯材。

drift pin
▸插销
▹ドリグピン

drill
▸钻；钻头
▹錐；ドリル

Drilon process
▸德里隆法
▹ドリロン法

drop ceiling
▸吊顶
▹つり天井
* 一种紧贴屋顶或在已有天花板之下建造的顶部装饰，用于设置机械设备、保温层、空气屏障和防潮层。

drum barker
▸鼓式剥皮机
▹ドラムバーカー
* 把原木放入鼓状物中旋转，通过材料间的摩擦和鼓状物内壁中的工具和冲击进行剥皮的机器。

drum sander
▸滚筒砂光机
▹ドラムサンダー

drum wire forming
▸圆网成型
▹ドラムワイヤーフォーミング
* 湿法纤维板成型时，浆料由网前箱经堰板流到转动的圆网转鼓上，靠圆网内外的水位差脱去浆料中的水分形成湿板坯的过程。

dry bonding strength
▸干黏结强度
▹状態接着力
* 常温大气状态下的黏结力。

dry-bulb temperature
▸干球温度
▹乾球温度

dry conditions
▸干燥状态
▹乾燥状態
* 一种室内环境或者有保护措施的室外环境。通常指温度 20℃、相对湿度不高于 65% 或在一年中仅有几个星期相对湿度超过 65% 的环境状态。

dry end
▸干端
▹ドライエンド
* 连续式干燥室的出材端。

dry masonry
▸干砌
▹空積み

dry out
▸完全干燥
▹ドライアウト

dry-pressing
▸干压成型
▹ドライプレッシング

dry-process fiberboard
▸干法纤维板
▹乾式繊維板
＊以空气为成型介质，纤维经施胶、干燥、成型制得含水率不超过 20% 的板坯，再经热压制成纤维板。干法制板工艺需施加合成树脂胶黏剂使纤维黏合成板。根据产品密度分为高密度纤维板、中密度纤维板、低密度纤维板和超低密度纤维板。

dry process paper-overlay
▸装饰纸干法贴面
▹化粧紙乾燥オーバーレイ
＊直接将基材与背面涂有热熔性树脂胶黏剂的装饰纸辊压贴合的工艺。

dry rot
▸干腐
▹乾腐
＊某些担子菌能输导水分使干木材变潮引起的褐色块腐。干腐常见于木结构建筑上。干腐为干腐菌（*Serpula lacrymans*）和某些卧孔菌（*Poria* spp.）所引起。

dry rot fungus
●参见 *Serpula lacrymans*

dry-vacuum process
▸干真空法
▹ドライ真空プロセス
＊作业与双真空法相似，加压只有 200kPa（即 2bar），终了时木材在真空状态下用热空气加热，使溶剂从木材中挥发出来，通过多层冷凝器和凝结液桶等回收低沸点溶液。

dry wood borer
▸干材害虫
▹乾材害虫

drying checks
▸干裂
▹乾燥割れ
＊木材在干燥中产生的裂纹，包括断裂、表裂、劈裂、轮裂和内裂等。

drying cost
▸干燥成本
▹乾燥費
＊按干燥 $1m^3$ 木材在设备折旧、能耗、工资、管理费等方面所耗用的全部费用。

drying curve
▸干燥曲线
▹乾燥曲線
＊干燥过程中木材含水率与时间的关系曲线。

drying cycle
●参见 drying time

drying defects
▸干燥缺陷
▹乾燥欠陥
＊木材经干燥发生的缺陷。

drying duration
●参见 drying time

drying gradient
▸干燥梯度
▹乾燥勾配
＊木材含水率与介质温湿度下的平衡含水率的比值。

drying gradient schedule
▸干燥梯度基准
▹乾燥勾配基準
＊用木材干燥梯度控制干燥过程的基准。

drying mechanism
▸干燥机理
▹乾燥機構
＊木材干燥的物理规律。

drying medium
▸干燥介质
▹乾燥媒体

＊干燥时向木材传输热量并带走水蒸气的媒介物质。

drying methods

▸干燥方法

▹乾燥方法

＊排除木材水分的方法。

drying power

▸干燥势

▹乾燥力

＊干燥时木材水分排出的势能，可用干湿球温度差来表示。

drying process

▸干燥过程

▹乾燥過程

＊排除木材水分的处理过程。

drying quality

▸干燥质量

▹乾燥品質

＊用木材干燥后的性能指标表征干燥质量，如木材含水率、残余应力、干燥缺陷等。

drying rate

▸干燥速度

▹乾燥速度

＊木材在干燥过程中单位时间（小时或分钟）降低的含水率值。

drying rate curve

▸干燥速度曲线

▹乾燥速度曲線

＊干燥过程中木材含水率变量（ΔW）对干燥时间变量（$\Delta\tau$）的变化率（$\mathrm{d}W/\mathrm{d}\tau$）曲线。

drying schedule

▸干燥基准；干燥程序

▹乾燥スケジュール

＊针对木材干燥过程，按照不同的干燥阶段调节干燥室内介质的温度与相对湿度的参数表，称为木材的干燥基准或干燥程序。

drying stress

▸干燥应力

▹乾燥応力

＊由于干燥不均和干缩差异，在木材内外层发生的应力。

drying temperature

▸干燥温度

▹乾燥温度

drying time

▸干燥时间；干燥周期；干燥延续期

▹乾燥時間

＊木材由初含水率干到终含水率的全部干燥过程所持续的时间。

***Dryobalanops* spp.**

▸冰片香属

▹カプール（カポール）

drywood termites

▸干木白蚁

▹乾燥材シロアリ

＊木白蚁科白蚁，可直接飞入不与地面接触的木材，危害比鼻白蚁科白蚁大，主要危害干燥木材（木材含水率为5%～10%）。木材既是木白蚁科白蚁的巢穴，又是食物来源。

dual treatment

▸双重处理

▹二重処理

＊采用两种不同的处理方法、两种不同的协同防腐剂处理木材。通常先用水载型防腐剂处理，然后用杂酚油或煤焦油—杂酚油混合物处理。经此法处理的木材，一般用于较恶劣的环境，如海生钻孔动物危害严重的区域。

duckboard

▸栈板

▹すのこ張り

durability

▸耐久性

▹耐朽性

＊长期抵抗生物（真菌、昆虫等）或外界环境因素（高温、光照、潮湿等）破坏的能力。

durability of adhesive bond

▸胶黏耐久性

▹接着耐久性

durability test

▸耐久性测试

▹耐朽性試験

dust chamber

▸集尘室

▹集塵室

Dutch doube pipe cone penetration test

▸荷兰式双管贯入试验

▹オランダ式二重試験

dyed veneer

▸染色单板

▹染色単板

* 经过染色处理的单板，分表面染色和整体染色。

dynamic action

▸动态作用

▹動的作用

* 使结构产生的加速度可以忽略不计的作用。

dynamic coefficient

▸动力系数

▹動的係数

* 承受动力荷载的结构或构件，按静力设计时采用的等效系数，其值为结构或构件的最大动力效应与相应的静力效应的比值。

dynamic load

▸动态荷载

▹動荷重

* 地震、风力或机器振动等引起的荷载。

dynamic modulus

▸动态模量

▹動的弾性率

dynamic modulus of elasticity

▸动态弹性模量

▹動弾性係数

* 使用振动或声频等动态方法测定得到的弹性模量。

E

early wood
▸早材
▹早材
＊在一个树木生长轮内，生长季节早期所形成的靠近髓心方向的木材。

earth retaining
▸挡土；挡土墙
▹土留め

earth work
▸土方工程
▹土工事

earthquake acceleration
▸地震加速度
▹地震加速度
＊地震时地面运动的加速度，可以作为确定烈度的依据。

earthquake action
▸地震作用
▹地震作用
＊由地震引起的结构动态作用，包括水平地震作用和竖向地震作用。

East Asian hip-and-gable roof
▸歇山顶
▹入母屋

eastern hemlock
●参见 *Tsuga canadensis*

eastern white pine
●参见 *Pinus strobus*
▹イースタンホワイトパイン（ストローブマツ）

eave
▸屋檐
▹軒；ひさし
＊突出墙面的屋顶部分。

eaves hood
▸出檐
▹軒の出

eaves trough
▸檐沟
▹雨樋
＊安装在屋檐上收集并排放屋顶雨水的槽。

eccentricity of pith
▸偏心
▹偏心
＊树木偏心成长导致木髓的不均匀。用髓心和横截面中心间的长度与横截面直径的百分比来表示。

ecomaterial
▸环保材料
▹エコマテリアル
＊考虑保护资源和环境、抑制材料制造和运输时的耗能以及减轻环境负担，使用的不污染环境、易回收的材料。

edge
▸窄材面
▹木端
＊板方材的较窄材面。

edge bander
▸封边机
▹エッジバンダー；縁張り機

edge banding
▸封边
▹縁張り
＊用木条、单板条、胶带、塑料薄膜等材料对人造板边部进行封闭处理的工艺过程。

edge belt sander
▸带式侧边砂光机
▹エッジベルトサンダー

edge bending strength
▸侧向抗弯强度
▹エッジ曲げ強さ
＊接材窄材面朝上做抗弯试验所得到的抗弯强度。

edge gluer

▸边缘涂胶机

▹エッジグレーアー

edge gluing

▸边缘胶合

▹端面接着

edge grain

▸径切纹理

▹まさ目；柾目

edge joint

▸边缘连接

▹矧ぎ合わせ；エッジジョイント；幅矧ぎ；板矧ぎ

* 木板侧面间的连接。包括接榫、燕尾榫、S形榫、嵌接榫、舌榫、方形木销贯穿带接合等连接方式。

edge-jointed veneer

▸集成薄木

▹エッジジョイントベニア

* 将板材或小方材等按设计的图案拼接胶合成木方后，刨切制成的单板。

edge jointing

▸拼宽

▹エッジ接着

* 将加工后的窄料在宽度上胶拼的过程。

edge knot

▸圆边节

▹エッジナット

* 节子完全或部分位于规格材的窄边。

edger

▸磨边机；刨边机

▹エッジャー；耳摺機

edge and corner breakage

▸边角缺损

▹エッジコア欠陥

* 因机械或人为操作不当，造成人造板四角或边缘部分缺失或损伤的现象。

edging

• 参见 edge banding

effect of an action

▸作用效应

▹作用効果

* 由作用引起的结构或结构构件的反应，例如内力、变形和裂缝等。

effective multiplier

▸有效壁倍率

▹有効壁倍率

egress

▸疏散通道

▹出口

* 意外事件发生时，人们迅速、有序撤离危险区域，到达安全地点或安全地带所需要的路径。

elastic constant

▸弹性常数

▹弹性定数

* 顺纹弹性模量、剪切弹性模量、体积弹性模量、泊松比等的总称。

elastic deformation

▸弹性变形

▹弹性变形

* 弹性变形是指材料在外力作用下产生变形，当外力去除后变形完全消失的现象。

elastic limit

▸弹性极限

▹弹性限度

elastic putty

▸弹性腻子

▹弹性パテ

* 弹性腻子主要是用来找补墙面缝隙，由于它有一定的张力，在墙面缝隙受温度、湿度、外力等影响而随之改变时，墙面不会出现缝隙。

elastic strain

▸弹性应变

▹弹性歪み

elasticity
▸弹性
▹弹性
* 受力变形的物体去除力时回到原形的性质。表示这种性质的变形称为弹性变形，应变称为弹性应变。木材也具有弹性。

elasto-plastic analysis
▸弹塑性分析
▹弹塑性解析
* 基于线弹性阶段和随后的无硬化阶段构成的弯矩—曲率关系的结构分析。

electric conductance
▸木材导电性
▹電気伝導度
* 木材传导电流的能力，干木材是不良导体。

electric conductivity
▸电导率；导电性
▹電気伝導度（率）；導電率
* 物体截面面积和长度的平均电阻称为电阻率，反过来称为电导率。

electrical moisture content meter
▸含水率电测计
▹電気水分計
* 木材水分含量的电测仪表。

electrical properties of wood
▸木材电学性质
▹木材電気特性
* 木材在直流或交流电场作用下所呈现的特性，如木材的导电性、介电性质、功率因数等。

electricity consumption
▸电耗量
▹電力消費

electron beam radiation curing
▸电子束辐射固化法
▹電子線照射硬化法
* 电子束（辐射线）穿过物质时，在与被辐射物质原子的轨道电子相互作用下会失去能量，此时会发生分子的电激发或电离，生成原子团，产生离子聚合或原子团聚合。用于乙烯二重结合的非饱和聚酯树脂的固化，用秒盘固化。

electrostatic painting
▸静电喷涂
▹静電塗装
* 利用静电使涂料微粒带负电，并使涂料微粒吸附在带正电的被涂物上的一种喷涂方法。复杂形状也容易喷涂，损耗小于 10%。

elevation
▸立面图
▹立体図
* 建筑物、构筑物等在直立投影上所得的图形。

embedment
▸埋入部
▹根入れ

emboss
▸浮雕；压花
▹洗出し
* 一种表面精加工的方法。①用钢丝刷擦早晚材硬度有差异的木材表面，使表面凹凸不平。②用稀薄的草酸水溶液等擦拭旧木结构建筑的柱子等，翻新表面。

embossed fiberboard
▸浮雕纤维板
▹型押繊維板
* 通过模压或机械加工使其表面具有立体装饰图案的纤维板。

embossed plywood
▸浮雕胶合板
▹型押合板
* 加热各种形状的铁制辊，使之通过胶合板并在表面附有浮雕花纹的胶合板。

embossed wood-based panel
▸浮雕人造板
▹型押木質パネル

*通过模压或镂铣加工，使其表面具有浮雕图案的人造板。

embossing
▸**浮雕加工**
▹**エンボス加工**
*一种将人造板表面加工出立体图案的表面装饰方法。

employed tongue
▸**插片榫；方形木销贯穿带接合**
▹**雇い実矧ぎ**
*木板横向拼宽连接时，在木板的两侧面挖槽，然后放入窄幅的薄板充当槽舌。

empty cell process
▸**空细胞法**
▹**空細胞法**
*目的是排出防腐处理木材内部（如细胞腔）多余的防腐药液。包括劳里法和吕宾法两种。

emulsified chemical
●**参见** emulsifying agent

emulsifying agent
▸**乳化剂**
▹**乳剤；乳化剤**
*能促使两种或多种互不相溶的液体（如油和水）形成稳定悬浊液的物质。

emulsion adhesive
▸**乳状胶黏剂**
▹**エマルジョン型接着剤**

emulsion paint
▸**乳胶漆**
▹**エマルジョンペイント；エマルジョン塗料**
*一种有机涂料，是以合成树脂乳液为基料，加入颜料、填料及各种助剂配制而成的水性涂料。

emulsion preservative
▸**乳状防腐剂**
▹**乳化性防腐剤**
*防腐剂的活性成分分布于水中，所组成的分散系统。加入乳化剂，可得稳定的乳状液体。

enclosed knot
▸**隐节；隐生节**
▹**隠れ節**
*从木材表面看不出的节。

enclosed staircase
▸**封闭楼梯间**
▹**隠れ階段室**
*在楼梯间入口处设置的门，以防止火灾的烟和热气进入的楼梯间。

end
▸**端面**
▹**エンド**
*锯材在长度方向上两端部的横截面。

end bearing
▸**末端支撑**
▹**エンドベアリング**
*构件末端的支撑部分，出于承接荷载的考虑，需要有足够长度的末端支撑。

end check
▸**端裂**
▹**木口割れ**
*干燥时木材端面沿径向产生的裂纹。

end coating
▸**端面涂层**
▹**エンドコーティング**

end dam
▸**泛水收边**
▹**エンドダム**
*泛水两端翘起部分，用来防止侧面漏水。

end drilling distance
▸**端部钻孔距离**
▹**端あき距離**

end finger jointing
▸**指榫接长**
▹**エンドフィンガー接着**
*将加工后的短料通过端部指接的

方法接长的过程。

end joint
▸端接；端拼
▹縦継ぎ；縦はぎ
* 在长度方向上连接板材横截面，包括对接、嵌接、钩嵌接、指接等。

end matcher
▸多轴制榫机
▹エンドマッチャー
* 把地板等材料的两横截面端部加工成凹形或凸形的开榫机。

end piling
•参见 end stacking

end pressure treatment
▸布舍里法；端部压力处理
▹エンド加圧処理
* 一种树液置换处理方法，在新伐、未剥皮圆木（主要为柱、杆材）的粗端，应用水载型防腐剂，借助重力、流体静压力及其他压力置换树液。

end rail
▸幕板；挡板
▹幕板
* 位于桌子等类似结构物体的甲板下方的垂直板，连接腿的上部并围绕它。

end reaction (ER)
▸端部支反力
▹末端反応
* 静态简支三点弯曲测试条件下，工字搁栅端头规定长度（由支承垫块长度来体现）受力部位的抗压能力。

end stacking
▸竖堆；立堆
▹縦積み
* 竖（立）放木料的堆积。

energy consumption
▸能量消耗
▹エネルギー消費
* 干燥过程中消耗的热量或电量。

engineered wood product (EWP)
▸工程木
▹エンジニアードウッド
* 生产方式高度工业化、产品品质稳定的高信赖度的木质材料。

engineering design method
▸工程设计法
▹工程設計法
* 结构抗侧力设计时，通过工程计算与验算，并采取相应的构造措施以取得结构及构件安全、经济、适用的设计方法。

engineering measuring
▸工程计量
▹工程計量
* 根据工程设计文件及施工合同约定，项目监理机构对施工单位申报的合格工程的工程量进行的核验。

envelope
▸外部构造
▹外被構造
* 分隔室内空气和室外空气的建筑物外表面，包括所有的外部附加物，如烟囱、凸窗等。

environmental influence
▸环境影响
▹環境影響
* 环境对结构产生的各种机械、物理、化学或生物的不利影响。环境影响会引起结构材料性能的劣化，降低结构的安全性或适用性，影响结构的耐久性。

environmental properties of wood
▸木材环境学性质
▹木材環境特性
* 木材及其构成的环境与人类生理、心理的舒适性有关的特性，包括木材的视觉特性、听觉特性、触觉特性、温湿度与生物调节特性等。

enzyme
▸酶
▹酵素
＊具有生物催化功能的生物大分子（蛋白质或 RNA），分为蛋白类酶和核酸类酶。

epoxy resin
▸环氧树脂
▹エポキシ樹脂
＊分子内有 2 个以上环氧基、分子量较低（300 ~ 8000）的预聚物，和环氧基的开环反应所得的热固化树脂。

equalization treatment
▸平衡处理
▹平衡処理
＊干燥过程结束时，使材堆中各部位木材含水率和木材内外层含水率趋于均衡的热湿处理。

equilibrium moisture content (EMC)
▸平衡含水率
▹平衡含水率
＊在一定的湿度和温度条件下，木材中的水分达到稳定状态时的含水率。

equivalent modulus of elasticity
▸等效弹性模量
▹等価弾性係数；平均的弾性係数
＊轴心压杆试验中，将临界荷载按照欧拉公式换算得到的弹性模量。

equivalent uniform live load
▸等效均布荷载
▹等価等分布荷重
＊结构设计时，楼面上不连续分布的实际荷载，一般采用均布荷载代替；等效均布荷载系指其在结构上所得的荷载效应能与实际的荷载效应保持一致的均布荷载。

ethylene-vinylacetate copolymer resin (EVA)
▸乙烯 – 乙酸乙烯共聚物树脂
▹エチレン酢ビ共重合体樹脂

European style roof truss
▸欧洲风格屋顶桁架
▹洋風小屋組

evidential testing
▸见证检验
▹証拠テスト
＊在监理单位或建设单位监督下，由施工单位有关人员现场取样，送至具备相应资质的检测机构所进行的检验。

excavation
▸地基开挖
▹根切り

excavation engineering
▸基坑工程
▹掘削工程
＊为保证地面向下开挖形成的地下空间在地下结构施工期间的安全稳定，所需的挡土结构及地下水控制、环境保护等措施的总称。

excelsior
▸细刨花
▹木毛

exhaust air
▸废气
▹排気ガス
＊经排气道排出干燥室的湿热气体。

exhaust air duct
▸排气道
▹排気ダクト
＊使废气排出干燥室的可控通道。

existing structure
▸既有结构
▹既存構造
＊已经存在的各类工程结构。

exit passageway
▸避难通道
▹避難通路

＊采取防烟措施且两侧设置耐火极限不低于 3 小时的防火隔墙，用于人员安全通行至室外的通道。

expansion bath

▸**膨胀浴**

▹**エクスパンションバス**

＊在浸注后期，提高油类防腐剂或其他高沸点液体温度的处理，使浸注终了时能多回收一些防腐剂或防止以后的溢油现象。

expansion joint

▸**伸缩缝**

▹**エキスパンションジョイント**

＊在完成面之间允许伸缩和膨胀的缝隙，也称为控制缝。

explosion

▸**爆碎**

▹**爆砕**

explosion process

▸**爆破法**

▹**爆砕法**

＊将木片放入高压容器中，通过高压蒸汽进行一段时间的蒸煮软化，然后提高蒸汽压力，短时间停留后突然解除压力，物料和蒸汽瞬间膨胀产生爆破，从而使木片分离成纤维的方法。

exposure I

▸**暴露 I 级**

▹**エクスポージャー I**

＊一种胶合等级。暴露 I 级板材适合用于暂时暴露于气候的环境，其胶合性能应能抵抗由于施工延误或其他类似情况所致的水分对结构性能的影响。

extender

▸**增量剂**

▹**増量剤**

＊为了降低黏合剂的成本而添加的物质。一般多用小麦粉、脱脂大豆粉、血粉等。

exterior (type) plywood

▸**室外用胶合板**

▹**屋外用（特類）合板**

＊用酚醛树脂胶或同等性能的树脂作为胶黏剂制成的胶合板，具有耐气候、耐水和耐高湿的性能，适于室外使用。

exterior adhesive

▸**户外用胶黏剂**

▹**屋外用接着剤**

exterior conditions

▸**室外状态**

▹**屋外条件**

＊室外自然气候有日晒、雨淋、冰冻和大气污染的环境状态。

exterior exposure test

▸**室外暴露试验**

▹**屋外暴露試験**

＊将人造板暴露在室外自然气候条件下，定期观察、测定其物理力学性能变化的试验。

exterior insulation and finish system (EIFS)

▸**室外保温和外饰面**

▹**室外保温装飾システム**

＊建筑物复合外墙，它主要由外用硬质保温板和各种外墙装饰组成。

exterior lamina

▸**外侧层板**

▹**外側用ラミナ**

＊异等组合胶合木中，与表面层板相邻的，距构件外边缘不小于 1/8 截面高度范围内的层板。

exterior medium density fiberboard

▸**室外型中密度纤维板**

▹**屋外中質繊維板**

＊具有长期经受室外环境、冷水浸泡或者高湿度空气作用的中密度纤维板。

exterior wood
▶室外用木材
▷クステリアウッド；外構材
＊户外使用的木材和木结构。

exterior wood-based panels
▶室外用人造板
▷屋外用木質パネル
＊用于室外状态的人造板材。

external angle
▶外角
▷出隅

external fan type dry kiln
▶外风机式干燥窑
▷EF 型乾燥室

external thermal insulation on walls
▶外墙外保温
▷外壁の外側断熱
＊由保温层、保护层和胶黏剂、锚固件等固定材料构成，安装在外墙外表面的保温形式。

extruded particleboard
▶挤压刨花板
▷押し出し成型パーティクルボード
＊利用连续挤压法制造的刨花板。

extrusion
▶挤出
▷押し出し
＊使加热或未经加热的塑料和纤维混合体，通过成型模具变成连续成型制品的过程。

extrusion method
▶连续挤压法
▷エクストルージョン法；押し出し成型法
＊施胶刨花板被定量地送入平板式挤压机，在冲头挤压和热板加热的作用下，连续挤出成型板带的方法。该方法常用于生产空心刨花板。

extrusion process
▶挤压成型法
▷エクストルージョン法；押し出し成型法
＊一种木板热压成型方法，包括连续挤压成型方法。一般情况下，因为产品在厚度方向的性能（如剥离强度、吸水厚度膨胀率等）比较好，而在水平方向的性能（如弯曲性能、面内尺寸稳定性）差，所以通常多覆盖单板和胶合板，用于夹心板。

F

face
▸**宽材面**
▹**広材面**
* 板方材的较宽材面。

face side
▸**木表面**
▹**木表**

face veneer
▸**面板**
▹**表板**
* 用作胶合板正面的单板。

fading
▸**褪色**
▹**退色**

Fagus crenata
▸**日本山毛榉**
▹**ブナ**

failure
●**参见** fracture

falling-ball impact test
▸**落球冲击试验**
▹**落球衝擊試験**
* 一定直径和质量的钢球从规定高度自由落于材料表面，根据材料表面是否产生裂纹或产生的压痕直径大小，衡量材料表面抗冲击性能的测试方法。

falling rate of drying
▸**减速干燥**
▹**減率乾燥**

false annual ring
▸**伪年轮**
▹**偽年輪**
* 各个重合的成长轮。通常情况下，成长轮界线不清晰且成长轮没有形成完整的闭合环，因此区别于真正的年轮。

false heartwood
▸**伪心材**
▹**偽心材**
* 本身不是心材，但因某些原因有类似心材着色的部分。常见于山毛榉、桦木、白杨等成熟木材。

false powder
▸**长蠹科**
▹**ナガシンクイムシ科**
* 属鞘翅目长蠹总科，危害伐倒木材及竹材，在木材中蛀成圆柱形孔道，有时也危害衰弱的活立木。

family of Cerambycidae
●**参见** long-horned beetles
▹**カミキリムシ科**

family of Anobiidae
●**参见** deathwatch beetles
▹**シバンムシ科**

family of Platypodidae
●**参见** pinhole borer beetle
▹**ナガキクイムシ科**

family of Polyporaceae
▸**多孔菌科**
▹**サルノコシカケ科**
* 担子菌亚门多孔菌科菌类的统称。子实体为肉质、木质或栓质，有柄或无柄，下面密布许多细孔；孔内为菌管，管壁布有子实层，产生担子和担孢子。多生于树干或木材上，引起严重腐朽。有的种类可供药用，如茯苓、灵芝、猪苓。

fancy furnishing laminated wood
▸**装饰单板饰面集成材**
▹**化粧ばり造作用集成材**

fancy plywood
▸**装饰胶合板**
▹**化粧ばり合板；天然木化粧合板**

fancy veneer
▸**装饰单板**
▹**化粧用単板**

fancy veneer overlaid plywood
▸装饰覆面胶合板单板
▹化粧単板オーバーレイ合板

fascia board
▸封檐板
▹ダッシュボード
* 环绕屋檐表面和屋顶挑出的室外装修构件。

fast-growing wood
▸速生材
▹早生樹
* 生长快、成材早、轮伐期短的木材。

fastener holding capacity under lateral load
▸侧压握钉力
▹くぎ側面抵抗
* 用装置固定垂直于板面钉入的钉，通过在板边部施加平行于板面方向的压力使钉受剪切而测得的最大破坏载荷。

fastener holding capacity under withdraw load
▸板面握钉力
▹くぎ逆引抜抵抗
* 拔出垂直钉入板面的钉所需的力。

fatigue
▸疲劳
▹疲れ

fatigue limit
▸疲劳极限
▹疲れ限度；疲劳限度

fatigue strength
▸疲劳强度
▹疲れ強さ；疲労強度
* 应力反复作用在物体上时，即使是低应力也能产生破坏现象，这种现象称疲劳。而不会产生破坏的某个限度应力值称疲劳限度，应力的次数限度称时间强度，其总称为疲劳强度。疲劳限度以上的应力与破坏的次数成反比。纵轴为应力，横轴为次数对数的图称应力—次数曲线。在木材中会进行回转弯曲或平板弯曲疲劳试验。

fatigue test
▸疲劳试验
▹疲れ試験

feed
▸锯割
▹フィード
* 剖料和剖分的总称。

fiber blending
▸纤维施胶
▹繊維のサイジング
* 对纤维施加胶黏剂及其他添加剂的过程。

fiber bulk density
▸纤维堆积密度；纤维松散系数
▹繊維堆積密度
* 纤维在未经压实的松散状态下的密度。

fiber classification
▸纤维分级
▹繊維分級
* 利用分选设备将纤维按粗细或长短分开的过程。

fiber concentration
▸纤维浓度
▹繊維濃度
* 纤维在干燥介质中的浓度。通常用输送 1kg 绝干纤维所需标准状态下的空气量来表示。

fiber drying
▸纤维干燥
▹繊維乾燥
* 通过热介质加热，使湿纤维水分蒸发并达到规定含水率的过程。

fiber mat
▸纤维层
▹ファイバーマット

fiber morphology
▸纤维形态

▷**纖維形態**

＊纤维细胞的长度、宽度、长宽比、壁厚、壁腔比等特征参数。

fiber reinforced plastic (FRP)

▸**纤维增强塑料**

▷**エフアールピー**

＊由玻璃纤维和非饱和聚酯树脂构成的增强塑料。

fiber saturation point (FSP; f.s.p.)

▸**纤维饱和点**

▷**纖維飽和点**

＊木材细胞腔中自由水蒸发完毕而细胞壁中吸着水达到最大状态时的含水率，该状态一般是各种木材物理力学性质的转折点。

fiber separative efficiency

▸**纤维分离度**

▷**解繊度**

＊纤维分离的程度。通常用纤维浆料滤水度和筛分值来表示。

fiber show

▸**露丝**

▷**繊維露出**

＊木塑复合材制品表面未被塑料覆盖的纤维。

fiber treatment

▸**纤维处理**

▷**繊維処理**

＊为提高纤维单元（木粉）与塑料之间的结合力而进行的改善纤维表面物理或化学性质的措施。

fiber yield

▸**纤维得率**

▷**繊維収量**

＊植物纤维原料经备料、纤维分离后所得的绝干纤维质量占绝干原料质量的百分比。

fiberboard

▸**纤维板**

▷**繊維板；ファイバーボード**

＊将木材或其他植物纤维原料分离成纤维，利用纤维之间的交织及其自身固有的黏结物质，或者施加胶黏剂，在加热或加压条件下，制成的一定厚度的板材。根据生产工艺不同，一般分为湿法纤维板和干法纤维板两大类。

fiberboard heat treatment

▸**纤维板热处理**

▷**繊維板熱処理**

＊湿法纤维板生产中，将热压后的纤维板在一定温度下处理一段时间，使板中未完成的某些物理化学变化继续完成的过程。

fiberboard oil treatment

▸**纤维板浸油处理**

▷**繊維板油処理**

＊用干性油或半干性油处理纤维板，提高其强度和尺寸稳定性的方法。

fiberboard steam treatment

▸**纤维板蒸汽处理**

▷**繊維板水蒸気処理**

＊经热压和热处理后的纤维板采用人工加速增湿，使纤维板尽快达到与大气湿度相平衡的处理过程。

fiberglass reinforced veneer

▸**玻璃纤维加强薄木；玻璃纤维加强单板**

▷**ガラス繊維強化積層板**

＊背面用玻璃纤维布增强的可卷绕的装饰单板。

fiberizer

▸**成纤器**

▷**磨砕機**

fiberlike particle

▸**纤维状刨花**

▷**繊維状粒子**

＊类似于纤维的细长刨花。常用于刨花板表层。

fiber

▸**纤维**

▷**繊維；ファイバー**

*构成纤维板的基本单元。由木材或其他植物纤维原料通过机械、化学、机械与化学结合等方法制成的单元。纤维板工业中多指纤维束。

fibers screening distribution

▸**筛分值**

▹**スクリーニング値**

*留在不同规格金属网上的绝干纤维质量占纤维总绝干质量的百分比。采用纤维筛分仪进行测定。

fibril angle

▸**纤维角；纤丝角**

▹**フィブリル傾角**

*微纤丝与细胞长轴形成的夹角。

fiddle back figure

▸**细波花纹**

▹**提琴背杢**

*波状、条纹状或带状花纹。用于小提琴背板。

field splice plate

▸**结合板**

▹**スプライスプレート**

*用于桁架部分节点，在施工现场进行连接的，经表面镀锌处理的钢板，经冲压成一半带齿，另一半带圆孔的金属板。

field test

▸**野外试验**

▹**実地試験**

*在野外选择试验场地，将各类型试材插入土中或不与土壤接触，直接在自然状态下进行的耐久性的暴露试验。

figure

▸**花纹**

▹**杢**

*通常指木材表面的花纹。

figured-porous wood

▸**花纹孔材**

▹**文様孔材**

*管孔呈现火焰状或网眼状排列的木材。常见于沙棘和冬青中。

filament winding structure

▸**螺旋式纤维缠绕结构**

▹**フィラメントワインディング構造**

*通常按照一定的角度把连续的纤维绕成圆筒状而制作成材料的方法称为螺旋式纤维缠绕方法，而该结构指纤维排列成螺旋状的斜交各向异性层积材结构。材料特征为比强度、比杨氏模量、破坏韧性都很大。木材细胞也具有由纤维丝构成的螺旋式纤维缠绕结构。

filler

▸**填料；填充剂**

▹**充填剤**

*为改善胶黏剂的性能或降低成本等而加入的一种固体物质。

filler block

▸**横撑**

▹**フィラーブロック**

*相邻工字梁腹板间加装的撑块，以分担荷载，增加刚度。

fillet

▸**嵌条；隔条**

▹**畔**

*门槛或门头等的槽中间的隔板。

filling

▸**填补**

▹**充填**

*用腻子等对单板和胶合板上的裂缝、孔洞等缺陷进行填补的一道工序。

film adhesive

▸**薄膜胶黏剂**

▹**フィルム接着剤**

film forming ability

▸**皮膜形成能力**

▹**造膜性**

*醋酸乙烯树脂乳胶黏合剂在木材上形成连续的皮膜的性质。

film overlaid plywood
▸胶膜纸覆面胶合板
▹フィルムオーバーレイ合板
＊表面覆贴合成树脂浸渍胶膜纸的胶合板。

film overlaid wood-based panel
▸薄膜贴面人造板
▹フィルムオーバーレイ木質パネル
＊用聚氯乙烯和聚乙烯等薄膜贴面的人造板。

final moisture content
▸终含水率
▹最終含水率；仕上水分
＊木材干燥过程结束时的含水率。

final steaming
▸后期喷蒸处理
▹最終蒸気処理
＊使用油类防腐剂或油载类防腐剂的木材防腐处理作业完成后，低压条件下对防腐处理木材进行蒸汽喷蒸（处理温度和处理时间一定）。目的是清洁防腐处理木材表面，降低溢油的可能性。

final temperature
▸最终温度
▹最終温度
＊干燥过程结束时介质的温度。

final treatment
▸终期处理
▹最終処理
＊木材干燥过程将要结束时进行的热湿处理。

final vacuum
▸后真空段
▹最終真空
＊在防腐处理作业的最后阶段进行抽真空处理，排出木材中多余的防腐药液。

fines
▸微型刨花
▹ファイン
＊薄平刨花经打磨机再碎而成的尺寸较小的刨花。一般长度为2～8mm，宽度和厚度约0.2mm，常用于刨花板表层。

finger joint
▸指接节点
▹フィンガージョイント
＊在连接点处，采用胶黏剂连接的锯齿状的对接节点，节点类似手指交叉对接，故称指接节点（简称指接）。指接节点包括胶合木层板的指接和胶合木构件的指接。

finger-jointed lumber
▸指接材
▹縦継ぎ材
＊以锯材为原料经指榫加工、胶合接长制成的板方材。

finger joint plywood
▸指接胶合板
▹フィンガージョイント合板
＊将胶合板顺纹方向端部加工成指形榫，经涂胶指接接长的胶合板。

finger jointed structural dimension lumber
▸结构用指接规格材
▹構造用フィンガージョイント規格材
＊以截面尺寸相同的锯材，经指榫加工胶合接长而成的结构用规格材。

finger jointed structural dimension lumber I
▸Ⅰ类结构用指接规格材
▹Ⅰ類構造用フィンガージョイント規格材
＊在轻型木结构中，用于高弯曲性能构件的指接规格材。

finger jointed structural dimension lumber II
▸Ⅱ类结构用指接规格材

▷Ⅱ類構造用フィンガージョイント規格材
* 在轻型木结构墙体中，按一定间隔布置的竖向承载用指接规格材。

finger tenon
▸指榫
▷フィンガーほぞ
* 利用切削加工的方法，在木材端部形成的指形（锯齿形）榫接头。

finish
▸完成
▷仕上げ

finish coat
▸面层
▷上塗り

finish foil
▸预油漆纸
▷フィニッシュホイル
* 将印刷有木纹或其他装饰图案的原纸，经树脂浸渍、干燥和表层油漆涂饰等工序加工制成的一种纸质表面装饰材料。

finished grade
▸完工地坪
▷整地地盤面
* 施工完成后的室外地面。

finished size
▸最终尺寸
▷仕上げ寸法
* 锯材干燥至终含水率，经机械加工后应达到的尺寸。

finishing
▸板的后处理；装饰
▷フィニッシング；最終加工
* 在热压后，对板进行的冷却、裁边、砂光、调质等处理的加工过程。

fir
▸冷杉
▷モミ

fire compartment
▸防火分区
▷火災区画
* 在建筑内部采用防火墙、楼板及其他防火分隔设施分隔而成，能在一定时间内防止火灾向同一建筑的其余部分蔓延的局部空间。

fire distinguisher
▸灭火器
▷消火器
* 扑救火灾时使用的专用灭火设备。

fire load
▸火灾荷载
▷火災荷重

fire partition wall
▸防火隔墙
▷防火壁
* 建筑内防止火灾蔓延至相邻区域且耐火极限不低于规定要求的不燃性墙体。

fire-proof agent
▸防火剂
▷防火剤

fire-proof paint
▸防火涂料
▷防火塗料

fire-proofing treatment
▸防火处理
▷難燃処理
* 为了抑制和阻止材料燃烧而进行的处理。包括阻断火焰和氧气的物理性处理方法和使用阻燃剂的化学性处理方法。

fire resistance
▸滞燃性；耐火性
▷耐火性
* 材料点燃后，其阻滞火焰蔓延的性能。

fire resistance limit
▸耐火极限

fire resistance rating
▸耐火等级

▷**耐火性等級**

* 在标准耐火试验条件下，建筑构件、配件或结构从受到火的作用时起，至失去承载能力、完整性或隔热性时止所用时间，用小时表示。

fire retardant

▶**阻燃剂；滞火剂**

▷**難燃剤**

* 借助于化学和物理作用降低材料燃烧性能或改善材料抗燃性能的化学药剂。木材的阻燃剂有含磷、氮、锑、硼和卤素等的有机或无机化合物。

fire retardant construction

▶**防火构造**

▷**防火構造**

* 建筑物内挑空部分、升降阶梯间安全梯的楼梯间、升降机道、垂直贯穿楼板的管道间及其他类似部分，应以具有 1 小时以上防火时效的墙壁、防火门窗等防火设备与该处防火构造的楼地板形成区划分割。

fire retardant fiberboard

▶**阻燃纤维板**

▷**難燃繊維板**

* 在生产过程中添加阻燃剂，或者制成板材后用阻燃剂浸渍处理，达到一定阻燃效果的纤维板。

fire retardant laminated panel

▶**阻燃层压板**

▷**防火複合パネル**

* 具有防火性能的层压板，用于外装和内装。

fire-retardant particleboard

▶**阻燃刨花板**

▷**難燃性パーティクルボード**

* 具有一定阻燃性能的刨花板。

fire-retardant preservative

▶**阻燃防腐剂**

▷**難燃性防腐剤**

* 具有阻燃剂和防腐剂双重性能的单一化合物或多种化合物的混合物。

fire retardant plywood

▶**难燃胶合板**

▷**防火合板**

* 在单板或胶黏剂中加入阻燃剂，或者板材经阻燃剂处理，具有一定阻燃性能的特种胶合板。

fire retardant treatment

▶**阻燃处理**

▷**難燃処理**

* 为了抑制和阻止材料燃烧而进行的处理。包括阻断火焰和氧气的物理性处理方法和使用阻燃剂的化学性处理方法。

fire retardant wood-based panel

▶**阻燃人造板**

▷**難燃性木質パネル**

* 具有阻燃性能的人造板。

fire-retarding sawn timber

▶**滞火锯材**

▷**防火製材**

* 经过处理具有滞火、耐燃性能的锯材。

fire-retarding treatment

▶**阻燃处理；滞火处理**

▷**防火処理**

* 用阻燃剂处理木材或木基材料，以提高其阻燃性、降低其燃烧性能的方法与技术。

fire separation distance

▶**防火间距**

▷**防火間隔**

* 防止着火建筑在一定时间内引燃相邻建筑，便于消防扑救的间隔距离。

fire stop

▶**挡火物**

▷**ファイアストップ；防火充てん材**

* 用于阻挡烟和火焰通过的，位于

结构组件之间的气密性障碍物。

fire stop door

▸**防火门**

▹**防火戸**

fire stopping

▸**隔火构造**

▹**防火構造**

＊轻型木结构建筑中，在骨架构件和面板之间形成许多的空腔中增设的构造，构件某处遇火时，用以从构造上阻断火焰、高温气体以及烟气的蔓延。根据阻断火焰、高温气体和烟气等的蔓延方式和规模，隔火构造分成竖向隔火构造和水平隔火构造。

fire-tube test

▸**火管试验**

▹**火管試験**

＊检测处理木材阻燃性能的一种方法。处理材试样置于专门设计的竖直金属质火管中，装有试材的火管置于受控火焰上，记录试材质量损失等指标。

fire wall

▸**防火墙**

▹**ファイアウォール；防火壁**

＊防止火灾蔓延至相邻建筑或相邻水平防火分区且耐火极限不低于3小时的不燃性墙体。

firmer chisel

▸**直边凿；方边凿**

▹**薄のみ**

first order linear-elastic analysis

▸**一阶线弹性分析**

▹**一次元線形弾性解析**

＊基于线性应力—应变或弯矩—曲率关系，采用弹性理论分析方法对初始结构几何形体进行的结构分析。

first order non-linear analysis

▸**一阶非线性分析**

▹**一次元非線形弾性解析**

＊基于材料非线性变形特性对初始结构的几何形体进行的结构分析。

fixation

▸**固着**

▹**固着；固定**

＊防腐剂在处理木材中与木材组分发生物理或化学反应，从而具备抗流失性的过程。

fixation of compressive deformation

▸**压缩定形**

▹**圧縮固定**

＊永久固定木材压缩变形的方法。包括树脂处理、热处理、水蒸气处理、化学处理等。

fixed action

▸**固定作用**

▹**固定作用**

＊在结构上具有固定空间分布的作用。当固定作用在结构某一点上的大小和方向确定后，该作用在整个结构上的作用即得以确定。

fixed knife planer

▸**固定刀式刨床**

▹**平削り鉋盤**

fixed window

▸**固定窗**

▹**はめ殺し窓；固定窓**

＊由窗框架和装玻璃的固定窗框构成。

fixing type preservative

▸**固定型防腐剂**

▹**定着型防腐剤**

＊注入木材后固定，不会被雨水等溶掉的木材防腐剂。在屋外使用的木材防腐处理中，固定性非常重要。

fixture

▸**室内装修**

▹**造作**

fixture lumber
▸装修材
▹造作材

flake
▸薄平刨花
▹フレーク
* 利用刨片机制造的薄而均匀的片状刨花，一般长度为 10 ~ 25mm，宽度为 4 ~ 10mm，厚度为 0.2 ~ 0.5mm。

flaker
▸刨片机
▹フレーカー；削片機

flame retardant
▸防火剂
▹防炎剤

flame retardant plywood
▸防火胶合板
▹防炎合板

flame spread
▸火焰蔓延
▹火炎伝播

flame spread rate
▸火焰蔓延速率
▹火炎伝播速度

flaming combustion
▸有焰燃烧
▹発炎燃焼
* 热量导致的木材二次分解生成物和氧气形成的可燃性混合气体起火，发生火焰和火光而燃烧的现象。

flange
▸法兰；翼缘
▹フランジ
* 窗户四周突出的法兰状结构。

flanged window
▸带安装翼的窗户
▹フランジ付き窓
* 窗户的一种，其四周有突出的法兰状结构，安装时贴合到墙面上，利于防水。

flank shading
▸垂直遮阳
▹側面シェーディング
* 位于建筑门窗洞口两侧，垂直伸出的板状建筑遮阳构件的遮阳构造方式。

flash dryer
▸气流干燥器
▹気流乾燥機
* 一种把纤维悬浮在高温高速气流（15 ~ 20m/s）中，并在运送过程中使纤维瞬间干燥的装置，由长干燥管、空气加热装置、送料装置、旋风器以及排气装置组成。

flash over
▸轰燃
▹フラッシュオーバー
* 伴随有焰燃烧发生的可燃性气体渐渐积蓄在室内，使之达到燃烧范围，致使火灾迅速扩大，充满整个房间的现象。

flash point
▸闪点
▹引火点
* 在规定的试验条件下，可燃性液体或固特表面产生的蒸汽与空气形成的混合物，遇火源能够闪燃的液体或固体的最低温度（采用闭杯法测定）。

flashing[1]
▸泛水
▹雨押さえ；フラッシング
* 在屋顶和墙上用于防水的防腐金属板或其他材料制成的构造。

flashing[2]
▸遮雨棚
▹雨仕舞

flat bending strength
▸平面抗弯强度
▹平面曲げ強さ
* 指接材宽材面朝上做抗弯试验所得到的抗弯强度。

flat floor
▸平屋顶
▹陸屋根

flat grain
▸弦面纹理
▹板目
* 在树干的横截面处沿着年轮切线方向的切断面纹理称弦面纹理，沿着射线方向的切断面纹理称径切纹理。根据生长层和构成要素相关作用，会出现各具特色的花纹和纹理。

flat-headed beetles
● 参见 jewel beetles

flat log
▸扁平材
▹偏平材
* 横截面为椭圆形，且不同方位上的直径有较大差异的原木。

flat piling
● 参见 flat stacking

flat-plate pressing process
▸平板压制法
▹平板プレス法
* 使用平整的热板压机制造刨花板的方法，包括一段压制法和多段压制法。

flat-sawn grain RDV
▸弦切花纹重组装饰单板
▹板目 RDV
* 花纹呈 V 字形或山水状图案，类似于木材弦切花纹的重组装饰单板。

flat sawn timber
▸弦锯材
▹板目材
* 沿原木年轮切线方向锯割的板材，年轮纹切线与宽材面夹角小于 45°的锯材。

flat stacking
▸平堆
▹平積み
* 水平放置木料的堆积。

flat-to-pitched roof
▸平改坡屋盖
▹平面からの勾配屋根
* 在建筑物结构许可、地基承载力达到要求的情况下，将多层楼房平屋面加建为坡屋顶，达到改善建筑物功能和景观效果的房屋修缮工程。

flatbed
▸平板
▹フラットベット

flexible plywood
▸柔性胶合板
▹フレキシブル合板
* 两张单板沿着纤维方向平行叠放，在其中插入强韧而具有弹性的特殊橡胶薄板，并进行加热加压的胶合板。用于曲面柱或曲面壁等。

flexural strength of wood
● 参见 bending strength of wood

flitch
▸木方
▹フリッチ
* 将原木按一定的下锯法制得的用于加工刨切单板的方材。

flocks coating
▸静电植绒
▹フロックコーティング
* 通过高压静电场将短绒按要求胶黏在人造板表面的装饰方法。

floor area ratio
● 参见 plot ratio
▹容積率；床面積率

floor beam
▸楼板梁
▹床梁

floor joist
▸楼板格栅
▹根太

floor panel
▸楼（地）板
▹床板

floor post
▸楼板支柱
▹床束

floor ratio
▸楼板倍率
▹床倍率

floor system
▸楼板构架
▹床組

flooring
▸地板
▹フローリング；床板

flooring block piling
▸地板块堆积法
▹フローリング堆積法
＊地板坯料堆积前，两端应涂封，用其本身作垫条，堆积成组堆式。

flooring board
▸地板板材
▹フローリングボード

fluctuant drying schedule
▸波动干燥基准
▹波動乾燥基準
＊干燥过程各阶段内的介质温湿度作起伏波动变化的含水率干燥基准。

fluorescence of wood
▸木材荧光现象
▹木材蛍光発光
＊木材受紫外线照射时所发出的较紫外线波长长，而振动频率较低的弱光现象。

flush
▸平齐
▹フラッシュ
＊相邻的两个构件表面在相同的水平面上。

flush boarding
▸护墙板
▹羽目板

flush press
▸中空框架
▹太鼓張り
＊框架两面铺设木板，内部中空。

foamed glue
▸发泡胶黏剂
▹発泡接着剤

folding door
▸折叠门
▹折り畳み式ドア
＊开启时可以折叠起来的房屋门。

Fomitopsis palustris
▸瘌拟层孔菌
▹オオウズラタケ
＊生于松树等针、阔叶树木桩或腐木上。

footing of floor post
▸础石
▹束石

footing
▸基脚
▹フーチング
＊位于地基墙、墩、柱子底部，通常为混凝土的拓宽部分。

footing beam
▸地梁
▹地中梁

forced air drying
▸强制气干
▹強制空気乾燥
＊在露天或棚舍下用风机驱动空气流过材堆，加速木材干燥。

forced circulation compartment kiln
▸周期式强制循环干燥室
▹循環式強制循環式乾燥室
＊干燥作业是周期性的强制循环干燥室。

forced circulation kiln
▸强制循环干燥室
▹強制循環式乾燥室

＊用风机驱动室内气体循环流动的干燥室。

forced circulation progressive kiln

▸连续式强制循环干燥室

▹連続式強制循環乾燥室

＊干燥作业是连续性的强制循环干燥室。

forced circulation (draught)

▸强制循环

▹強制循環

＊用通风机驱动干燥介质在干燥室内循环流动。

form factor

▸形状因子

▹フォームファクター

＊根据 Klauditz 理论，刨花板材质中原料刨花的形状因子。形状因子 $=l/dr$，l 为木片长，d 为木片厚，r 为木材比重。当此值小于 150 时，板的强度会随着此形状因子发生变化；当大于 150 时，强度基本保持不变。

formaldehyde emission

●参见 formaldehyde release

formaldehyde release

▸甲醛释放

▹ホルムアルデヒド放散

＊用脲醛树脂等甲醛系胶黏剂压制成的人造板，在制造、堆放和使用过程中向外界不断散发甲醛气体的现象。测定人造板甲醛释放量的方法有大室法、小室法、$1m^3$ 气候箱法、气体分析法、干燥器法和穿孔萃取法等。

formaldehyde scavenger

▸甲醛捕捉剂

▹ホルムアルデヒドスカベンジャー

＊加入胶黏剂中能降低游离甲醛含量或胶合制品甲醛释放量的物质。

formalization

▸缩甲醛化

▹ホルマール化

＊在无催化或酸催化下，木材与甲醛蒸汽气相反应，在木材中的羟基之间形成 cell-O-CH_2-O-cell 的亚甲基醚交联键。经过处理，质量增加率降低，却获得较高的尺寸稳定性。

formed plywood

●参见 moulding plywood

formed wood-based panel

▸成型人造板

▹成型木質パネル

＊具有一定曲面形状的人造板。

forming

▸成型；成型加工

▹フォーミング

formosan subterranean termite

●参见 *Coptotermes formosanus*

formwork

▸模板

▹枠

fortifier

▸增强剂

▹增強剤

＊为了提高黏合剂耐水等性能而添加的物质。例如在尿素树脂中添加三聚氰胺或三聚氰胺树脂等。

foundation

▸基础；堆基

▹基礎；土台

＊将结构所承受的各种作用传递到地基上的结构组成部分。

foundation soils

●参见 subgrade

foundation spacing

▸基础隔件

▹基礎パッキン

foundation work

▸基础工程

▹地業

four side moulder
▸四面刨；四边成型铣床
▹四面鉋；モルダー

four-way straight grain
▸四方纹
▹四方柾

fourdrinier wire forming
▸长网成型
▹長網式フォーミング
＊湿法纤维板成型时，浆料由网前箱经堰板流到移动的长网上，靠自重和真空抽吸作用而脱去浆料中的水分形成湿板坯的过程。

fourdrinier machine
▸长网成型机
▹長網式フォーミングマシン

foxtail wedged tenon
▸楔榫
▹地獄ホゾ

fractile
▸分位值
▹分位点；变位值；フラクタイル
＊与随机变量分布函数某一概率相应的值。

fractional distillation test
▸分馏试验
▹分留試験
＊测定一种焦油或其他油类在规定温度范围内馏出量的比例。

fracture
▸破裂；断裂
▹破壊
＊一个整体被分成几个部分的现象。在木材受外力的破坏中，由拉力导致分为几个部分的情况下称破裂，由压力导致细胞挤破的情况下称压坏。

fracture toughness of wood
▸木材断裂韧性
▹木材破壊靭性
＊木材阻止宏观裂纹失稳扩展的能力。

frame
▸框；构架
▹框；軸組
＊框架构件。纵向和横向构件分别称为竖框和横框。

frame construction
▸框架结构
▹軸組構造
＊框架结构是指由梁和柱以锯材或结构工程木相连接而成，构成承重体系的结构，即由梁和柱组成框架共同抵抗使用过程中出现的水平荷载和竖向荷载。框架结构的房屋墙体不承重，仅起到围护和分隔作用。

frame core flush
▸中空框架构造
▹フラッシュ構造；太鼓張り
＊不露出框架，表面全面粘贴胶合板或装饰板等，内部中空的结构。

frame gang saw
▸长排锯
▹長鋸盤；往復鋸；枠鋸盤

framing
▸框架
▹軸組み
＊由柱、梁、横木、横梁、斜撑、基座等构成的框架。

framing plan
▸框架平面图
▹伏図

frass
▸蛀屑
▹粉くず；糞粒
＊木材钻孔虫钻蛀木材取食后的排泄物及木质组织碎屑的混合物，呈木丝状、粉末状或颗粒状，粗细大小随虫类而异。

Fraxinus mandshurica
▸水曲柳
▹ヤチダモ

Fraxinus platypoda
▸象蜡树
▹シオジ

free action
▸自由作用
▹自由作用
*在结构上给定的范围内具有任意空间分布的作用。

free cross section
▸通气断面
▹自由断面
*材堆或气道在垂直气流方向上通过气流的断面。

free formaldehyde
▸游离甲醛
▹遊離ホルムアルデヒド
*黏合剂中没有结合的甲醛。甲醛多的情况下，黏着产品中甲醛的释放量会变多。

free formaldehyde content
▸游离甲醛含量
▹遊離ホルムアルデヒド含有量
*甲醛树脂中未参加反应的甲醛质量占树脂溶液总质量的百分数。

free phenol content
▸游离酚含量
▹遊離フェノール含有量
*酚醛树脂中未参加反应的苯酚质量占树脂总质量的百分数。

free water
▸自由水
▹遊離水；自由水
*存在于木材细胞腔和细胞间隙（即大毛细管系统）中的水分，其与木材的结合方式为物理结合，易从木材中吸入和逸出。

freeness
▸滤水度
▹ろ水度
*用纤维浆料滤水性来表征纤维分离质量的一个指标。

frequent combination
▸频遇组合
▹頻度組み合わせ
*正常使用极限状态计算时，对可变荷载采用频遇值或准永久值为荷载代表值的组合。

frequent value
▸频遇值
▹頻度値
*对可变作用，在设计基准期内被超越的总时间仅为设计基准期一小部分的作用值；或在设计基准期内其超越频率为某一给定频率的作用值。

frequent value of avariable action
▸可变作用的频遇值
▹可変作用の頻度値
*在设计基准期内被超越的总时间占设计基准期的比例较小的作用值；或被超越的频率限值在规定频率内的作用值。可通过频遇值系数（$\Psi f \leqslant 1$）对作用标准值的折减来表示。

fresh air
▸新鲜空气
▹新鮮空気

fresh air duct
●参见 inlet air duct

freshly harvested wood
●参见 green wood

friction pile
▸摩擦桩
▹摩擦杭

front face
▸前刀面
▹掬い面
*刀具上切屑流出的表面。

front shading
▸挡板遮阳
▹前面シェーディング
*在门窗洞口前方设置的与门窗洞口面平行的板状建筑遮阳构件的

遮阳构造方式。

frost check

●参见 frost crack

▷霜裂；寒裂

frost crack

▸冻裂

▷霜割れ

＊低温时，立木中的水分冻结，从立木树干的外周部向内部产生的纵向裂缝。也称为冻裂、霜裂。气温升高时会粘连，但低温时会再次裂开，这会反复在树干表面发生霜肿。

frost rib

●参见 frost crack

▷霜腫れ

frost ring

▸冻伤年轮

▷霜輪

＊指木材在成长初期，由于低温导致形成层或未成熟的木质部细胞结冰而受损伤的年轮。

frost split

●参见 frost crack

▷霜裂；寒裂

frosting mark

▸干花；白花

▷きず

＊高压装饰板、树脂浸渍纸贴面人造板表面存在的不透明白色花斑。

fruit body

▸子实体

▷子実体

＊高等真菌有性阶段产生的孢子的结构。子囊菌的子实体称子囊果，担子菌的称担子果，其形状、大小与结构因种类而异。

full cell process

▸满细胞法；全注法

▷充細胞法

＊此法为约翰·贝瑟尔（John Bethell）于 1838 年发明的防腐处理方法。包括以下工序：①前真空；②保持此真空条件，注入防腐剂；③加压；④压力处理段；⑤除压；⑥放液；⑦后真空（选用）。

full edge support

▸四周支承状态

▷フル エッジサポート

＊楼面板或屋面板四边下方均有支承构件，其中宽度方向的边缘放置在搁栅构件上，长度方向的边缘放置在挡块或类似支承体上。

full sheet

▸整幅单板

▷フルシート

＊单板或单板带经剪裁后得到的宽度与长度均达到规定要求的整张单板。

full water spout

▸充实水柱

▷フルウォータースパウト

＊从水枪喷嘴起至射流 90% 的水柱水量穿过直径 380mm 圆孔处的一段射流长度。

fumigant

▸熏蒸剂

▷くん蒸剤

＊在气体状态下起到杀虫和杀菌作用的药剂，用于处理对象被覆盖的情况下。

fumigation

▸熏蒸处理

▷くん蒸

＊有控制地应用有毒气体（熏蒸剂）对木材中的害虫及其虫卵的毒杀处理。

functional particleboard

▸功能刨花板

▷機能性パーティクルボード

＊具有阻燃、防腐、防虫、耐候、抗静电、隔热保温、吸声等特殊功能的刨花板。

functional wood-based panel
▸功能人造板
▹機能性木質パネル
＊具有某种特殊功能（如阻燃、防腐、抗菌、防虫、耐候、抗静电、隔热保温、吸声等）的人造板。

fundamental combination
▸基本组合
▹基本組合
＊承载能力极限状态计算时，永久荷载和可变荷载的组合。

fungal respiration method
▸真菌呼吸法
▹真菌呼吸法
＊一种快速测定防腐剂毒效的方法。利用呼吸仪测定防腐剂对木腐菌呼吸的抑制作用，用耗氧量表示，从而判断出防腐剂的毒力。

fungal (bacterial) attack
▸菌害
▹かびの攻撃
＊真菌、细菌等微生物对木材的侵害。

fungi resistant wood-based panel
▸抗菌人造板
▹耐菌木質パネル
＊具有抵抗真菌侵蚀能力的人造板。

fungi [pl.]
•参见 fungus [sing.]

fungicide
▸防腐剂
▹防腐剤

fungus cellar test
▸菌窖试验
▹真菌セラー試験
＊试验室评价防腐剂毒效的生物扩大试验。在可控制温湿度的室内，分隔成若干个窖槽装以土壤。将试条用防腐剂处理后，插入土壤中，后续定期检查其腐朽程度，可作为评价防腐剂的依据。

fungus [sing.]
▸真菌
▹真菌
＊具有真核和细胞壁的异养生物。

furnace gas
▸炉气
▹炉ガス
＊用炉灶燃烧燃料生成的炽热气体，作为热源或干燥介质。

furnace gas drying
▸炉气干燥
▹ガス乾燥
＊用炉灶燃烧燃料生成的炽热炉气为热源、以炉气—湿空气混合气体为干燥介质对木材进行干燥。

furnace gas kiln
▸炉气干燥室
▹ガス乾燥室
＊用炉灶燃烧燃料生成的炽热炉气为干燥介质和热源的干燥室。

furnishing
•参见 fixture

furnishing laminated wood
▸装饰用集成材
▹造作用集成材

furring strip[1]
▸天花板横料；垫条；固定条
▹野縁；胴縁

furring strip[2]
▸横撑；横筋
▹胴縁
＊墙壁上安装壁板或木板的水平撑杆。

fuzz
▸起毛；毛刺
▹毛羽立ち

G

gable
▸山墙
▹破風；切妻
＊建筑物端墙上部的三角形部分。

gable board
▸山墙顶封檐板；破风板
▹破風板
＊在山墙部位沿着屋顶坡度安装的人字形木板。有的配有雕刻，装饰性的作用比保护屋顶的作用更大。

gable roof
▸人字形屋顶
▹切妻屋根

galvalume
▸镀铝锌钢板
▹ガルバリウム

galvanized
▸镀锌
▹亜鉛メッキ
＊指在金属、合金或者其他材料的表面镀一层锌，以起美观、防锈等作用的表面处理技术。

gang rip saw
▸圆排锯
▹ギャングリッパ

gap of jointing finger tenon top and bottom
▸指顶隙
▹ジョイントフィンガー間の距離
＊两指榫对接后，指顶与对应指底平面之间的间隙。

garret
▸阁楼
▹小屋裏

gelatinous layer
▸胶质层
▹ゼレチン層

gelation time
▸凝胶时间
▹ゲル化時間
＊在胶黏剂或涂料中添加固化剂后，直到其固化所需的时间。

general purpose hardboard
▸普通硬质纤维板
▹汎用タイプハードボード
＊可应用于家具制造或其他没有特别承载性能要求的一般场合的硬质纤维板。

general purpose softboard
▸普通软质纤维板
▹汎用タイプソフトボード
＊可应用于隔板、吸音板、广告牌、刚性衬垫材料或其他没有特别承载性能要求的一般场合的软质纤维板。

general shading coefficient
▸综合遮阳系数
▹総合日よけ係数
＊建筑遮阳系数和透光围护结构遮阳系数的乘积。

genus Cryptotermes
•参见 *Cryptotermes* spp.

genus Reticulitermes
•参见 *Reticulitermes* spp.

geometrical-moment of inertia
▸断面二次弯矩
▹断面二次モーメント

geosynthetics foundation
▸土工合成材料地基
▹ジオシンセティックス基礎
＊在土工合成材料上填土（砂土料）构成建筑物的地基，土工合成材料可以是单层，也可以是多层。一般为浅层地基。

geotechnical action
▸土工作用
＊有岩土、填方或地下水传递到结

构上的作用。

gimlet

▸手钻

▹手錐

girder

▸横梁

▹桁

girder beam

▸主梁

▹ガードビーム

* 用于支承作用在其长度上的集中荷载的大梁或主梁。

girder truss

▸梁式桁架；组合桁架；桁架梁

▹ガードトラス

* 主要用于支承轻型木桁架的桁架。一般由多榀相同的轻型木桁架组成。

girth

▸围梁

▹胴差

glass fiber overlaid plywood

▸玻璃纤维覆面胶合板

▹ガラス繊維オーバーレイ合板

* 表面覆贴聚酯树脂或酚醛树脂胶浸渍的玻璃纤维布的胶合板。

glazed tile

▸釉面砖

▹ガラスタイル

* 砖表面经过烧釉处理的砖。

gloss unevenness

▸光泽不均

▹光沢不均一

* 产品表面反光程度的差异。

glow proofing agent

▸燃烧抑制剂

▹防じん剤

* 抑制和阻止灼热燃烧的防火药剂。磷化合物和硼化合物更有效果。

glowing combustion

▸灼热燃烧

▹表面燃焼；灼熱燃焼；残じん

* 有焰燃烧结束后，热分解生成炭，炭氧化引起的燃烧。虽然有发光现象，但是不会形成一般意义上的火焰和烟雾。

glue additive treatment

▸胶黏剂复合处理

▹接着剤混入処理

* 在黏合剂中混入防腐剂、防虫剂或防火剂制造胶合板或木质材料，在压制的过程中使药剂进入木质部提高性能的方法。

glue application level

▸施胶量

▹接着剤使用量

* 刨花或纤维施胶时，胶黏剂的绝干质量与绝干原料质量的百分比。

glue bleeding

▸溢胶

▹接着剤しみ出し

* 表面单板厚度薄的情况下，过剩的胶黏剂渗出表面的现象。此外，表板的含水率高、胶黏剂黏度低、涂抹量过剩等情况下会产生溢胶。

glue blender

▸拌胶机

▹グルーブレンダー；接着剤混合機

* 在刨花板和纤维板上连续涂抹黏合剂的机械。

glue joint failure

▸胶接破坏

▹接着部破断

* 在胶接强度试验中胶接物破断的现象。根据试验后的破断面可分为界面破坏、内聚破坏、木质部破断。

glue mixer

▸调胶机

▹グルーミキサー

＊在黏合剂中添加增量剂和硬化剂，搅拌调和的机械设备。

glue penetration

▸**透胶**

▹**接着剂浸透**

＊热压时胶黏剂通过表板渗透到胶合板表面造成板面污染的缺陷。

glue preparation

▸**配胶；制胶**

▹**製糊**

＊混合搅拌胶黏剂的主剂、固化剂、增量剂、填充剂等，使其能用于胶黏剂。

glue regulating

▸**调胶**

▹**接着剤混合**

＊在树脂中按一定比例加入固化剂或其他添加剂，并混合均匀的过程。

glue spread amount

▸**涂胶量**

▹**接着剤塗布量**

＊板材单位面积上所施加的液态胶的质量，通常以 g/m^2 来表示。可用单面计量或双面计量。

glue spreader

▸**涂胶机；涂胶辊**

▹**接着剤塗布機；グルースプレッダー**

＊在单板或锯板等被黏物表面涂抹胶黏剂的机器。把被黏物插入转动的上下两个橡胶辊中，均匀地涂抹胶黏剂。包括单面和双面两种涂胶机。另外，涂胶量可以通过括刀辊和涂抹辊之间的间隔进行调整。

glue thread jointing

▸**胶丝拼接**

▹**接着剤繊維ジョイント**

＊用胶丝（热熔胶线）将单板拼宽的方法。

glued lamina

▸**胶合木层板**

▹**ラミナ**

＊用于制作层板胶合木的板材，接长时采用胶合指形接头。

glued laminated timber structures

▸**胶合木结构**

▹**集成材構造**

＊承重构件主要采用层板胶合木制作的单层或多层建筑结构，也称层板胶合木结构。

glued laminated wood

▸**集成材；胶合木**

▹**集成材；挽き板積層材**

＊使锯板或者小方材的纤维方向互相平行，在长度、宽度以及厚度的方向上胶合连接。

glued laminated timber

▸**胶合木**

▹**集成材；挽き板積層材**

＊以厚度为 20 ~ 45mm 的板材，沿顺纹方向叠层胶合而成的木制品。也称层板胶合木，或称结构用集成材。

gluing mechanism

▸**黏接机理**

▹**接着機構**

＊黏合剂黏接的机械装置。在木材黏接中，机械黏接的投锚效果和比黏接中黏合剂分子与木材分子间的范德瓦尔斯力导致的二次结合会起到作用。

glulam

•参见 glued laminated wood

goggle

▸**护目镜**

▹**ゴーグル**

＊进行木材切割时佩戴的专用眼镜，防止木屑飞溅入眼内。

***Gonystylus* spp.**

▸**膝柱木属**

▹**ラミン**

*东南亚产的阔叶乔木。难以区分散孔材和心边材，黄白色，气干密度为0.52～0.78g/cm³，木纹稍有交错，容易干燥和加工，其针状的韧皮纤维会刺激皮肤，有恶臭味，耐久性差，容易被青变菌侵蚀。常用于胶合板、家具、木器、器具、玩具、内装等。

gouge
▸**圆凿**
▹**丸のみ**

grading
▸**分等；分级**
▹**等級区分**
*指结构用集成材层板的质量分级。包括通过集中节径比、纤维走向、开裂、变色等区分质量的目视等级区分法和使用分级机的机械等级区分法。

grading machine
▸**分等机**
▹**等級区分機**
*通过测定弹性模量或其他一些参数来进行强度分等的装置。

graduated particleboard
▸**渐变结构刨花板**
▹**グラジュエイトパーティクルボード**
*在板厚度方向上没有明显的层次界限，刨花尺寸从中心层向外由粗到细呈逐渐变化的刨花板。

grain
▸**纹理**
▹**木理**

grain difference
▸**花纹偏差**
▹**木理差異**
*重组装饰单板的花纹与样板花纹不一致的现象。

grain inclination
▸**斜纹倾斜比**
▹**木理勾配**
*木材斜纹理在层板宽度方向上的倾斜高度与相对应的层板纵向长度之比。

granulating
▸**造粒**
▹**整粒**
*纤维或木粉和塑料经混合后，由挤出机塑化、挤出、切粒的过程。

gravel
▸**砾**
▹**敷砂利**

gravity density
▸**重力密度；重度**
▹**重力密度**
*单位体积岩土体所承受的重力，为岩土体的密度与重力加速度的乘积。

gravity shift spreading machine
▸**重力分等机**
▹**重力分級フォーミングマシン**
*用机械弹出落下的刨花，使之连续堆积的机器。

green end
▸**湿端**
▹**グリーンエンド**
*连续式干燥室的进材端。

green moisture content
•**参见** moisture content of green wood

green veneer compression ratio
▸**单板压缩率；单板压缩程度**
▹**单板圧縮率**
*旋切过程中单板通过旋切机刀门时受到压尺压缩的程度，以单板厚度方向上被压缩的百分率表示。

green veneer edge tape reinforcement
▸**湿单板封边**
▹**单板エッジシーリング**
*为使单板在干燥、运输和加工时不易开裂或破碎，旋切时在单板带两边贴上胶纸带等封边材料的过程。

green wood
▸生材；新伐材
▹生材
* 砍倒树木后带有游离水分的木材。针叶树的边材比心材的生材含水率高得多，阔叶树没有这种现象。

greening rate
▸绿地率
▹緑化率
* 一定地区内，各类绿地总面积占该地区总面积的比例（%）。

grid lines
▸网格线
▹グリッド線
* 可添加到图表中以易于查看和计算数据的线条，网格线是坐标轴上刻度线的延伸，并穿过绘图区。

grid plane
▸格子面
▹面格子

grinding
▸研磨；研削
▹研削
* 用研布和研磨纸摩擦木材表面的加工方法。

groove dovetail tenon
▸凹槽燕尾对接
▹腰掛け蟻継ぎ

groove mortise joint
▸凹槽蛇首对接
▹腰掛け蟻継ぎ

grooved wood-based panel
▸沟槽人造板
▹溝付き木製パネル
* 表面加工有纵向 V 形等形式沟槽的人造板。

grooving plane
▸开槽刨
▹溝鉋；しゃくり鉋（決鉋）

gross absorption
▸总吸液量
▹圧入量
* 加压浸注作业中，压力处理段结束时（后真空前）木材中防腐剂的总渗入量。包括初吸药量和压力作用下防腐剂的注入量。

ground arrangement
▸素面调整
▹素地調整
* 使用研磨纸研磨被涂面，使表面平滑，同时去除灰尘和污垢等的过程。

ground improvement
●参见 ground treatment

ground-line treatment
▸地际线处理
▹地盤面処理
* 现场用防腐剂处理杆、桩材的接地部分，通常用于对防腐不完善的杆、桩材的补救处理。

ground treatment
▸地基处理
▹地盤処理
* 为提高地基强度，或改善其变形性质、渗透性质而采取的工程措施。

grouting foundation
▸注浆地基
▹注入地盤
* 将配置好的化学浆液或水泥浆液，通过导管注入土体空隙中，与土体结合，发生物化反应，从而提高土体强度，减小其压缩性和渗透性。

growth region
▸生长区域
▹成長領域
* 根据不同的气候条件、土壤条件，将同一树种或性质相似的树种生长的范围划分为不同区域。

growth ring
▸生长轮；年轮
▹成長輪

* 树木形成层在每个生长周期所形成并在树干横切面上显现的围绕髓心的同心圆环。有些热带树木终年生长不停，因而没有明晰的年轮，但可能还有生长轮可见。在温带地区，树木的生长轮就是年轮（annual ring）。

growth stress
▸生长应力
▹成長応力

grub hole
▸大虫眼；大虫孔
▹地虫穴
* 孔径比针孔虫眼大，且对强度影响更严重的虫孔。虫眼圆形或扁圆形，主要由天牛、象鼻虫、树蜂等害虫蛀成。

Guaiacum officinale
▸愈疮木
▹リグナムバイタ

guanamine resin
▸胍胺树脂
▹グアナミン樹脂

gum duct
▸树胶道
▹ゴム道
* 阔叶树材内分泌树胶的胞间道，且多为热带木材的正常特征。

gun injection
▸枪注法
▹ガンインジェクション
* 一种扩散防腐法，在一空心齿形器内装满糊状防腐剂，经压力注入湿材中，借扩散而传递分布其中。此法多用于使用中电杆的补救防腐处理。

gusset
▸节点连接板
▹ガセット板
* 安装在节点的一侧或两侧以提高其握力的木质或金属板。

gusset plate
▸节点板；角撑板
▹ガセットプレート
* 用于连接桁架的接点。在木质装配式桁架中，用金属板、钉或钉与胶黏胶合板并用，进行接点连接的方式。

gutter
▸天沟
▹ガター；雨どい
* 将雨水从屋顶传送到水落管的檐沟槽。

gypsum board
▸石膏板
▹石こうボード
* 把一些无机纤维混入石膏中，并用纸强化两个表面的内饰面板。虽然存在耐水性和强度方面的问题，但是防火性好，广泛用于准不燃材料中。

gypsum fiberboard
▸石膏纤维板
▹石こうファイバーボード
* 以石膏为基体和胶凝材料，以植物纤维为增强材料制成的一种复合纤维板。

gypsum flakeboard
▸石膏碎料板
▹石こうフレークボード；石こうパーティクルボード
* 把作为结合剂的石膏添加进切削片中，并进行混合制成板状的材料。切削片属于若干大刨花的一种。此种板材是在防火性、常态强度、耐火性上都有所改善的内装材料，开发生产于北欧。

gypsum particleboard
▸石膏刨花板
▹石膏パーティクルボード
* 按一定配比将刨花、石膏和其他添加剂加水混合搅拌后，经铺装、冷压和干燥等工序制成的板材。

H

half-bordered pit
▸半具缘纹孔对
▹半縁壁孔対
＊一个单纹孔与另一个相邻的具缘纹孔结合成的纹孔对。

half-bordered pit-pair
●参见 half-bordered pit

half heart board
▸半髓心板
▹半髄板
＊沿髓心剖开显露出髓心的板材。

half-lap joint
▸半搭接
▹相欠き継ぎ
＊一种把两个材料各削一半，然后叠放在一起，用螺栓、钉子或楔子等进行连接的方法，属于一种接缝或接头。

half log
▸半圆材
▹半丸太
＊原木沿材长直径方向剖开为两等分或接近两等分的锯材。

half miter joint
▸半斜接
▹半留め
＊两个构件宽度不同的情况下进行斜面结合的方法。宽度是 2 : 1 时，只用一方构件的一半进行斜面结合。

half round veneer
▸半圆旋切单板
▹ハーフラウンドベニア
＊用具有特殊卡盘装置的旋切机断续地切削下来的单板，是介于旋切和刨切单板之间的单板。

half taper sawing
▸楔形剔除下锯法
▹ハーフテーパーソーウィング
＊将原木大头的心腐部分，以木楔形状集中剔除掉的下锯法。

halved angle joint
▸角嵌接
▹矩形相欠き継ぎ
＊角形或 L 形的半搭接。

halved tee joint
▸T 形嵌接
▹T 形相欠き継ぎ
＊T 形半搭接。

halving joint
▸嵌接
▹相欠き；合欠き

hammer mill
▸锤磨机；锤式粉碎机
▹ハンマーミル型破砕機

hand craft
▸手工艺
▹ハンドクラフト

hand feed surfacer
▸手进式平刨
▹手押し鉋盤

hand grading
▸手工分等
▹ハンドグレーディング
＊用手工方式进行评等分选。

hand-operated auger bowling
▸手动螺旋钻探法
▹ハンドオーガーボーリング

hand plane
▸手刨
▹手鉋

hand saw
▸手锯
▹手挽鋸

handrail
▸扶手
▹手すり
＊装在楼梯间、阳台、露台栏杆上，起支撑作用的装置。

hanger
▸梁托
▹ハンガー
＊一种工程金属连接件，当没有足够的末端承重时，为梁、搁栅、大梁、桁架提供支撑。

hanger metal fittings
▸挂勾五金
▹ハンガー金物

hanging wall
▸垂壁
▹垂（れ）壁

Hankinson fomula
▸汉金森公式
▹ハンキンソン式
＊该公式是求对与木材纤维方向形成角度的面进行压缩和挤压的容许应力度。$F_\theta=F_1F_2/(F_1\sin2\theta+F_2\cos2\theta)$ F_θ 为对与纤维方向有 θ 倾斜度的容许应力度，F_1、F_2 为纤维方向和垂直纤维方向上的容许应力度。

Hannibal circular saw
▸斜切锯；汉尼拔圆锯
▹マイターソー

hard fiberboard
▸硬质纤维板
▹硬質繊維板；ハードボード
＊密度大于等于 $900kg/m^3$ 的湿法纤维板，包括普通硬质纤维板和结构用硬质纤维板。

hard hat
▸安全帽
▹ヘルメット；安全帽
＊防止冲击物伤害头部的防护用品，由帽壳、帽衬、下颏带和后箍组成。

hard wood cement board
▸硬质木片水泥板
▹硬質木片ヤメント板

hardboard
●参见 hard fiberboard

hardener
▸硬化剂；固化剂
▹硬化剤
＊在合成树脂黏合剂的主剂中少量添加，不受热的影响而促使其反应并使之硬化的物质。

hardening
▸硬化
▹硬化
＊通过干燥、结晶或降温使胶黏剂实现由液态向固态转变，而本身无化学变化的过程。

hardness
▸硬度
▹硬度
＊材料抵抗它物压入的能力。

hardwood
▸硬木；阔叶树材
▹堅木；広葉材

hazard class
▸劣化等级
▹ハザードクラス；劣化危険度
＊根据木材的用途和使用环境区分药剂种类和保存处理水平的方法，按照是否经常接触水分和土壤，是否被雨淋等使用环境的因素进行分类。

head flashing
▸上口泛水
▹ヘッドフラッシング
＊放置在门窗上口的泛水。

head room
▸净空高度
▹ヘッドルーム
＊ 楼地面到楼顶板之间的距离。

header
▸横梁
▹ヘッダー
＊用以支撑开洞荷载的水平结构件（梁），例如门窗。

header joist
▸封头格栅

▷ヘッダージョイスト；端根太
＊与楼盖格栅垂直的端部格栅，用于固定格栅端部并支撑于地梁板上。

heart board
▸髓心板
▷髄板
＊含有髓心的径切板。

heart check
▸心裂；木心辐裂
▷心割れ
＊垂直年轮方向（即呈放射方向）的破裂。如果此破裂呈现星形，则称为星裂。

heart rot
▸心材腐朽；内部腐朽
▷心材腐朽
＊活立木受木材腐朽菌侵害所形成的心材或熟材部分的腐朽。

heartwood
▸心材
▷心材
＊在木材（生材）横切面上，靠近髓心部分，一般材色较深，水分较少的木材，由边材演化而成。心材树种是心材和边材区别明显的树种。

heat conduction
▸导热
▷熱伝導

heat conductivity
▸导热系数
▷熱伝導率
＊物体两侧的温度不同，流过物体的热量一定时，单位时间内流过物体单位长度、单位面积的热量，会与物体两侧的温度差成比例。

heat consumption
▸热耗量
▷熱消費量
＊木材在干燥过程中消耗的热量。

heat exchanger made with cast iron ribbed pipe
▸肋形管加热器
▷脇型パイプ熱交換器
＊用铸铁铸成带有肋片的加热器。

heat loss
▸热损失
▷ヒートロス
＊干燥过程中通过干燥室壳体和因换气等损失的热量。

heat of adsorption
▸吸附热
▷吸着熱
＊伴随吸附而产生的热量。无限量的吸附媒吸附单位质量的水时，产生的热量称为微分吸附热。常用从液体水吸附的值来表示。从水蒸气中吸附时，应加上吸湿量的水的凝缩热量。

heat of sorption
●参见 heat of adsorption
▷収着熱

heat resistance
▸热阻
▷熱抵抗
＊表征围护结构本身或其中某层材料阻抗传热能力的物理量，常用符号 R 表示，单位为（$m^2 \cdot K$）/W。

heat resistance adhesive
▸耐热性胶黏剂
▷耐熱性接着剂
＊受热条件下黏接性能影响较小的胶黏剂，包括间苯二酚和酚醛树脂胶黏剂等。

heat transfer
▸热传导；热传递
▷熱伝達
＊物体表面和流体接触，两者存在温度差时，热量移动的现象。移动的热量与温度差成比例。该比例常数称为传热系数。

heat transfer coefficient
▸传热系数
▹熱伝達係数；熱伝達率

heat transmission
▸热传递
▹熱貫流
＊物体两侧的温度不同时，热量从高温一侧流向低温一侧的现象。

heat-treated wood
▸炭化木；热处理木材
▹熱処理木材
＊在保护介质（如水蒸气、植物油）作用下，采用高温（一般温度为 160～240℃）处理并具有防霉防腐功能、高尺寸稳定性能的热改性木材。

heat-stabilized compressed wood
▸加热压缩材
▹加熱圧縮木材；熱処理圧縮木材
＊在高温、高含水率下软化，垂直于纤维方向压缩后，再进行热处理，赋予其尺寸稳定性的木材。

heating coil made with fin pipe
▸翅片管加热器
▹羽根型パイプ熱交換器
＊管外带有金属翅片的加热器。

heating coil made with plain pipe
▸平滑管加热器
▹プレーンパイプ熱交換器
＊用平滑无缝钢管组装成的加热器。

heating device
▸加热装置
▹加熱装置
＊利用热媒（蒸汽、热水、热风、导热油）加热干燥介质的设备。

heating platen
▸热板
▹熱盤

heel
▸撑脚
▹ヒール
＊放置在墙（梁）顶板上的椽木或桁架端头。

heel joint
▸支座端节点
▹ヒールジョイント
＊桁架端部支座处，上弦杆与下弦杆相交的节点。

height
▸高度
▹高さ；高度
＊结构用集成材横截面中与弯曲荷载方向平行的边长。

height of tooth
▸齿高
▹歯高

helical-winding structure
●参见 filament winding structure

hemicellulose
▸半纤维素
▹ヘミセルロース
＊木材细胞壁多糖中非纤维素多糖的总称，是由 2 种以上的糖基以苷键结合而成的多糖。

heneycombing
●参见 internal check

heritage building
▸文物建筑
▹文化財建築
＊列入各级文物保护单位的建筑。

hewn lumber
▸粗削材
▹杣角；押し角
＊用斧头切削原木四面而制成的锯材。

high-density fiberboard (HDF)
▸高密度纤维板
▹高密度繊維板；ハイデンシティファイバーボード
＊密度大于 800kg/m^3 的干法纤维板。

high-density particleboard
▸高密度刨花板

▷高密度パーティクルボード

* 密度大于 800kg/m³ 的刨花板。

high-density plywood

▶高密度胶合板；压缩胶合板

▷硬化合板；圧縮合板

* 在单板上浸渍酚醛树脂，以 7～98MPa 的高压热压制成的胶合板。强度、电气绝缘性和耐水性强，用于门把手或小刀的刀柄等。

high frequency drying

▶高频干燥

▷高周波乾燥

* 将木材置于高频电磁场中加热干燥。

high frequency gluing

▶高频胶合

▷高周波接着

high frequency heating

▶高频加热

▷高周波加熱

high-frequency heating method

▶高频加热法

▷高周波加熱法

* 采用高频介质加热，提高板坯温度的方法。

high frequency press

▶高频热压

▷高周波プレス

high frequency-vacuum and dehumidification drying

▶高频真空除湿干燥

▷高周波真空除湿乾燥

* 以高频、真空和除湿三种方式的联合干燥。

high frequency-vacuum dryer

▶高频真空干燥机

▷高周波真空乾燥機

* 利用高频加热和负压场方式对木材进行干燥的设备。

high frequency-vacuum drying

▶高频真空干燥

▷高周波真空乾燥

* 以高频加热和负压场方式排除木材水分的干燥方法。

high-humidity conditions

▶高湿状态

▷高湿度条件

* 室内环境或者有保护措施的室外环境。通常指温度高于 20℃、相对湿度大于 85%，或者偶有可能与水接触（浸水或浇水除外）的环境状态。

high-pressure laminates

▶热固性树脂浸渍纸高压装饰层积板；防火板；塑料贴面板；高压装饰板

▷高圧ラミネート化粧板

* 用氨基树脂（主要是三聚氰胺树脂）浸渍的表层纸、装饰纸和用酚醛树脂浸渍的底层纸，层积后在高压下热压而成的一种装饰材料。

high pressure melamine resin laminated

▶高压三聚氰胺树脂装饰板

▷高圧メラミン樹脂化粧板

* 把带有三聚氰胺树脂的透明纸和图案纸，以及带有酚醛树脂的芯纸和平衡纸层叠起来，在 150～160℃，98～11.8MPa 下，热压 30～60min 制成的 1.2～1.6mm 厚的树脂板。贴在胶合板或刨花板等表面上的树脂装饰板。

high rack storage

▶高架仓库

▷ハイラックストレージ

* 货架高度大于 7m 且采用机械化操作或自动化控制的货架仓库。

high-rise building

▶高层建筑

▷高層建築

* 建筑高度大于 27m 的住宅建筑和建筑高度大于 24m 的非单层厂房、仓库及其他民用建筑。

high-solid lacquer
▸高固体分漆
▹ハイソリッドラッカー
* 树脂成分多，不发挥成分在 35% 以上，饱满度和光泽度好的漆。

high speed steel
▸高速钢
▹高速度鋼
* 一种具有高硬度、高耐磨性和高耐热性的工具钢，又称高速工具钢或锋钢，俗称白钢。

high temperature drying
▸高温干燥
▹高温乾燥
* 干燥介质（湿空气、过热蒸汽）的温度高于 100℃的室内干燥。

high temperature drying kiln
▸高温干燥室
▹高温乾燥室
* 干燥介质温度维持在 100℃以上的干燥室。

highest temperature
▸最高温度
▹最高温度
* 干燥室的加热能力所能达到的介质最高温度。

hinge
▸铰（接合）
▹ピン

hip
▸斜屋脊
▹ヒップ
* 两个屋顶斜面相交形成的屋脊。

hip jack
▸屋脊短椽
▹ヒップジャック
* 构成斜屋脊面的椽条，比屋脊椽条短。

hip rafter
▸脊椽
▹隅木；角木；隅垂木
* 构成斜屋脊的结构构件。

hip truss
● 参见 hip rafter

hipped roof
▸寄栋（四坡水）屋顶
▹寄棟屋根

hold-down instrument
▸抗拔锚固件
▹ボールダウン金物
* 将墙肢边界构件的上拔力传递到支承剪力墙的基础、梁或柱，或者传到剪力墙肢上面或下面相应的弦杆构件上的连接件。

holding power of nails and screws
▸握钉力
▹釘保持力
* 木材抵抗钉子或螺钉拔出的能力。

hole
▸孔
▹穴
* 由各种原因引起的盲孔或穿孔。主要包括虫眼、节孔以及机械产生的孔。

hollow chisel
▸空心凿
▹角のみ錐

hollow chisel mortiser
▸空心角凿机
▹角のみ盤

hollow core blockboard
▸空心细木工板
▹中空ブロックボード
* 以方格板芯制作的细木工板。

homogeneous particleboard
▸均质刨花板
▹均質パーティクルボード
* 采用规格较小且比较均匀（厚度范围 0.3 ~ 0.4mm）的刨花压制成的单层结构刨花板。

honeycomb
▸蜂窝
▹ジャンカ

honeycomb check
▸内部干裂
▹内部割れ
* 含水率高的木材在高温低湿条件下干燥时，从初期发生的表面干裂发展到木材内部的情况，多出现在干燥末期。

honeycomb core blockboard
▸蜂窝纸芯细木工板
▹ハニカムコアブロックボード
* 用蜂窝纸做板芯的细木工板。

honeycomb core plywood
▸蜂窝胶合板
▹ハニカムコアー合板
* 一种轻型胶合板。树脂加工纸制作成蜂巢状来取代芯板，由单板、表板、背板组合黏接而成。

hook
▸弯勾
▹フック

hook angle
▸前角
▹掬い角；歯喉角

Hopea ferrea
▸坚坡垒
▹ギアム

hopper frame
▸内拉窗
▹内側引き倒し窓
* 与平开窗类似，但是在顶部（遮篷窗类）或底部（内拉窗类）上铰链（合页）。

horizontal
▸水平
▹水平

horizontal angle brace
▸水平隅撑
▹火打梁

horizontal beam
▸水平梁
▹陸梁

horizontal brace
▸横拉条；水平撑
▹火打
* 在内角斜着安装木板的强化材料。作用是强化承重墙和主要水平构件的交叉点，确保水平构面的强度和刚度。

horizontal finger-jointed lumber
▸水平型（H 型）指接材
▹水平フィンガージョイント材
* 从侧面可见指榫的指接材。

horizontal gap
▸水平间距
▹水平隙間
* 分别通过压尺棱和旋刀刀刃的两铅垂面间的水平距离，即刀门的水平分量。

horizontal load bearing capacity calculation
▸水平承载力
▹保有水平耐力計算

horizontal member
▸水平构件；横向材
▹横架材

horizontal structural glued laminated timber
▸水平结构用集成材
▹水平構造用集成材
* 承载方向与层积胶层相互垂直的结构用集成材。

horizontal wooden member
▸横木楣梁
▹台輪
* 房屋中水平方向的横梁。

hot air drying
▸热风干燥
▹熱風乾燥
* 以热空气为介质，通过对流方式将热量传递给涂层，使其干燥、固化的方法。一种木材干燥方法。

hot-air drying
• 参见 hot air drying

hot-air kiln
▸热风干燥室
▹熱風乾燥室
* 用炉灶燃烧燃料生成炽热烟气流过烟道（管），间接加热室内介质的强制循环干燥室。

hot-and-cold bath process
▸热冷槽法；冷热浴处理法
▹温冷浴法
* 木材先在热防腐药液中蒸煮一段时间，然后迅速移入冷（或温度较低）防腐药液中浸渍；或在原槽中使热药液冷却，或由冷药液替代热药液，使木材内部胞腔形成负压，液体从而渗入木材。不需要大型装置，所以是一种简易的防腐防虫处理方法。

hot and cold soaking test
▸冷热浸水试验
▹温冷水浸せき試験
* Ⅱ类胶合板胶合强度试验时，通常在（60±3）℃的温水中浸渍 3 小时后再在室温水中冷却，在润湿状态下进行胶合强度的试验。

hot and cold (bath) process
• 参见 hot-and-cold bath process

hot gluing
▸热压胶合
▹熱圧接着

hot melt adhesive
▸热熔胶
▹ホットメルト接着剤

hot platen dryer
▸热滚筒干燥机
▹熱盤乾燥機
* 把单板夹在大型热板之间进行加热干燥的机器。用于心材等木材的干燥，提高温度，可以缩短干燥时间。

hot platen press
▸热板热压
▹熱板プレス
* 内置蒸汽或电气加热装置的平板，分为单段和多段。

hot press
• 参见 hot pressing

hot press curve
▸热压曲线
▹熱圧曲線
* 板坯在热压过程中，压力、温度随时间的变化曲线。

hot-press drying
• 参见 platen drying

hot pressing
▸热压
▹ホットプレス；熱圧
* 对板坯加压、加热，经过一定时间使其成板的过程。

hot stack
▸热堆积
▹余熱堆積
* 堆积从热压机中取出后的木板。根据余热使黏合剂完全硬化。此方式在用酚醛树脂黏合剂时有效。

hot wall
▸火墙
▹ホットウォール
* 一种内设烟气流动通道的空心墙体，可吸收烟气余热并通过其垂直壁面向室内散热的采暖设施。

house longhorn beetle
• 参见 *Hylotrupes bajulus*

housed butt joint
▸插榫接头
▹大入れ継ぎ
* 把两张板材连接成 T 形，一张板材不开截面，出入另一张板材的槽内或榫眼中，用黏合剂或钉进行连接的方法。

housed joint
▸入榫
▹大入れ

humid conditions
▸潮湿状态

▷湿潤状態

* 室内环境或者有保护措施的室外环境。通常指温度 20℃、相对湿度高于 65% 但不超过 85%，或在一年中仅有几个星期相对湿度超过 85% 的环境状态。

humid resistant medium density fiberboard

▸防潮型中密度纤维板

▷耐湿性中密度繊維板

* 具有短期经受冷水浸渍或者高湿度空气作用的中密度纤维板。

humidity conditioned characteristics of wood

▸木材调湿特性

▷木材調湿特性

* 木材通过自身的吸湿及解吸作用，调节室内空间湿度变化的性能。

humidity control

▸湿度控制

▷調湿作用

hurricane tie

▸防风紧固件

▷ハリケーンタイ

* 工程中金属抗风连接件。

hybrid light wood structure

▸混合轻型木结构

▷ハイブリッド軽質木構造

* 由轻型木结构或其构件、部件和其他材料，如钢、钢筋混凝土或砌体等不燃结构或构件，形成共同受力的结构体系，简称为混合轻木结构。

hydrostatic pressure process

▸落差式注入法

▷落差式注入法；ブッシェリー法；樹液交換処理法

* 针对砍伐数日内带有外皮的生材，利用落差把药剂从根端截面到横截面注入全部边材中的方法。

hygrometric difference

▸干湿球湿度差

▷乾湿球湿度差

* 温度计中干球温度与湿球温度的差值。

hygroscopic isotherm

▸吸湿等温线

▷吸湿等温線

hygroscopicity

▸吸湿性

▷吸湿性

* 物质吸收或吸附水蒸气的性质。物质单位质量上吸湿的水分量称为吸湿率。在木材中用含水率表示。表示一定温度下相对湿度和物质的平衡含水率（平衡吸湿率）的图称吸附（吸湿）等温线。木材的吸湿等温线用 S 形曲线表示，包括吸湿过程和脱湿过程的曲线。在同一相对湿度下比较，脱湿过程中的含水率往往更高，更会出现滞回现象。

hygroscopicity of wood

▸木材吸湿性

▷木材吸湿性

* 木材在一定温度和湿度下吸附水分子的能力。

Hylotrupes bajulus

▸家天牛

▷オウシュウイエカミキリ

* 天牛科甲虫，幼虫蛀食建筑用针叶材的边材，危害很大。蛀食圆孔为椭圆形，最大宽度约 10mm。蛀孔无变色，包含柱状蛀屑。

Hymenaea courbaril

▸孪叶豆

▷ジャトバ

Hymenaea oblongifolia

▸剑叶孪叶苏木

▷ジャトバ

Hymenoptera

●参见 order Hymenoptera

hypha [sing.]

▸菌丝

▹菌系

＊真菌结构单位的丝状体，粗细约为 1μm，顶端生长加长，通过侧生分枝生出新分枝。

hyphae [pl.]

●参见 hypha [sing.]

hysteresis

▸滞回；滞后

▹ヒステリシス

＊指一系统的状态，不仅与当下系统的输入有关，更会因其过去输入过程的路径不同，而有不同的结果，即系统的状态取决于它本身的历史状态的一种性质。换句话说，一系统经过某一输入路径运作后，即使换回最初状态时同样的输入值，状态也不能回到其初始的现象。

I

I-beam
▸木工字梁
▹Ⅰ型ビーム
* 一种组合梁，由翼缘和腹板组成。翼缘多使用 LVL，腹板多使用结构用胶合板或 OSB。

I-joist
▸工字梁
▹Ⅰ型桁
* 工程木搁栅，末端横截面形状是大写字母 I。

ignition
▸点火；引燃
▹着火；発火
* 没有火源，物质在空气状态下通过加热开始燃烧的现象，包括引火、发火、无焰发火等。起火温度的下限值称为着火点。木材的着火点通常为 450 ~ 500℃。

ignition point
▸燃点
▹着火点；発火点

imbibed water
•参见 bound water

immersion test of adhesive bond
•参见 dip peel test

immersion treatment
▸浸渍处理
▹浸せき処理
* 在常压条件下，木材全部浸入防腐药液中的处理。

immersional wetting
▸浸润；浸湿
▹浸せきぬれ

impact bending
▸冲击韧性
▹衝撃曲げ
* 试件在冲击载荷作用下，产生弯曲折断时所消耗的能量与试件受载面积之比。反映材料抵抗冲击的能力。

impact-bending test
▸冲击弯曲试验
▹衝撃曲げ試験

impact flaker
▸冲击型切削机
▹衝突型切削機
* 用高速旋转的导轮制造出的离心力向外围方向挤压削片，与导轮反方向旋转的刀片形成冲击，从而制成薄削片的机械设备。

impact shear strength of wood
▸木材冲击抗剪强度
▹木材衝撃接着強さ
* 木材受冲击载荷所产生的最大剪应力。

impact shear strength test of adhesive bond
▸胶层冲击剪切强度试验
▹衝撃接着強さ試験
* 冲击荷载作用下的抗剪强度，以单位面积消耗的功表示。

impact strength
▸冲击强度
▹衝撃強さ

impact work
▸冲击功
▹衝撃仕事量

impeller
▸叶轮
▹導輪

imperfect fungi
▸半知菌亚门；不完全菌类
▹不完全菌類
* 一群只有无性阶段或有性阶段未发现的真菌，为木材变色和软腐的重要菌源，大多属于子囊菌，部分属于担子菌。

impreg
▸浸渍木

▷インプレグ

＊在木材中浸渍低分子量的甲阶酚醛树脂类型的水溶性酚醛树脂，并在木材细胞壁中注入树脂，再在150℃左右的温度下加热固化形成的材料。其尺寸稳定性、强度、耐腐性和耐蚁性都会提高，用于电气绝缘材、门把手、小刀或勺子的柄等。

impregnability

▸浸注性

▷含浸性

＊防腐剂或其他液体在压力下透入木材的性能。

impregnated paper

▸浸渍胶膜纸；树脂浸渍纸

▷含浸紙

＊由专用纸浸渍氨基树脂或酚醛树脂，并干燥到一定程度，经热压可相互黏合或覆贴在人造板表面的浸胶纸。

impregnated veneer drying

▸浸胶单板干燥

▷接着剤単板乾燥

＊借助热空气等加热介质，将浸胶后单板干燥至工艺要求的含水率的过程。

impregnation for living tree

▸立木注入法

▷立木注入法

＊在带有枝叶的树木根部附近，从周围用导管注入药剂，或者把原本切断的口充当药剂槽注入药剂的方法。

imprint

▸压痕

▷インプリント

＊由于外部因素造成的胶合板表面上的局部凹痕。

incense-wood

▸香木

▷香木

＊带有香气的木材。香道中的珍贵木材。例如，白檀、沉香等。

incipient decay

▸初期腐朽；初腐

▷ふけ

＊木材腐朽菌侵入后，初期阶段可见的木材变色现象。针叶树多变成桃色、褐色、黑褐色，阔叶树多变成褐色。

incising

▸切割；刻痕

▷インサイジング

＊在木材表面凿刻出有规则的裂隙，有助于提高防腐药剂的透入深度和均匀性。

incising machine

▸刻痕机

▷インサイジングマシン

＊用于刻痕的电动设备。

Incisitermes minor

▸小楹白蚁

▷アメリカカンザイシロアリ

＊从进口家具、捆包材到住宅的干燥部件，在日本受侵害也非常明显的白蚁种类。可不断侵蚀材料内部。

inclusion

▸内含物

▷内包物；含有物

＊导管分子内的填充物，常见的有侵填体和无定形的树胶、树脂或白垩质等，淀粉或晶体属稀有存在。

incombustible material

▸不燃材料

▷不燃材料

increment borer

▸生长锥

▷成長すい

＊中空的木工螺旋钻头，可从树干或木材中钻取出圆柱状木芯，用以检测木材年轮、心边材和防腐

剂透入深度等。

index of thermal inertia

▸热惰性指标

▹熱慣性指標

＊表征围护结构对温度波衰减快慢程度的无量纲指标，其值等于材料层热阻与蓄热系数的乘积。

indoor thermal environment

▸室内热环境

▹屋内熱環境

＊影响人体冷热感觉的环境因素，包括室内空气温度、空气湿度、气流速度以及人体与周围环境之间的热辐射换热。

induction heating

▸感应加热

▹誘電加熱

＊使用将电介质放入电场内会发热的性质进行加热。

infilled board

▸填塞板

▹面戸板

inflaming ignition

▸无焰燃烧

▹無炎発火

＊在不会形成可燃性混合气体的条件下，在通过热分解产生的活性炭表面会发生氧气的吸附现象，用较低的温度致使不形成火焰的燃烧。

infrared drying

▸红外线干燥

▹赤外乾燥

＊利用红外线辐射使涂层干燥、固化的方法。

infrared drying kiln

▸红外线干燥室

▹赤外乾燥室

＊以红外线为热源的干燥室。

initial absorption

▸初吸液量

▹初期圧入量

＊浸注作业中，压力处理段之前，处理罐充满防腐药液时木材吸收防腐剂的量。即真空处理段预加热或蒸煮时木材吸收防腐剂的量，与压力处理段前处理罐充注防腐药液过程中木材吸收防腐剂的量之和。

initial moisture content

▸初含水率

▹初期含水率

＊干燥过程开始时的木材含水率。

initial pressure

▸初始压力

▹初期圧縮

initial temperature

▸最初温度；初始温度

▹初期温度

＊干燥过程开始时介质的温度。

initial vacuum

▸前真空段

▹初期真空

＊为除去木材细胞中的空气，在防腐药液注入处理罐前（木材与防腐药液接触前），先对木材进行抽真空处理。

initial weight

▸初重

▹初期重量

＊干燥过程开始前称量的试材重量。

injection moulding

▸注射成型

▹射出成形

＊在加压下，将物料由加热料筒经过主流道、分流道、浇口，注入闭合模具型腔的木塑成型方法。

injection-vacuum hot pressing method

▸喷蒸—真空热压法

▹蒸気噴射熱圧法

＊在热压过程中，将蒸汽从垂直板面或侧面方向喷入板坯内部，然后利用真空装置抽吸出板坯内多

余水分的热压方法。

inlaid ratio

▸嵌合度

▹嵌合度

*榫连接和销连接时的加工尺寸差，影响胶合强度性能。木材销连接时，暗榫比暗榫孔大。适当的嵌合度为 +0.2mm。但刨花板的暗榫直径和孔直径大小相同更合适。

inlaid work

▸镶嵌工艺

▹象眼

*削去表面嵌入其他材料的技法。

inlet air duct

▸进气道

▹空気入口

*新鲜空气流进干燥室的可控通道。

inner lamina

▸内侧层板

▹内層ラミナ

*异等组合胶合木中，与外侧层板相邻的，距构件外边缘不小于 1/4 截面高度范围内的层板。

inner layer of secondary wall

▸次生壁内层

▹二次壁内層

inner pit aperture

▸纹孔内口

▹内孔口

inner plies

▸板芯

▹ボードコア

*胶合板中除了表板以外的内层材料统称为板芯。可以是单板、边部胶拼或不胶拼的木块或木条、蜂窝结构材料、其他人造板以及其他片状材料。

insect

▸昆虫

▹昆虫

*昆虫纲（Insecta）动物的统称，属节肢动物门（Arthropoda）昆虫纲。成虫体躯分为头、胸、腹 3 个部分；头部具 1 对触角，常具复眼和单眼；胸部有足 3 对，翅 1 对或 2 对；腹部无足。危害木材的昆虫有扁蠹、小蠹、天牛、吉丁虫、白蚁和树蜂等。

insect damage of wood

▸木材虫害

▹木材虫害

*各种昆虫如扁蠹、小蠹、天牛、吉丁虫、白蚁和树蜂等，蛀蚀木材而造成的木材缺陷。

insect hole

▸虫眼；虫孔

▹虫食い穴

*各种昆虫蛀蚀木材所形成的孔洞。

insect-proof plywood

●参见 insect resistant plywood

insect resistance

▸防虫性

▹耐虫性

insect resistance test

▸防虫试验

▹耐虫性試験

insect resistant plywood

▸防虫胶合板

▹耐虫性合板

*在单板或胶黏剂中加入防虫剂（常用硼砂、硼酸等），或者产品经防虫剂处理，具有防止昆虫侵害功能的特种胶合板。

insect resistant wood-based panel

▸防虫人造板

▹耐虫性木質パネル

*具有防虫性能的人造板。

insecticide

▸杀虫剂

▹防虫剤

insecticide for termite control

▸防白蚁杀虫剂

▹防蟻剤

*用木材防虫剂防除白蚁的药剂。

inserted panel wall
▸叠板墙
▹落とし込み板壁

inserted tie plug
▸插榫
▹込栓打ち

inserted tooth
▸镶（嵌）齿
▹植歯
*圆锯的锯齿端，由切削性能和耐磨性都很好的材料组成，是可以安装的材料，能够取出和更换。

inset
▸压陷
▹めり込み

in-situ treatment
▸现场处理
▹現場処理
*在施工现场对木材应用防腐剂进行防腐处理。

insolation standards
▸日照标准
▹日射標準
*根据建筑物所处的气候区、城市大小和建筑物的使用性质确定的，在规定的日照标准日（冬至日或大寒日）的有效日照时间范围内，以底层窗台面为计算起点的建筑外窗获得的日照时间。

inspection
▸检验
▹検査
*对被检验项目的特征、性能进行测量、检查、试验等，并将结果与标准规定的要求进行比较，以确定项目每项性能是否合格的操作。

inspection by attributes
▸计数检验
▹計数検査
*通过确定抽样样本中不合格的个体数量，对样本总体质量做出判定的检验方法。

inspection by variables
▸计量检验
▹計量検査
*以抽样样本的检测数据计算总体均值、特征值或推定值，并以此判断或评估总体质量的检验方法。

inspection door
▸检查门
▹点検口
*为在干燥过程中了解和检查木材干燥情况，在干燥室大门或壳体上设置的小门。

inspection lot
▸检验批
▹検査ロット
*按同一的生产条件或按规定的方式汇总起来供检验用的，由一定数量样本组成的检验体。

instantaneous adhesive
▸瞬干胶黏剂
▹瞬間接着剤

insulation
▸保温材料
▹断熱材；防熱材
*热阻值高于平均水平，可抑制热能或其他形式能量流动的材料。

insulation fiberboard
▸绝缘纤维板；软质纤维板
▹インシュレーションファイバーボード；軟質繊維板

integrated treatment
▸一体化处理
▹総合的処理
*在人造板材生产过程中，在拌胶机中加入防腐剂或胶黏剂中加入防腐添加剂进行防腐处理的方法。

intercellular canal
▸胞间道
▹細胞間道

＊木材内部由具有分泌二次代谢产物功能分泌细胞围绕而成的长形胞间空隙，可分泌树脂或树胶。胞间道按其发生情况的不同，可区分为正常胞间道和创伤胞间道两种。

intercellular layer
▸胞间层
▹細胞間層

intercellular space
▸细胞间隙
▹細胞間隙

interfacial peeling
▸界面剥离
▹界面破壊

interior adhesive
▸室内用胶黏剂
▹屋内用接着剤

interior medium density fiberboard
▸室内型中密度纤维板
▹屋内用中密度繊維板
＊不能经受冷水浸渍或者高湿度空气作用的中密度纤维板。

interior net storey height
▸室内净高
▹室内空き高
＊从楼、地面面层（完成面）至吊顶或楼盖、屋盖底面之间的有效使用空间的垂直距离。

interior plywood
▸室内用胶合板
▹三類合板；内部用合板
＊用脲醛树脂胶或具同等性能的胶黏剂制成的胶合板，不能长期经受水浸或过高湿度，限于室内使用。

interior use plywood
•参见 interior plywood

interlocked grain
▸交错纹理
▹交錯木理
＊各个生长层的木材细胞的走向不同的纹理。多见于热带产木材，刨削困难，容易产生干燥扭曲。

intermediate coat
▸中层
▹中塗り

intermediate reaction (IR)
▸中部支反力
▹中間反応
＊静态简支三点弯曲测试条件下，工字搁栅跨中规定长度（由支承垫块长度来体现）受力部位的抗压能力。

intermediate treatment
▸中期处理；中间处理
▹中間処理
＊初期与终期处理之间进行的热湿处理。

intermediate wood
▸心边交界材；中间材
▹移行材
＊边材最内侧有宽度的部分，性质为心边材中间的木材部分。

internal angle
▸内角
▹入隅

internal bond strength
▸内结合强度
▹剥離試験
＊在垂直板面的拉伸载荷作用下，试件破坏时的最大载荷与受载面积之比。

internal bond strength test
▸内结合强度试验
▹はく（剥）離強さ試験
＊评价人造板内部结合强度的方法。采用 50mm × 50mm 的试件，并在两个面上黏结同样大小的钢或铝板后，在试件表面垂直施加拉伸负荷，测定剥离破坏时的最大荷载。用最大荷载除以试件的面积，就是其剥离强度。

internal check

▸内裂

▹内部割れ

* 干燥后期或干燥后存放期在木材内部产生的裂纹。

internal face

▸内材面

▹内側面

* 距髓心较近的宽材面。

internal-fan type dry kiln

▸室内送风机型干燥窑

▹室内送風機型乾燥室；IF 型乾燥室

inter-story deflection angle

▸层间变位角

▹層間変形角

internal stress

▸内应力

▹内部応力

* 无外力作用下物体内部间的应力。包括树木在成长过程中树干内部产生的成长应力、木材干燥过程中水分倾斜或收缩各向异性导致的干燥应力、木材吸湿吸水过程中产生的膨胀应力、胶黏剂或涂料硬化时产生的硬化应力、矫平锯子时产生的矫平应力等。

internal surface

▸内表面

▹内部表面

* 与吸着或吸附相关的表面。在木材等具有多孔质和膨胀性的物质中，包括细胞内腔之类的永久性空隙表面和水膨胀产生的细胞壁内部一时性空隙表面。前者每克木材为 0.2 ~ 1.0m^2，后者为 200 ~ 400m^2。

internal thermal insulation on walls

▸外墙内保温

▹外壁内部断熱

* 由保温层、保护层和胶黏剂、锚固件等固定材料构成，安装在外墙内表面的保温形式。

intumescent paint

▸泡沸油漆；防火漆

▹発泡性防火塗料

* 通过加热使涂膜起泡，形成较厚的耐燃性细发泡层，阻断火焰、热气和空气，起到防火效果的涂料。

iron stain

▸锈斑

▹鉄汚染

* 通过铁和丹宁的反应形成灰黑色甚至黑紫色的丹宁—铁化合物。

irreversible serviceability limit states

▸不可逆正常使用极限状态

▹不可逆正常使用限界状態

* 当产生超越正常使用极限状态的作用卸除后，该作用产生的超越状态不可恢复的正常使用极限状态。

isocyanate adhesive

▸异氰酸酯胶黏剂

▹イソシアネート（系）接着剤

isotropy

▸各向同性

▹等方性

J

jack cap
▸顶孔盖帽
▹ジャックキャップ
＊屋顶开孔管上部的盖帽，起到防水作用。

jack rafter
▸短椽
▹配付け垂木
＊从墙顶板（或梁）到屋脊断开的托椽。

jack stud
▸托柱
▹窓枠束
＊从底梁板到过梁的非通长短构件，也称短柱。

jamb
▸门窗边框
▹わき柱
＊门洞、窗户或其他开口的边框。

Japanese Agricultural Standard (JAS)
▸日本农林标准
▹ジェーエーエス；日本農業規格

Japanese arvor-vitae
●参见 *Thuja standishii*

Japanese beech
●参见 *Fagus crenata*

Japanese birch
●参见 *Betula maximowicziana*

Japanese cedar
●参见 *Cryptomeria japonica*

Japanese chestnut
●参见 *Castanea crenata*

Japanese cucumber tree
●参见 *Magnolia obovata*

Japanese cypress
●参见 *Chamaecyparis obtusa*

Japanese elm
●参见 *Ulmus danidiana*

Japanese hemlock
●参见 *Tsuga sieboldii*

Japanese hophornbeam
●参见 *Ostrya japonica*

Japanese horse chestnut
●参见 *Aesculus turbinata*

Japanese Industrial Standard (JIS)
▸日本工业标准
▹ジェーアイエス；日本工業規格

Japanese lacquer
▸日本漆
▹漆
＊砍掉漆科漆属植物树皮后分泌的树脂，加工后用作涂料。

Japanese larch
●参见 *Larix kaempferi*

Japanese lime
●参见 *Tilia japonica*

Japanese oak
●参见 *Quercus mongolica*

Japanese persimmon
●参见 *Diospyros Kaki*

Japanese red pine
●参见 *Pinus densiflora*

Japanese roof structure
▸日式屋架
▹和小屋

Japanese style roof truss
▸日式屋顶桁架
▹和風小屋組
＊日本自古使用的屋顶骨架，包括束立式、投挂式和次郎式三种，束立式使用广泛。

Japanese umbrella pine
●参见 *Sciadopitys verticillata*

Japanese white pine
●参见 *Pinus parviflora*

Japanese zelkova
●参见 *Zelkova serrata*

jaw type hardware
▸颚式五金
▹クレテックタイプ

jerkin-head (roof)
▸歇山式屋顶
▹入母屋
* 四坡屋顶的两端变成部分山墙的屋顶。

jet dryer
▸喷射干燥机
▹ジェットドライヤ
* 属于刨花和纤维的干燥装置之一。从圆筒下部沿着切线方向把热风吹进整个圆筒内，使热风和刨花或纤维混合在一起，并螺旋式旋转，沿着长轴方向移动进行干燥的机械设备。

jet grouting foundation
▸高压喷射注浆地基
▹高压噴射注入地盤
* 利用钻机把带有喷嘴的注浆管钻至土层的预定位置，或先钻孔后将注浆管放至预定位置，以高压使浆液或水从喷嘴中射出，边旋转边喷射的浆液，使土体与浆液搅拌混合形成一固结体。施工采用单独喷出水泥浆的工艺，称为单管法；施工采用同时喷出高压空气与水泥浆的工艺，称为二管法；施工采用同时喷出高压水、高压空气及水泥浆的工艺，称为三管法。

jet kiln
▸喷气型干燥室
▹ジェットキルン
* 用风机及喷气装置向室内喷出射流带动介质流动的强制循环干燥室。

jewel beetles
▸吉丁甲科；吉丁虫科
▹ジュエルカブトムシ
* 属鞘翅目。体较长，体壁常具金属光泽。头下口式，嵌入前胸；触角 11 节，多为锯齿状。幼虫体长，背腹扁平；前胸膨大，背板和腹板骨化，身体后部较细，虫体呈棒状。幼虫大多蛀食树木，亦有潜食于树叶中的，为森林、果木的重要害虫。

jig saw
▸机动锯；细竖锯；窄锯条机锯
▹ジグソー；突き廻し鋸

joinery
▸细木工制品
▹指物
* 衣柜、桌子、橱柜、家具等由板材组装而成的木制品的总称。

joint
▸节点；接缝；接合
▹仕口；継ぎ手；矧ぎ
* 木结构构件的榫卯、节点的总称，包括藏纳接头、斜藏纳接头、对接接头等。

jointer
▸接缝刨
▹ジョインター
* 用于刨平木板的板面或边缘面，亦可作嵌槽、去角、斜角的刨削。

jointing
▸接缝
▹接合
* 指两个以上木材结合在一起，包括胶黏、钉连接、螺栓连接、木钉连接、指板连接、角撑板连接等。

joist
▸搁栅
▹根太
* 一种较小截面尺寸的受弯木构件（包括工字形木搁栅），用于楼盖或顶棚，分别称为楼盖搁栅和顶棚搁栅。

joist hanger
▸搁栅吊钩

▹**根太受け金物**

joist member

▸**搁栅构件**

▹**根太部材**

* 位于楼面板或屋面板下方，按一定的间距排列且与楼面板或屋面板长度方向垂直放置，对上部荷载起支承作用的构件。

Jongkong

● 参见*Dactylocladus stenostachys*

juvenile wood

▸**幼龄材**

▹**未成熟材**

* 形成层原始细胞尚未成熟阶段分生形成的木材。

K

Kalopanax septemlobus
▸刺楸
▹ハリギリ

Kalotermitidae
●参见 drywood termites

Kang
▸火炕
▹オンドル
∗能吸收、蓄存烟气余热，持续保持其表面温度并缓慢散热，以满足人们生活起居、采暖等需要而搭建的一种类似于床的室内设施，包括落地炕、架空炕、火墙式火炕及地炕。

kapur
●参见 *Dryobalanops* spp.

katsura
●参见 *Cercidiphyllum japonicum*

kerf width
▸锯路宽度
▹挽道幅

keyed joint
▸楔形缝；键接；暗销
▹車知継ぎ；車知（栓）
∗使用楔子的接缝，在嵌合处的接口上斜插或正插硬木栓的方法。

kickback
▸回冲
▹反発
∗加压处理后期，处理罐内压力解除时，从处理木材中回弹出的防腐剂的现象。

kiln-dried timber
▸窑干材
▹熱気乾燥材
∗经过干燥窑烘干的木材。

kiln drying
▸室干；窑干
▹熱気乾燥
∗在干燥室内用人工控制干燥介质的条件，对木材进行对流加热干燥。

kiln seasoning
●参见 kiln drying

king post
▸桁架中柱
▹キングポスト；真束
∗位于简支桁架中心的直立构件，它从顶点延伸到底弦中点（通常在中间）。

king post truss
▸单立柱桁架
▹真束小屋組

king strut
▸主支柱
▹真束

knee brace
▸隅撑
▹方杖

knee wall
▸支撑墙
▹ニーウォール
∗用于支撑屋顶椽木的长度各异的隔墙，在因跨度太大而需要附加支撑时采用，用以增加结构刚度，也称矮墙。

knife back side
▸旋刀后面
▹ナイフ裏面
∗旋切时与木段相对的旋刀表面。

knife face side
▸旋刀前面
▹ナイフ前面
∗旋切时与单板相对的旋刀表面。

knife height
▸旋刀安装高度；装刀高度
▹ナイフ高さ
∗旋刀刀刃至通过卡轴中心的水平面的垂直距离。刀刃在卡轴中心水平面以上时此值为正，反之则为负值。

knife mark

▸**跳刀痕**

▹**ナイフマーク**

*通过刨机的切削，用刀尖的回旋运动在切削面上形成的单刃凹凸。该凹凸被视为余摆线的一部分。

knife-ring turbo-flaker

▸**冲击型切削机**

▹**衝突型切削機**

*用高速旋转的导轮制造出的离心力向外围方向挤压削片，与导轮反方向旋转的刀片形成冲击，从而制成薄削片的机械设备。

knife testing

▸**刀撬试验**

▹**ナイフテスト**

*将刀子切入相邻层单板的胶合面，然后撬开上面的一层单板，以破坏面上木破率评定胶合质量的方法。

knock down

▸**拆卸**

▹**ノックダウン**

*为了便于搬运，把产品分割开，制成组合式产品的操作，包括家具门窗等。

knot

▸**节子**

▹**節**

*枝条被锯切后留在规格材的部分。按照节子在规格材的位置，分为边节、中线节、其他节和节孔。其中边节包括圆边节、条状节和三面节；中线节包括中节、簇生节和组合节。

knot cluster

▸**簇生节**

▹**節群**

*有两个或多个节子组成，并由周围的木材扭曲纹理围在一起的节群。

knot hole

▸**节孔**

▹**抜け節**

*节子全部或部分脱落形成的孔洞。

knotting

▸**节疤封闭**

▹**節止め**

*属于涂装前的表面清理，在节的周边以及有树脂溢出的地方涂抹虫漆等速干不渗透性涂料。由此防止树脂渗出软化涂抹层或出现鼓胀等。

Koompassia malaccensis

▸**甘巴豆**

▹**ケンパス**

L

lacquer staining
▸涂膜着色
▹塗膜着色
* 木材涂装过程中当涂膜颜色与木材本来的颜色不同时，对涂膜本身进行着色的方法。

lag screw
▸方头螺钉
▹ラグスクリュー
* 又称为马头螺钉，是一种坚固的螺钉，通常带有外部驱动的方形或六角驱动头。它具有粗螺纹和锥形尖端。它通常比传统的木螺钉更耐用，配有开槽或 P 头。

lamin board
▸板条芯细木工板
▹ラミンボード
* 使用单板或宽度在 7mm 以下的锯板制成的带材。用于锯材芯板。

lamina composer
▸层板拼接压机
▹ラミナコンポーザ
* 用于胶黏集成材层板的加压机器。把短材按照长度、宽度方向胶黏连接制成宽而长的层板。

lamina lay-ups
▸胶合木层板组坯
▹ラミナレイアップ
* 在胶合木制作时，根据层板的材质等级，按规定的叠加方式和配置要求将层板组合在一起的过程。

laminated beam
▸叠层梁；层积梁
▹集成梁
* 将板或者方材合并集成，用金属件和黏合剂黏接的梁。

laminated floorboard
▸复合地板；层压地板
▹複合フローリング
* 单层地板之外的地板。基材只能是胶合板、集成材或 LVL，然后通过层压各种材料胶合而成。

laminated glass
▸夹胶玻璃
▹サンドイッチガラス；合わせガラス
* 夹胶玻璃也称夹层玻璃。夹胶玻璃是两片或数片浮法玻璃中间夹以强韧 PVB（聚乙烯醇缩丁醛）胶膜，经热压机压合并尽可能地排出中间空气，然后放入高压蒸汽釜内，利用高温高压将残余的少量空气溶入胶膜而成。

laminated log
▸胶合原木
▹ラミネイト丸太
* 以厚度大于 45mm 的实木锯材或板材胶合而成的木制品。常用于井干式木结构。

laminated strand lumber (LSL)
▸刨片层积材；层叠木片胶合木
▹ラミネーテッドストランドランバー
* 由长细比较大的薄平刨花沿构件长度方向层积组坯胶合而成的结构用木质复合材。刨花厚度不小于 2.54mm，宽度不小于厚度，长度不小于 380mm。

laminated veneer lumber (LVL)
▸单板层积材
▹单板積層材
* 多层整幅（或经拼接）单板按顺纹方向为主组坯胶合而成的板材。

laminated wood
▸层积材
▹積層材
* 使单板或锯材平行于纤维方向层压黏结的材料。使用单板时称为

单板层积材，使用锯材时称为锯材层积材（集成材）。

laminated wood plastic

▸木材层积塑料

▹積層木材プラスチック

＊用浸渍合成树脂（主要是醇溶性酚醛树脂）的薄单板（0.35～0.6mm），在高温（140～150℃）、高压（15～20MPa）下压制而成的木质层压材料。

lamination

▸层板

▹積層板

＊用于制作层板胶合木的木板。按层板评级分等方法，分为普通层板、目测分等和机械（弹性模量）分等层板。

laminations for inner layer

▸内层层板

▹内層積層板

＊异等组合的结构用集成材在层积方向上，从两侧向内超过边长的1/4部分使用的层板。

laminations for middle layer

▸中间层层板

▹中間層積層板

＊异等组合的结构用集成材的层板中，除最外层层板、外层层板和内层层板以外的层板。

laminations for outer layer

▸外层层板

▹外層積層板

＊异等组合的结构用集成材在层积方向上，从两外侧向内边长超过1/16，在1/8以内除最外层层板外使用的层板。

laminations for outermost layer

▸最外层层板

▹最外層積層板

＊异等组合的结构用集成材在层积方向上，从两外侧向内边长的1/16以内部分使用的层板或最外侧一层的层板。

laminations with horizontal finger joint

▸水平型指接层板

▹水平フィンガージョイント積層板

＊侧面可见到指榫形状的指接层板。

laminations with vertical finger joint

▸垂直型指接层板

▹垂直フィンガージョイント積層板

＊正面可见到指榫形状的指接层板。

laminator

▸层压机

▹ラミネーター

＊在木板表面上粘贴装饰纸、树脂上胶纸、薄膜的机器。

lap joint[1]

▸搭接节点

▹ラップジョイント；重ね継ぎ

＊在制造LVL等板材时，自动错开分级单板端接处进行层压连接的接头。

lap joint[2]

▸搭接

▸仕口

lapped joint

▸搭接节点

▹ラップジョイント；重ね継ぎ

＊桁架下弦杆与加强杆相搭接时，位于加强杆末端处的节点。

lapping

▸覆膜

▹ラッピング

Larch

●参见 *Larix* spp.

large dimension structural glued laminated timber

▸大截面结构用集成材

▹構造用大断面集成材

＊短边不小于 150mm，横截面积不小于 30000mm^2 的结构用集成材。

large log

▸大原木

▹大丸太

＊直径 30cm 以上的原木，用在建筑物等。

Larix dahurica

●参见 *Larix gmelini*

Larix decidua

▸欧洲落叶松

▹ヨーロピアンラーチ；ヨーロッパラーチ

Larix gmelini

▸落叶松；兴安落叶松

▹シベリアカラマツ；グイマツ；ヨーロッパカラマツ

Larix kaempferi

▸日本落叶松

▹落葉松；カラマツ

Larix leptolepis

▸信州落叶松

▹落葉松；カラマツ

Larix occidentalis

▸粗皮落叶松

▹アメリカンラーチ；アメリカラーチ

Larix sibirica

▸西伯利亚落叶松；新疆落叶松

▹シベリアンラーチ；シベリアラーチ

***Larix* spp.**

▸落叶松属

▹カラマツ

laser cutting

▸激光切割

▹レーザ加工

laser machining

●参见 laser cutting

late wood

▸晚材

▹晚材

＊在一个树木生长轮内，生长季节晚期所形成的靠近树皮方向的木材。

late wood content

▸晚材率

▹晚材率

＊木材横切面上晚材宽度占其年轮宽度的百分率。

latent catalyst

▸潜伏性固化剂

▹潜伏性硬化剂

＊添加进树脂中常温下反应迟钝，加热后才能发挥性能的催化剂。在制造硬质纤维板等时使用。如在氨基树脂胶黏剂中使用氯化铵、氨基磺酸。

lateral-cut shearing strength to (the) grain of wood

▸木材横纹抗剪强度

▹木材横せん断強さ

＊剪力载荷与木材在纵切面纹理内相垂直作用时所产生的最大应力，又称横剪强度。

lateral resistance

▸抗侧力

▹水平耐力

＊建筑物或构件中抵抗地震或风引起的水平力的耐久力。

lath

▸木板条

▹木摺；小舞；木舞；ラス（ボード）

＊用于木造住宅涂墙底使用的窄幅板。宽度 3～4cm，厚度 8mm 左右。

lath mortar

▸木板条砂浆

▹ラスモルタル

lathe charger

▸送料机；上木装置

▹レースチャージャー

＊单板切削时，原木的中心与旋板

机主轴的中心自动保持一致的机械设备。

lathe check

●参见 veneer check

lathe-check

●参见 veneer check

lathe knife

●参见 peeling knife

lay-up

▸组坯

▹レイアップ

＊将涂胶和未涂胶的单板刨花、纤维等按人造板结构要求配置在一起的过程。

lay-up system

▸组坯系统

▹レイアップシステム

＊自动吸住并搬运各自分开的单板，涂抹上胶黏剂并进行组装、堆积的装置。

layer

●参见 ply

leaching

▸流失

▹浸出

＊在水的作用下，防腐剂中的活性成分从处理木材中渗入周围环境的现象。

leaching test

▸流失试验

▹浸出試験

＊检测防腐木材中防腐剂的有效成分在水的作用下渗出量的试验方法。

ledger strip

▸搁栅横托木

▹根太掛け

＊搁栅同梁平齐安装时，安装在梁侧面底部对搁栅起到支撑作用的横条。

leg hold

▸柱脚系梁

▹足固め

length class

▸检尺长；长级；标准长

▹レンクスクラス

＊按标准规定，经过进舍后的长度。

length of the finger tenon

▸齿长

▹ピッチ長さ

＊榫底部至指榫顶部的距离。

length tolerance

▸长级公差

▹長さ公差

＊材长相对于检尺长所允许的尺寸变动量。

leveling planer

▸平刨床

▹むら取り鉋盤

＊平削木板表面使之成为基准面的自动给料精刨机。

light fastness

▸耐光色牢度

▹耐光性

＊产品表面在日光或人造光源照射下保持其原有颜色不变的能力。

light organic solvent preservative (LOSP)

▸轻有机溶剂防腐剂

▹軽質有機溶媒系保存剤；軽質油溶性薬剤

＊活性成分溶于白节油（油漆溶剂油）等挥发性有机溶剂中制成的防腐剂。

light resistance

▸耐光性

▹耐光性

＊抵抗太阳光、碳弧或氙气灯等光线引起的褪色等色彩变化的性能。

light wood frame construction

▸轻型木结构

▹枠組壁工法

＊主要由规格材和木基结构板，通

过钉连接制作的剪力墙与横隔（楼、屋盖）所构成的木结构，多用于 1 ~ 3 层房屋。

light wood truss
▸**轻型木桁架**
▹**木製軽量トラス**
* 采用规格材制作桁架杆件，并由齿板在桁架节点处将各杆件连接而成的木桁架。

lignification
▸**木质化**
▹**木化；木質化**
* 树木成长时，在由纤维素或半纤维素组成的细胞壁以及细胞与细胞之间的间层，会沉淀丙苯成分的木质素。在强化细胞壁的同时，还会形成不漏水的构造。这样的过程，称为木质化。

lignin
▸**木质素**
▹**リグニン；木質素**
* 存在于木材中的一种芳香族无定形高聚物，为木质化细胞壁的主要组成之一，又称木素。

lignum vitae
•**参见** *Guaiacum officinale*

limit state design
•**参见** reliability-based design

limit state method
▸**极限状态法**
▹**限界状態法**
* 不使结构超越某种规定的极限状态的设计方法。

limit strength calculation
▸**临界耐力计算**
▹**限界耐力計算**

limiting oxygen index (LQI)
▸**极限氧指数**
▹**限界酸素指数**
* 在规定的试验条件下，材料在氧、氮混合气流中刚好能保持燃烧状态所需要的最低氧浓度，以氧的百分数表示。

limit state
▸**极限状态**
▹**限界状態**
* 整个结构或结构的一部分超过某一特定状态就不能满足设计规定的某一功能要求，此特定状态为该功能的极限状态。

line-shaft kiln
▸**长轴型干燥室；纵轴型干燥室**
▹**ライン軸型乾燥室**
* 多台轴流通风机沿干燥室的长度方向串联安装在室内通风机之间的一根长轴上的周期式强制循环干燥室。

linear interpolation
▸**线性插值**
▹**直線補間した数値**

lintel
▸**过梁**
▹**楣；まぐさ**
* 支撑如门或窗等开口上部荷载的水平结构构件（梁）。

lintel joint
▸**过梁接头**
▹**長押**
* 在木结构住宅房间中，安装在门楣圆柱面上横向长的装饰板材，横截面通常是三角形。

live knot
▸**活节**
▹**生節**

live load
▸**活荷载**
▹**活荷重**
* 结构所承受的建筑物或住宅中可移动物件的总重量，如家具、家用电器、内装式设备等。活荷载也包括人或居住者的重量。

live sawing
▸**毛板下锯法**
▹**リブソーウィング**

* 原木断面上所有锯口都平行的下锯法。

load arrangement

▸荷载布置

▹荷重配置

* 在结构设计中，对自由作用的位置、大小和方向的合理确定。

load bearing capacity

▸承载力

▹荷重負担能力

* 用试验机垂直于连接件轴向拉或压销类金属连接件固定的两块或两块以上的木质材料时，连接件承受的最大剪切力。

load bearing hardboard

▸结构用硬质纤维板

▹構造用ハードボード

* 可应用于建筑构件或其他有承载性能要求的硬质纤维板。

load bearing softboard

▸结构用软质纤维板

▹構造用ソフトボード

* 可应用于架设棚架或一般建筑场合的软质纤维板。

load case

▸荷载工况

▹荷重ケース

* 为了特定的验证目的，一组同时考虑的固定可变作用、永久作用、自由作用的某种相容的荷载布置以及变形和几何偏差。

load combination

•参见 combination of actions

load effect

▸荷载效应

▹負荷効果

* 由荷载引起结构或结构构件的反应，例如内力、变形和裂缝等。

load testing

▸荷载检验

▹負荷試験

* 通过施加荷载评定结构或结构构件的性能或预测其承载能力的试验。

loading

•参见 stacking

loading speed

▸加载速率

▹荷重速度

* 在检测试件力学性能时，荷载的增加量或试件的变形量随时间变化的快慢程度。

loads

•参见 stack

loblolly pine

•参见 *Pinus taeda*

lodge-in

▸完全嵌入

▹落とし込み

lodgepole pine

•参见 *Pinus contorta*

lofting

▸放样

▹ロフティング

* 根据设计文件要求和相应的标准、规范规定绘制足尺结构构件大样图的过程。

log

▸原木

▹丸太；素材

* 树木砍伐后，横截成长度大于1.9m、小于6m的建筑用木材，其中直径小于14cm称小原木，14～30cm称中原木，大于30cm称大原木。

log all length

▸全材长

▹丸太全長

* 原木两端头之间检量的最大尺寸。

log blueing

•参见 blue stain

log bucking method

▸下锯法

▹木取り

log cabins
▸井干式木结构
▹ログハウス；校倉造り
＊采用截面经适当加工后的原木、方木和胶合原木作为基本构件，将构件水平向上层层叠加，并在构件相交的端部采用层层交叉咬合连接，以此组成的井字形木墙体作为主要承重体系的木结构。

log defect
▸原木缺陷
▹丸太欠陥
＊呈现在原木上降低质量、影响使用的各种缺陷。

log diameter
▸原木直径
▹丸太直径
＊通过原木断面中心检量的尺寸。

log for lumber in light wood frame construction
▸轻型木结构锯材用原木
▹枠組構造挽材用丸太
＊用于加工轻型木结构规格锯材的原木。

log house
●参见 log cabins

log inspection
▸原木检验
▹丸太検查
＊对原木产品进行树种鉴定、尺寸检量、材质评定、材种区分、材积计算和标志工作的总称。

log length
▸材长；原木长度
▹丸太長さ
＊原木两端断面之间相距最短处检量的尺寸。

log marking
▸原木标志
▹丸太マック
＊将原木的树种、材种、长级、径级、等级和检验责任者标记在原木上。

log quality appraising
▸原木材质评定
▹丸太性質評価
＊对原木进行缺陷检量、等级评定、检验鉴定的过程。

log size measurement
▸原木尺寸检量
▹寸法測定
＊对原木检尺长和检尺径的检量和确定。

log volume
▸原木材积
▹丸太材積
＊按标准规定检尺径和检尺长计算的原木体积。

logarithmic decrement
▸对数衰减率
▹对数减衰率
＊振动物体的变形振幅，随着时间的变化在指数函数上衰减时，相同方向的相邻变形的振幅（A_n>A_{n+1}）比的自然对数 ln（A_n>A_{n+1}）。对数衰减率＝π × 损失正切。

ong-center veneer
▸长中板
▹内層用ベニヤ
＊胶合板中纹理方向与表板纹理平行的内层单板。

long diameter
▸长径
▹長径
＊通过短径中心与之相垂直的直径。

long-grain plywood
▸顺纹胶合板
▹縦木目合板
＊表板木纹方向平行或近似平行于板长方向的胶合板。

long-horned beetles
▸天牛科
▹カミキリムシ

* 属鞘翅目，触角线状，能向后伸，超过体长的2/3，着生在额突上，其中第2节特别短，仅为第1节长度的1/5。均为植食性，大多数幼虫钻蛀取食木质部。一般分为两类：一类蛀蚀新伐倒的原木或林区中病腐木，另一类蛀蚀干木材。

long keyed joint
▸长型暗销对接
▹竿車知継ぎ

long log
▸长原木
▹長丸太

long pivot
▸长榫
▹長ホゾ（差し）

long side
▸长边
▹長辺
* 结构用集成材横截面中较长的边；横截面若为正方形时，则指层板层积方向的边。

long tenon
●参见 long pivot

llongest diameter
▸最长径
▹最長直径
* 与短径相垂直的最大直径。

longitudinal parenchyma
▸轴向薄壁组织
▹軸方向柔組織
* 形成层纺锤形原始细胞分生形成的沿树干方向成串相连，一般具单纹孔的薄壁细胞群。可分为离管类及傍管类薄壁组织两类。

longitudinal sawing
▸纵向锯切
▹縦挽き

longitudinal vibration
▸纵向振动
▹縦振動
* 波纹的振动方向和运动方向一致的纵波振动。例如圆柱形物体在轴方向上振动的弹性振动等。

longleaf pine
●参见 *Pinus palustris*

lookout
▸挑椽
▹ルックアウト
* 从墙体向外悬挑或挑出以支撑屋顶悬臂部分的短木构件。

loose knot
▸松节；脱落节；死节
▹死節

loose side
▸松面
▹単板裏；剥き裏；ルーズサイド
* 旋切或刨切时与刀具接触的单板表面，也称单板的背面。单板背面常有裂隙，较粗糙。

loss modulus
▸损耗模量
▹損失弾性率
* 材料发生形变时能量散失（转变）为热的现象，又称黏性模量，反映材料黏性大小。

loss tangent
▸损耗角正切
▹損失正接
* 电介质在单位时间内单位体积中，将电能转化为热能（以发热形式）而消耗的能量。

low-density fiberboard (LDF)
▸低密度纤维板
▹低密度繊維板；ローデンシティファイバーボード
* 密度为 550 ~ 650kg/m^3 的干法纤维板。

low-density particleboard
▸低密度刨花板
▹低密度パーティクルボード
* 密度小于 640kg/m^3 的刨花板。

low-density plywood

▸低密度胶合板

▹軽量合板；低密度合板

＊以减轻厚胶合板的重量而制造的胶合板。采用树脂加工的牛皮纸制作成蜂窝状或轧辊状，使用绝缘板、聚氨酯或苯乙烯树脂泡沫等为芯板。

low pressure melamine resin laminate

▸低压三聚氰胺树脂层压板

▹低圧メラミン樹脂化粧板

＊把三聚氰胺树脂浸渍纸置于胶合板表面进行热压的二次加工产品。因为芯板是木质材料，所以压力应是 1 ~ 1.5MPa，在 130 ~ 140℃温度下，热压 10 ~ 15min。

low-pressure and short cycle process

▸低压短周期工艺

▹低圧短周期プロセス

＊一种用改性（或低压型）三聚氰胺树脂浸渍后的胶膜纸，对人造板表面进行装饰时，采用较低的压力，热压完成贴面的快速贴面工艺。

low temperature drying

▸低温干燥

▹低温乾燥

＊干燥介质（湿空气）的温度低于 50℃的室干。

lower explosion limit

▸爆炸下限

▹爆発下限

＊可燃的蒸汽、气体或粉尘与空气组成的混合物，遇火源即能发生爆炸的最低浓度。

Lowry process

▸半限注法；劳里法

▹半空細胞法；ローリー法

＊一种空细胞法，防腐剂吸收量较吕宾法多。C. B 劳里（C. B. Lowry）于 1906 年发明的木材防腐处理方法。包含以下工序：①注入防腐剂（处理罐充满防腐剂）；②加压；③维持压力一段时间直到达到保持量要求（压力处理段）；④除压；⑤放液；⑥后真空。

lumber

▸原木；锯材

▹素材；丸太

＊经锯剖、再剖、干燥、刨光、截端、分等生产出具有一定规格尺寸、质量等级和使用特性的锯制产品。

lumber-core plywood

▸锯材芯胶合板

▹ランバーコアー合板

＊一种特殊芯板胶合板。把锯板（带材）的侧面相互连接在芯板上充当相对宽的木板（芯板），并在此之上加压连接纤维方向相互垂直的单板，即配芯板和表板制作而成。通常是 5 层厚度胶合板，包括板条芯细木工板、细木工板、条板芯细木工板等。用于家具、门窗、船舶隔断等。

lumber sawing technology

▸制材工艺

▹製材技術

＊原木加工为锯材过程中，针对相应的锯机条件，所采取的锯割方案、工艺程序、加工技术和完成指标的措施。

lumber sorting yard

▸选材场

▹材木仕分け場

＊位于制材车间的工艺流程后部，是锯材分类、评等、检验的场所。

lumber yard

▸板院

▹材木置き場；貯木場

＊贮存锯材的场所。

lumen

▸细胞内腔

▹細胞内腔

lump

▸树瘤；木节

▹瘤

＊树干形状缺陷之一。指树木因生理或病理的作用，使树干局部膨大，呈不同形状和大小的鼓包。外表完好的树瘤，只影响树干的局部纹理，增加加工困难，但不影响树干材质，检量时一般不加限制。造成空洞或腐朽的树瘤，检量时则按死节或漏节计算。某些阔叶树材的树瘤可使材面呈现美丽的花纹，是生产胶合板的珍贵材料。

Lyctus brunneus

▸褐粉蠹

▹ヒラタキクイムシ

＊干木材害虫中的代表。常见于导管直径比较大的阔叶树材中淀粉量较多的边材中。全日本都有分布，特别是对柳桉、橡木等危害较大。成虫从圆形繁殖孔（直径1～2mm）出来的时候，会排出大量木粉，从而制造危害。

lying panel

▸横镶板

▹横羽目

M

machilus

●参见 *Machilus thunbergii*

machilus thunbergii

▸楠木；红楠

▹タブノキ

machinability

▸可加工性；可切削性

▹被削性

machine graded lamina

▸机械弹性模量分级层板

▹機械等級区分ラミナ

＊在工厂采用机械设备对木材进行非破损检测，按测定的木材弹性模量对木材材质划分等级，并用于制作胶合木的板材。

machine grading

▸机械分等

▹マシングレーディング；機械等級区分

＊采用分等机（不包括 MSR 分等机）对层板进行分等。

machine offset

▸机械加工偏移

▹マシンオフセット

＊发生在规格材侧面靠近端头部分的明显不平整现象，但未造成规格材宽度减小或变形。

machine planning

▸刨床

▹仕上げ鉋盤

machine stress grading

●参见 machine stress rating (MSR)

machine stress-rated dimension lumber

▸机械应力分等规格材

▹MSR 規格材

＊采用机械应力测定设备对规格材进行非破坏性试验，根据测得的弹性模量或其他物理力学指标，并按规定的标准划分材质等级和强度等级的规格材，简称机械应力分等规格材。

machine stress-rated lumber

▸机械分级木材；机械应力等级材

▹MSR 材

＊采用机械应力测定设备对木材进行非破坏性试验，按测定的木材弯曲强度和弹性模量确定强度等级的木材。

machine stress rating (MSR)

▸机械应力分等

▹MSR 区分；機械等級区分法

＊使用分等机使层板在长度方向上移动，连续测定层板抗弯弹性模量，同时保证层板的抗弯强度或抗拉强度的分等。

Magnolia obovata

▸日本厚朴

▹朴；ホオノキ

＊分布在整个日本的高阔叶树。散孔材和心材呈暗灰绿色，边材呈灰白色且狭窄。木纹通直，肌理精细，结构均匀，气干密度 0.49g/cm^3，耐久性差，容易加工，容易割裂。用于门窗、器具、雕刻和旋切等。

main feed header

▸供气主管

▹メイン給気管

＊向加热器和喷蒸管供给饱和蒸汽的主管道。

maintenance and repair

▸修缮

▹補修

＊对建筑物进行修理、修补、整修和翻新等。

major product

▸主产品

▹主產物；主要製品

*原木小头端面内接正方材范围，可割取的枕木、厚板等主要产品。

mallet
▸木槌
▹木槌

marine borers
▸海生钻孔动物
▹海産せん孔動物
*钻蛀海水中或略含盐分水中的木材的动物，主要包括软体动物（molluscans）和甲壳纲动物（crusta-ceans），对海洋中的建筑物、桩和船舶危害极大。软体动物的蛀孔具钙质内壁。

marine borers resistance
▸抗海生钻孔动物性
▹海産せん孔動物抵抗性
*木材对海生钻孔动物生物劣化的抵抗能力。

marine plywood
▸船舶用胶合板
▹海洋合板
*一种用浸渍酚醛树脂胶的表板和涂布酚醛树脂胶的芯板热压胶合而成的高耐水性特种胶合板，主要应用于船舶部件的制造。

marine wood borer
▸海虫
▹海虫
*海产性木材钻孔动物的总称。大致分为针孔蛀虫之类的甲壳动物和船蛆科之类的软体动物两类。会侵害海中结构物的木质部分，引起经济损失。

maring engineering
▸海事工程
▹海事工程
*用含木质构件的金属连接件或防护件在内的木质人工构筑物建造和维护的涉水工程。

marking gauge
▸线准；划线规
▹罫引き
*为了确定榫头或榫眼在宽度方向上的位置和尺寸，使用薄刀尖在木材面上划线的工具。由顶端附近带有切削刀的杆件和穿过它的开孔定规组成。

marqueted top board
▸拼花顶板
▹寄せ木甲板
*把色调不同的各种木材拼接在一起制成装饰用图案的顶板。

marquetry
▸镶嵌细工
▹寄せ木細工
*把色调不同的各种木材胶拼在一起，并黏附在薄木片制成的底板上。日本箱根的镶嵌细工很有名。

masonite gan
▸高压蒸汽爆破机
▹マソナイトガン
*制造纤维板用的原料纤维的爆破机。在高压锅中放入削片蒸煮后，打开排气阀使之迅速排放在大气中爆破。在处理过程中，大部分半纤维素由于加热分解，其收率较低，但是纤维具有可塑性，不用加入树脂胶料也能制造出强度比较高的木板。

masonite process
•参见 explosion process

masonry
▸砌石
▹石積み

masonry tie
▸砌体系杆
▹メーソンリータイ
*固定在木结构墙体上（L形金属条），另一端植入砌体内部起到拉结砌体的作用。

mat forming
▸铺装成型
▹マット成形

* 干法纤维板生产中，施过胶的干纤维均匀铺撒在成型带上，经预压、裁边（横截）形成板坯的过程。

mat forming by dry process

▸干法成型

▹乾式抄造

* 分解纤维后把事先添加胶黏剂的纤维干燥处理，使其漂浮分散到空气中，同时在铁丝网或网状物上形成规定宽度和厚度的纤维毡的过程。

mat forming machine

▸板坯成型机；铺装机

▹抄造機械

* 使木材纤维或纸浆形成均匀密度和厚度毡垫的机械设备。在湿法中包括联系成毡的长网式和圆网式以及依次抄制的分批式，干法中包括重力式和吸引式。

mat foundation

▸板式基础

▹ベタ基礎

mat preheating

▸板坯预热

▹マット予熱

* 板坯进入热压机前，对板坯进行预先加热的过程。

matched joint

▸企口接合

▹実矧ぎ；本実矧ぎ

matching

▸单板拼接

▹マッチング；杢合わせ

* 把装饰单板拼接成有花纹的表板，包括流线纹配板、卡纸式配板、斗型配板、箭头式配板、菱形纹配板、格子花纹配板、任意式配板等。

matoa

▸番龙眼

▹マトア（タウン）

* 无患子科的常绿乔木。高度很高，超过15m。叶子甚至是羽状复叶，有4～9对披针形尖。开白色小花，2~5cm的果实含有半透明的白色果肉，具有很强的甜味，可生食。种子用于烧烤食物。树皮可入药。据说原产于菲律宾，分布于印度尼西亚、巴布亚新几内亚、所罗门群岛等东南亚至南太平洋，也称为所罗门桃花心木。虽然它与在分类上被称为高档木材的桃花心木（*Makogany*）完全不同，但价格相对低廉，加工性优良，耐腐蚀耐磨，纹理和颜色相近。常用于家庭日常生活用具，也作为红木替代品用于家具制作。

matting

▸亚光

▹艶消し

mature wood

▸成熟材

▹成熟材

* 成熟的形成层原始细胞分生形成的木材。

maximum delamination percentage

▸最大剥离率

▹最大間隔剥離率

* 测量试件两端面胶层，单一胶层总的剥离长度最大者除以该胶层长度，以百分数表示。

maximum linear swelling (coefficient)

▸最大线膨胀系数

▹全線膨潤率

measuring tank

▸计量罐

▹計量タンク

* 标有刻度的密闭耐压容器，用来计量注入木材中防腐剂的量。

mechanical adhesion

▸机械结合

▹機械的接着
* 黏合机构的一种结合方法。黏合剂在木材等多孔材质的附着，材料的表面浸透和硬化巨大或微小的凹凸，通过投锚或木钉工作，发现黏合强度的结合方法。

mechanical floor
▸设备层
▹機械室フロア
* 建筑物中专为设置暖通、空调、给水排水和配变电等的设备和管道，且供人员进入操作用的空间层。

mechanical forming
▸机械铺装
▹機械的成形
* 利用机械作用将刨花抛撒在垫板、网带或钢带上，从而形成板坯的铺装方式。常用的有单辊式铺装头、双辊式铺装头、三辊式铺装头和梳辊式铺装头，其中单辊式铺装头对粗细刨花有分选作用。

mechanical grading
• 参见 machine grading

mechanical properties of wood
▸木材力学性质
▹木材機械的性質
* 木材与其承受外力荷载或抵抗变形能力有关的性质。

mechanical protection of wood
▸木材机械保护法
▹木材機械的保護法
* 用机械方法保护在原位置上的木材免受各种生物损害的技术措施。如围桩法（camp process），围绕木桩受害部位浇灌钢筋混凝土外壳以防止海生钻孔动物的侵害；喷浆法（gunite method），在杆材接地区域围以钢丝网，并喷水泥沙浆。

mechanical ventilation
▸机械通风
▹機械換気
* 采用通风设备（如电动风扇等）实现室内换气的过程。风动涡轮通风装置和机械操作窗不属于机械通风设备。

median lethal dose (LD50)
▸半致死量；致死中量
▹50%致死線量；半数致死量
* 在毒性试验的生物群体中，能引起半数生物死亡的剂量。

medium density fiberboard (MDF)
▸中密度纤维板
▹中密度繊維板；メディウムデンシティファイバーボード；MDF
* 密度为 650 ~ 800kg/m^3 的干法纤维板。

medium-density particleboard
▸中密度刨花板
▹中密度パーティクルボード
* 密度为 640 ~ 800kg/m^3 的刨花板。

medium dimension structural glued laminated timber
▸中截面结构用集成材
▹中断面構造用集成材
* 短边不小于 75mm，长边不小于工 150mm，除大截面集成材以外的结构用集成材。

medium square
▸中方材
▹中角

melamine formaldehyde resin
▸三聚氰胺甲醛树脂
▹メラミン樹脂
* 由三聚氰胺和甲醛经缩合反应制得的一种树脂。

melamine resin adhesive
▸三聚氰胺树脂胶黏剂
▹メラミン樹脂接着剤

melamine-urea resin adhesive
▸三聚氰胺－脲醛树脂胶黏剂
▹メラミン－ユリア共縮合樹脂接着剤

member of different lamina grade (MDLG)
▸异等组合
▹異等級構成
＊胶合木构件采用两个或两个以上的材质等级的层板进行组合。

member of same lamina grade (MSLG)
▸同等组合
▹同一等級構成
＊胶合木构件只采用材质等级相同的层板进行组合。

membrane press
▸膜压
▹メンブレンプレス
＊通过真空和加压器具的按压，使之可以成为 2 次曲面、3 次曲面形状的覆盖物。加压方法包括气压和水压（温水）。因为压力大，也可能会造成基材厚、深冲压、形状复杂的情况。

Mende process
▸连续辊压法；门德法
▹メンデシステム；ベーレメンデシステム
＊铺装后的板坯由钢带输送入连续辊式压机，并按一定速度绕主压辊圆弧形前进，在运行过程中，主压辊和若干个辅助压辊对板坯进行加压和加热，最后从出板端输出连续成型板带的一种热压方法。该方法主要用于生产薄板。

mende process particleboard
▸辊压刨花板
▹メンデシステムパーティクルボード
＊利用连续辊压法制造的刨花板。

Mende system
▸连续辊压系统；门德系统
▹メンデシステム；ベーレメンデシステム
＊连续加压指用直径为 3 ~ 5m 的辊压机。通过钢带转动，夹住成型于其间的连续薄片垫，边加热边推进，制造环状薄板（厚度 1.6 ~ 8mm）的方法。

merchantable timber species
▸商品材树种
▹商業用材樹種
＊按商品材名称归类的树种。

merkus pine
●参见 *Pinus merkusii*

Merulius lacrymans
▸皱孔菌
▹ナミダタケ

metal connector
▸金属连接件
▹メタルコネクタ
＊用于固定、连接、支承的装配式木结构专用的金属材质构件。如托梁、螺栓、柱帽、直角连接件、金属板等。

metal overlaid plywood
▸金属覆面胶合板
▹金属オーバーレイ合板
＊表面覆贴铝箔或其他金属箔，具有金属表面的胶合板。

metal plate connector
▸金属齿板连接件
▹メタルプレートコネクター；ギャングネイル；ネイルプレート
＊形状像插花用的插花座的金属锚件。通过打穿 1 ~ 2mm 厚度的镀锌钢板或不锈钢板制作而成，打穿的部分与钢板垂直，像钉子一样。放上木材，其连接处的上下两端各放置一个该金属锚件并通过按压压入木材中。主要用于

屋顶桁架和地板平行弦桁架的连接处。

metal plywood
▸金属面胶合板
▹木金合板；プライメタル
*把铝、硬铝、钢等金属薄板连接在胶合板或原材料表面制作而成。使用氯丁二烯类溶剂型胶黏剂、变性环氧树脂胶黏剂、氨基甲酸酯胶黏剂等。

metal sheet overlaid plywood
•参见 metal overlaid plywood

metal washer
▸垫圈
▹座金

mezzanine
▸夹层
▹中二階；中間床
*任何一层楼中间介于楼板和吊顶之间的中间楼层。

micro-bevel angle
▸微楔角
▹マイクロベベル
*在旋刀面上用油石研磨出一个附加的小斜面，这时刀刃的最外两个面之间的夹角即是微楔角。

micro veneer
▸微薄木
▹マイクロベニア
*一般指厚度小于 0.3mm 的薄木。

microfibril
▸微纤丝
▹ミクロフィブリル
*纤维素分子链结晶成束状的东西。在横截面上看，其结晶部分为芯，周边由非结晶部分包裹。包含在全部植物细胞内，构成其骨骼，其定向对细胞壁以及木材的物理性质影响很大。

microfibril angle
▸微纤丝角
▹ミクロフィブリル傾角
*次生壁微纤丝（一般指次生壁中层 S_2）与细胞纵轴方向之间的夹角。

microwave dryer
▸微波干燥机
▹マイクロ波乾燥機
*对木材进行微波干燥的机械设备。

microwave drying
▸微波干燥
▹マイクロ波乾燥機
*将木材置于微波电磁场中加热干燥。

microwave-vacuum dryer
▸微波真空干燥机
▹マイクロ波真空乾燥機
*利用微波加热和负压场方式对木材进行干燥的设备。

microwave-vacuum drying
▸微波真空干燥
▹マイクロ波真空乾燥
*以微波加热和负压场方式排除木材水分的干燥方法。

middle layer of secondary wall
▸次生壁中层
▹二次壁中層

middle zone lamina
▸中间层板
▹内層ラミナ
*异等组合胶合木中，与内侧层板相邻的，位于构件截面中心线两侧各 1/4 截面高度范围内的层板。

milling cutter
▸铣刀
▹フライス

milling machine
▸铣床
▹フライス盤

mineral stain
▸矿物纹
▹金条；鉱条
*色木槭、辽杨、日本椴等阔叶树材面上经常出现的暗绿色、暗褐

色的线条，该部分的射线薄壁细胞和导管内含有各种矿物质的结晶，或者浸含酚醛物质。

mini-finger joint

▸小指接

▹ミニフィンガージュイント

＊板材的一种端接法。

minus bending

▸负弯曲

▹マイナス曲げ

＊当荷载作用于非对称异等组合结构用集成材受拉侧层板的宽面上，受压侧层板的宽面朝下时的弯曲。

miter

▸斜接

▹留

＊过梁接头或家具内角处的连接方式。

miter joint

▸斜接节点

▹留継ぎ

miter saw

▸斜切锯

▹マイターソー；勾配研磨丸鋸；プレーナーソー

＊一种圆锯，锯面呈倾斜状，不晃动，锯厚从齿尖向中心减小。由于无齿振动，齿尖宽度均匀，磨削面非常好。

mixed-grade composition structural glued laminated timber

•参见 different-grade lamination glued-laminated timber

mixing tank

▸混合罐

▹混合タンク

＊用来混合防腐剂或配制防腐剂溶液的、装有搅拌装置的容器。

mobile timber treating plant

▸流动木材防腐装置

▹モービル木材防腐装置

＊将加压浸注设备装置于拖车上，由机动车拖动，流动于现场进行防腐处理。

modified full cell process

▸改良满细胞法

▹改良的充細胞法

＊初真空段真空度低于后真空段真空度的满细胞法，目的是使防腐剂的回出量达到最大。处理罐充满防腐剂前将初真空段的真空度调整至大气压力与最大真空度之间。

modulus of elasticity (MOE)

▸弹性模量

▹弹性係数；弹性率

＊在弹性极限范围内，材料因载荷而产生的应力与应变之比。反映材料抵抗外力使其变形的能力。

modulus of elasticity in bending

▸抗弯弹性模量

▹曲げヤング係数

modulus of elasticity in bending wood

▸木材抗弯弹性模量

▹木材曲げヤング係数

＊木材受力弯曲时，在比例极限内应力与应变之比。

modulus of elasticity in compression

▸抗压弹性模量

▹圧縮弹性数

modulus of elasticity in compression parallel to grain

▸顺纹抗压弹性模量

▹縦圧縮弹性率

modulus of elasticity parallel to grain

▸顺纹弹性模量

▹縦弹性率

modulus of rigidity

▸刚性模量；剪切模量

▹剛性率

*剪应力作用在物体上时，在剪应力和剪应变成比例的领域中，应力与应变的比值。

modulus of rupture

▸静曲强度

▹曲げ強さ

*材料在最大静载荷作用时的弯矩与抗弯截面模量之比，反映材料抵抗弯曲破坏的能力。

modulus of rupture in bending

▸弯曲破坏强度

▹曲げ破壊係数

modulus of shearing elasticity

▸剪切弹性模量

▹せん断弾性係数

moist air

▸湿空气

▹湿り空気

*干空气与水蒸气的混合气体。

moistening

▸加湿；润湿

▹水打ち

*安装硬质纤维板时，考虑到安装后吸湿会导致板材舒展，要在施工前事先在材料内面稍微撒些水使之舒展。

moisture

▸潮气；水汽

▹湿気

moisture barrier

▸防潮层

▹防湿層

*任何用来阻止蒸汽或潮气侵入建筑物从而形成冷凝水的材料。

moisture content (MC)

▸含水率

▹含水率

*用含水率表示木材含有的水分量。把木材放入换气良好的干燥器中，用100～105℃干燥使其达到恒量，干燥前后的质量差是含水量，用含水量除以干燥后的木材质量所得的百分比为含水率。这种方法称为全干法。一般使用干量基准的含水率，但是在制造纸浆、纤维板等工程中，则使用湿量含水率。另外在欧美则使用以气干重量为基准的含水率。作为计算方法，包括全干法、提取法等使含有的水分从木材中分离求取含水率的方法，以及使用水分测定仪等从木材的相对湿度中求取的方法等。

moisture content drying schedule

▸含水率干燥基准

▹含水率乾燥基準

*干燥过程按含水率划分阶段的干燥基准。

moisture content gradient

▸木材含水率梯度

▹含水量勾配

*干燥过程中木材内外层次的含水率差对时间的变化率。

moisture content of green wood

▸生材含水率

▹生材含水率

*新伐倒木材的含水率。

moisture content of oven dry wood

▸全干材含水率

▹全乾材含水率

*木材在（103±2）℃的温度下干燥至全干，从木材排出的全部水分质量与全干木材质量的比率。

moisture content of sample board

▸含水率检验板

▹含水率試験材

*在干燥过程中用来测定木材含水率的木板。

moisture content section

▸含水率试片

▹含水率試験片

*干燥时检验木材含水率的木片。

moisture curing adhesive
▶湿固化胶黏剂
▷湿気硬化形接着剤
＊与来自环境或被黏物中的水分反应而固化的胶黏剂。

moisture meter
▶水分测定仪
▷水分計
＊测量木材含水率的装置仪器。根据木材含水率导致电性发生变化的仪器称电气式水分测定仪，包括电阻式水分测定仪、高频式（电容式）水分测定仪等。

moisture movement in wood
▶木材水分移动
▷水分移動
＊一般指干燥时木材中水分由内部向表层的移动。

moisture permeance
▶透湿系数
▷透湿係数
＊当物体两侧施加不同的水蒸气压，使透过物体的湿气量恒定时，每小时通过 $1m^2$ 物体的湿气量与水蒸气压差成正比，该比例常数称透湿系数，其逆数称水汽隔绝性。

moisture regain
▶吸湿率
▷吸湿率
＊物质单位质量上吸湿的水分量称为吸湿率。在木材中用含水率表示。

moisture resistant plywood
▶防潮胶合板
▷二類合板
＊时常处于湿润场所（环境）中使用而带有黏性的普通胶合板。用途包括船舶、车辆等内装用胶合板、家具用胶合板等。

mold
●参见 mould

mold control chemical
▶防霉剂
▷防カビ剤
＊抑制霉菌在木材以及木质材料的表面或内部滋生的药剂。

molded fiberboard
▶模压纤维板；纤维模压制品
▷成形繊維板
＊施胶纤维通过模具压制成的具有一定立体形状的纤维板，如瓦楞纤维板等。

molded particleboard
▶模压刨花板；模压刨花制品
▷成形パーティクルボード
＊使用模具一次压制成所需形状的刨花制品。

molded plywood
▶成型胶合板
▷成形合板
＊用涂胶单板按一定要求组成板坯，并在特定形状的模具内热压而成的非平面状胶合板。

molluscan borers
▶软体钻孔动物
▷軟体せん孔動物
＊主要有船蛆属（*Teredo*）、节铠船蛆属（*Bankia*）、马特海笋属（*Martesia*）和食木海笋属（*Xylophaga*）等。船蛆属和节铠船蛆属为船蛆科（Teredinidae），马特海笋属和食木海笋属为海笋科（Pholadidae）。

monolithic slab
▶整浇板式基础
▷モノリシックスラブ
＊在整个建筑物下方的一层钢筋混凝土基础，较厚的区域承重较大，通常由一整块混凝土浇筑而成，作为基础用于土质松软或水位高的区域，也称为伐式基础。

mortar
▶砂浆

▷モルタル

＊一种由固定比例的水泥、骨料（砂）、水制成的物质，混合后逐渐变硬。

mortise

▸**榫眼**

▷**ほぞ穴**

mortise joint

▸**镶榫接头**

▷**鎌継**

mosaic parquet

▸**马赛克镶木地板**

▷**モザイクパーケット**

＊将两张以上最长边在 22.5cm 以下的锯材叠加组合，铺设在基体地板上的板材。

mould

▸**霉菌**

▷**カビ**

＊真菌中在营养繁殖中呈现丝状的接合菌类、子囊菌类、不完全菌类的总称。其带有的孢子和菌丝或者分泌的独特色素会污染木材表面。这些菌类只能侵蚀木材中的淀粉和糖类，所以几乎不能使木材强度性能降低。住宅内多出现枝孢菌属 *Cladosporium* spp.，青霉属 *Penicillium* spp.，曲霉属 *Aspergillus* spp.，瓦勒菌属 *Wallemia* spp. 等。浮游在室内的菌类孢子一般认为是变态反应的原因。

moulded board

▸**模压板**

▷**モールドボード**

moulded plywood

●参见 molded plywood

moulder

▸**制模工具**

▷**モールダー；面取り盤**

＊将面形刀具（倒角块）安装在轴上使其高速旋转，在操作台上将构件的面切削成规定形状的装置工具。

moulding

▸**线脚**

▷**繰型**

＊刨掉建筑物或家具等部分装饰用的构件形成曲面的部分。

moulding plywood

▸**成型胶合板；模压胶合板**

▷**成型合板**

＊木单板或木单板与饰面材料经涂胶、组坯、模压而成的非平面型胶合板。

mud wall

▸**灰泥墙**

▷**（土）塗り壁**

multi-layer particleboard

▸**多层刨花板；多层结构刨花板**

▷**多層パーティクルボード**

＊刨花的尺寸从中心层到表层渐渐变小、变紧密的板材。即板材截面呈现多层结构的刨花层。

multi-platten hot press

▸**多层热压机**

▷**多段式ホットプレス**

multi-plywood

▸**多层胶合板**

▷**多層合板**

＊由五层或五层以上单板组坯压制成的胶合板。

multiplier

▸**壁倍率**

▷**壁倍率**

＊为了确认木质结构的水平耐力而进行的简易的壁量计算。为抵抗风压力和地震力而制定必要的确保耐力壁的规定。通常将耐力壁承受水平力形成半径 1/120 的可见变形角时的许容剪切耐力的长为 130kg/1m 的做法定位基准倍率 1.0，各耐力壁的剪切性能用与之相对的耐力比来表示。表示

墙壁成斜撑可负担的水平力大小指标。

multiseriate ray

▸**多列木射线**

▹**多列放射組織**

* 木质部以及韧皮部沿放射方向排列的组织，切向剖面上的射线组织宽度在 2 个细胞以上。

mycelium

▸**菌丝体**

▹**菌糸**

* 由许多分枝菌丝交织形成的真菌营养体，具有吸收营养的能力。

N

nail
▸钉
▹釘
*钉的材料有木、竹、金属等。形态包括圆钉、角钉、平头钉、圆平头钉、圆头钉等。另外特殊的还有用于石膏板和护套绝缘板等板材的钉。

nail-holding performance of lateral pressure
▸侧压握钉力
▹側向き釘保持力
*用装置固定垂直钉入板的钉，对钉施加平行板面方向的载荷，确定板材的握钉性能。

nail-on plate
▸钉板
▹ネールプレート
*用于桁架节点连接的，经表面镀锌处理的带圆孔金属板。连接时采用圆钉固定在杆件上。

nail punch
▸钉冲头
▹釘締め
*用以将钉子头部钉入木材的钢制冲头。

nailed connection
▸钉连接
▹釘着；釘接合
*利用圆钉抗弯、抗剪和钉孔孔壁承压传递构件间作用力的一种销连接形式。

nailed joint
•参见 nailed connection

nailing flange
▸窗（门）翼缘
▹ネールフランジ
*门框窗框的延伸，用以支撑并为门框窗框钉入外墙提供（用钉）空间。

narrow length veneer
▸窄长单板
▹細長単板
*旋切木段时由于木段形状不规则或中心偏差而得到宽度小于木段的圆周长，但长度与木段长度相同的单板。

narrow pieces of veneer
•参见 narrow length veneer

natural circulation compartment kiln
▸周期式自然循环干燥室
▹周期式自然循環乾燥室
*干燥作业是周期性的自然循环干燥室。

natural circulation progressive kiln
▸连续式自然循环干燥室
▹連続式自然循環乾燥室
*干燥作业是连续性的自然循环干燥室。

natural circulation (draught)
▸自然循环
▹自然循環
*气体介质因冷热时的密度不同而产生的循环流动。

natural circulation (draught) kiln
▸自然循环干燥室
▹自然循環乾燥室
*室内气体因加热和冷却时的密度不同，形成自然流动的干燥室。

natural decay resistance
▸天然耐腐性
▹自然耐腐性
*通常指未经任何处理的木材的耐腐性。

natural drying
▸自然干燥；天然干燥
▹自然乾燥；天然乾燥

＊木材在自然条件下自行干燥的方法。

natural durability of wood
▸**木材天然耐久性**
▹**自然耐久性**
＊未经任何处理的木材在使用过程中耐受生物劣化和其他劣化的能力。

natural period
▸**固有周期**
▹**固有周期**

natural resin
▸**天然树脂**
▹**天然樹脂**
＊动植物通过生理或病理作用分泌的环状有机物质。植物的种类不同，树脂的种类及其成分也不同，包括虫胶、达马树脂、香胶、松脂等。

natural seasoning
●**参见** natural drying

NCU
▸**环烷烃酸铜木材防腐剂**
▹**エヌシーユー**
＊一种脂肪酸金属盐（铜或锌）木材防腐剂，是有环烷酸铜成分的木材防腐剂，也是一种乳化性防腐剂。

net absorption
▸**净吸液量**
▹**注入量**
＊防腐处理作业完成时木材中防腐剂的量，以升每立方米（L/m^3）表示。

net retention
●**参见** net absorption

noble fir
●**参见** *Abies procera*

no-clamp process
▸**无夹紧热压法**
▹**ノークランプ法**
＊层积单板冷压后，不用松紧螺丝保持加压状态，而是直接用热压

nodular pile
▸**竹节式摩擦桩**
▹**節杭**

noise
▸**噪声**
▹**騒音**
＊影响人们正常生活、工作、学习、休息，甚至损害身心健康的外界干扰声。

nominal combination
●**参见** characteristic combination

nominal dimension
▸**名义尺寸**
▹**呼び寸法；公称寸法**
＊源于不同地区，而材料截面和构造尺寸等相近的不同木结构体系的通用代表尺寸。通常包括规格材截面尺寸、板材尺寸及结构体系中的重要构造尺寸等。名义尺寸在确定地区的木结构体系中有确定的实际对应尺寸。

nominal size
▸**公称尺寸**
▹**公称寸法**
＊锯材在含水率为 12% 时，已知的或给定的尺寸，不考虑锯割的精度。

nominal value
●**参见** characteristic value

nominal value
▸**名义值**
▹**公称値**
＊用非统计方法确定的值。

non-bearing partition
▸**非承重墙**
▹**非耐力壁**
＊从楼板延伸至吊顶的，只承担自身重量的隔墙。

non-bearing wall panel
▸**非承重墙面板**
▹**非耐力壁パネル**

* 被零部件化的装配式住宅的壁板或在木材表面打钉式现场作业用的壁板中，在设计上与建筑物的结构耐力没有直接关系的板材。

non-bond joint core blockboard

▸板芯不胶拼细木工板

▹不接着コアブロックボード

* 用不胶拼的实体板芯制成的细木工板。

non-destructive evaluation by stress wave

▸应力波无损检测

▹応力波による非破壊評価

* 在不破坏材料外观及属性的前提下，通过测定应力波在待检材料中的传播速度或其他参数，来评价材料性能的方法。

non-destructive testing

▸无损检测

▹非破壊検査

* 非破坏性地测定和评价木材缺点、含水率以及强度的试验。用超音波传播法测定材料内部的缺点，用击打式的弹性波（应力波、超音波）的传播法、吸收微波、X 射线和 NMR 的 CT 法测定水分量，用小荷载法、超音波传播法、击打式的应力波（纵波）传播法和挠度振动法等测定强度。

non grain raising stain (NGR)

▸不起毛染色

▹ステイン

* 为了使木材表面不起毛而带有乙二醇等溶剂的非水溶性染色剂。

non-pored wood

▸无孔材

▹無孔材

* 不具导管的木材，包括全部针叶树材和少数阔叶树材，如水青树（*Tetracentron sinense*）和昆栏树（*Trochodendron arabioides*）等。

non-pressure process

▸常压处理法

▹常圧処理法

* 一种常压（大气压）下对木材进行的药剂处理法，包括涂抹喷涂处理法、浸渍处理法、扩散处理法、温冷浴处理法等。

non-pressure treatments

▸常压处理

▹常圧処理

* 在大气压下进行的涂刷、扩散、浸渍、热冷槽法、喷淋以及冷浸等处理。

non-structural finger-jointed lumber

▸非结构用指接材

▹非構造用フィンガージョイント材

non-structural glued-laminated timber

▸非结构用集成材

▹非構造用集成材

* 非承载用途的集成材。一般用于家具生产、建筑装饰装修等。

non-structural laminated veneer lumber

▸非结构用单板层积材

▹非構造用単板積層材

* 非承载用途的单板层积材。

non-symmetrical mixed-grade composition structural glued laminated timber

▸非对称异等组合结构用集成材

▹非対称異等級構成集成材

* 用质量等级不同的层板对非轴对称分布组成的结构用集成材。

non-uniform cross-section structural glued laminated timber

▸变截面结构用集成材

▹変断面構造用集成材

* 在长度方向上横截面尺寸有变化的结构用集成材。

non-volatile content
▸不挥发物含量
▹不揮発分；固形分
＊在一定条件下，即使加热也不会挥发或蒸发的物质。测定时，树脂不同，加热的温度和时间也不同。

non-wood particleboard
▸非木质刨花板
▹非木材パーティクルボード
＊以非木材植物（如竹材、农作物秸秆）或农业加工剩余物（如甘蔗渣、花生壳、稻壳等）等为原料制造的刨花板。

nonwoven cloth reinforced veneer
▸无纺布复合装饰薄木；无纺布复合装饰单板
▹不織布化粧単板
＊背面用无纺布增强的可卷绕的装饰单板。

normal moisture content
▸标准含水率
▹標準含水率
＊根据含水率的变化，木材强度等性质也会发生变化，所以设定12%为标准含水率。

normal temperature drying
▸常温干燥
▹常温乾燥
＊干燥介质的温度在50～100℃范围内的室干。

North American timbers
▸北美木材
▹北米材
＊指美国产、加拿大产或阿拉斯加产的木材等，也可以总称为美国产木材。

nose bar
▸压棱压尺
▹ノーズバー
＊旋板机或切片机的压杆顶端的杆部。作用是压住原木减少单板发生内裂。

notch and tooth connection
▸齿连接
▹歯接続
＊受压构件的端头做成齿榫，抵承在另一构件的齿槽内以传递压力的连接方式。

novolak
▸酚醛清漆
▹ノボラック
＊让酚醛和甲醛反生弱酸性缩合反应所得的线性酚醛树脂。分子量在1000左右，常温下为固体，可溶于乙醇和丙酮，与六甲撑四胺反应，可得三维结构的树脂。

numerical control sander
▸数控砂光机
▹エヌシーサンダー；数値制御サンダー
＊数控移动研磨头和台面等以研磨工件的木工砂光机。

numerical controlled router
▸数控镂铣机
▹エヌシールーター；数値制御ルーター
＊数控移动台面和主轴，对工件进行雕刻、倒棱、削减等加工的木工铣床。

nut
▸螺帽
▹ナット；留めネジ
＊具有内螺纹并与螺栓配合使用的紧固件。

nyatoh
●参见 *Payena* spp.

NZN
▸环烷烃酸亚铅木材防腐剂
▹エヌゼットエヌ；脂肪酸金属塩系木材防腐剤
＊成分是环烷酸锌的木材防腐剂。

O

oak

▸橡木
▹赤樫

oblique scarf

▸金轮对接
▹金輪継ぎ

oblique scarf joint

▸斜嵌接
▹相欠きかま継ぎ

occupant load

▸居住荷载
▸居住荷重
* 整栋房屋和某一部分的设计容纳人数。

odorless plywood

▸无醛胶合板
▹無臭合板
* 甲醛释放量极低的胶合板。

oil-borne preservative

▸油溶性防腐剂
▹油溶性保存薬剤
* 在油质溶剂中混合溶解有效成分的有机木材保存剂。浸透木材的性能良好，多用于木材的表面处理。

oil cell

▸油细胞
▹油細胞
* 异形细胞之一，在阔叶树材的放射薄壁组织或轴向薄壁组织的细胞内壁中含有油脂（油状物）的细胞。

oil filler

▸油性腻子
▹油性目止め剤
* 用干性油提炼砥石粉等体质剂的物质。很少起毛，但是干燥慢。

oil finish

▸油性涂饰
▹オイルフィニッシュ
* 一种涂装法，在亚麻油等干性油中注入少量树脂、干燥剂、着色剂、矿物油（用于降低黏度）等，使之渗透固化在木材表面的组织内部，并形成薄膜的方法。用于丹麦家具和柚木制作的家具等。

oil paint and varnish

▸油性涂料
▹油性塗料
* 形成涂膜的主要成分是干性油的涂料总称，包括油漆、清漆、磁漆等。

oil preservative

●参见 oil type preservative
▹油状薬剤

oil tempered board

▸油热处理板
▹オイルテンパードボード
* 制造硬质纤维板时，在热压前的湿板或热压后的木板上渗透亚麻油、松浆油、大豆油等干性油，之后再用160℃左右的温度加热处理5～9小时制成的木板。强度和耐水性都有所提高。

oil type preservative

▸油类防腐剂
▹油性防腐剤
* 杂酚油、煤焦油—杂酚油混合物、杂酚油—石油混合液、油载类防腐剂和其他不溶于水的油质防腐剂。

oiled fiberboard

▸浸油纤维板
▹オイルファイバーボード
* 经桐油等干性油浸渍处理的纤维板。

okkake daisen tenon

▸斜榫插销拼接
▹追掛大栓（継ぎ）

oligoesterification
▸木材低聚酯反应
▹オリゴエステル化
＊在木材中，让马来酸酐或酞酐等二元酸酐与苯基缩水甘油醚、烯丙基缩水甘油醚、甲基丙烯酸缩水甘油酯等环氧化物在高温下发生反应，酸酐和环氧化物就会相互附加的反应。低聚酯反应的木材会显示热流动性，可以成形。

on center (o/c)
▸取中
▹オン中心
＊一种用于定义丈量基准点的术语：即从一个中心到其相邻构件中心，如墙骨、搁栅或钉子的间距。

on-site acceptance
▸进场验收
▹現場検収
＊对进入施工现场的材料、结构配件和设备等按相关的标准要求进行检验，以对产品质量合格与否做出认定。

opaque finish
▸不透明涂饰
▹不透明仕上げ

open assembly
▸开式陈化；开口陈化
▹オープンアセンブリー；開放堆積
＊单板涂胶后放置一段时间再进行组坯，然后进行加压胶合。

open assembly time
▸开式陈化时间
▹オープンアセンブリータイム；開放堆積時間

open flame location
▸明火地点
▹裸火区域
＊室内外有外露火焰或赤热表面的固定地点（民用建筑内的灶具、电磁炉等除外）。

open floor
▸架空层
▹開床
＊仅有结构支撑而无外围护结构的开敞空间层。

open panelized system
▸开放式组件
▹プレハブアセンブリー
＊在工厂加工制作完成的，墙骨柱、搁栅和覆面板外露的板式单元。该组件可包含保温隔热材料、门和窗户。

open web truss
▸空腹桁架
▹オープンウェブトラス
＊桁架承受上部荷载时，上部受压、下部受拉，中部几乎不受力，为充分发挥材料的力学性能、减少材料的消耗及造价，可将桁架中部做成空的，即空腹桁架。

opening
▸压机开档
▹圧締盤間隔；熱盤間隔

oral insecticide
▸口服杀虫剂
▹食毒剤

orange peel
▸橘皮纹
▹ゆず肌
＊木塑复合材料外观呈现出的类似于橘皮面的不规则麻点表面现象。

order coleoptera
•参见 beetles

order Hymenoptera
▸膜翅目
▹膜翅目
＊属昆虫纲，大多数为捕食性或寄生性，少数为植食性。翅膜质、透明，两对翅质地相似，后

翅前缘有翅钩列与前翅连锁，翅脉较特化；口器一般为咀嚼式或嚼吸式。危害木材的只有三个科，即蚁科（Formicidae）、木蜂科（Xylocopidae）和树蜂科（Siricidae）。

organic solvent based preservative

● 参见 organic solvent preservative

organic solvent preservative (OS)

▸ **有机溶剂型防腐剂；油溶型防腐剂**

▹ **有機溶媒系保存剤；油溶性薬剤；油溶性防腐剤**

* 使用时溶于有机溶剂中，同有机溶剂一起以有机溶液的形式渗入木材中的防腐剂。

oriented fiberboard (OFB)

▸ **定向纤维板**

▹ **配向性繊維板；配向性ファイバーボード**

* 一种采用机械或静电场使纤维定向排列成型后制成的干法纤维板。

oriented forming

▸ **定向铺装**

▹ **配向成形**

* 一种利用机械（或静电）作用，使窄长薄平刨花沿一定方向排列，形成板坯的铺装方式。按照定向原理不同，分为机械定向和静电定向。

oriented strand board (OSB)

▸ **定向刨花板**

▹ **オーエスビー；オリエンテッドストランドボード；配向性ストランドボード**

* 由规定形状和厚度的木质大片刨花施胶后定向铺装，再经热压制成的多层结构板材，其表层刨花沿板材的长度或宽度方向定向排列。

oriented strand lumber (OSL)

▸ **定向刨花层积材**

▹ **配向性ストランドランバー**

* 由长细比大的薄平刨花沿构件长度方向层积铺装胶合而成的结构用木质复合材。刨花厚度不小于2.54mm，宽度不小于厚度，长度不小于190mm。

original weight

▸ **原重量**

▹ **原重量**

orthogonal cutting

▸ **正交切削**

▹ **二次元切削**

* 刀具的刀尖线条与其行进方向成直角的普通切削。

orthotropic anisotropy

▸ **正交各向异性**

▹ **直交異方性；オルソトロピー**

* 表示在相互垂直的两个方向上的物理性质不同。

oscillating pressure method (OPM)

▸ **振荡加压法；加压真空交替法**

▹ **交替加压法**

* 处理罐中注入防腐药液（剂）后，反复交替应用短周期压力处理和真空处理。

osmose process

▸ **渗透法**

▹ **オスモース法**

* 把比例为 1∶1 左右的防腐药液（剂）和水的混合物涂抹在生材或高含水率木材的表面，或者短时间浸泡后，使用防水纸或塑料纸包裹处理后的木材，并放置 1 ~ 2 个月。期间使药剂扩散渗透到木材中。

Ostrya japonica

▸ **铁木**

▹ **アサダ**

out-plane buckling
▸面外挫屈
▹面外座屈

outer layer of secondary wall
▸次生壁外层
▹二次壁外層

outmost lamina
▸表面层板
▹最外層ラミナ
* 异等组合胶合木中，位于构件截面的表面边缘，距构件边缘不小于 1/16 截面高度范围内的层板。

oven-dry weight
•参见 absolute dry weight

oven-dry condition
▸绝干状态
▹絶乾状態

over lap
▸叠芯
▹オーバーラップ
* 胶合板同一层内相邻两芯单板（或一张开裂单板的两部分）互相重叠的现象。

overcure
▸过硬化
▹過硬化
* 由于固化黏合剂过度硬化，通常在胶合面上发生龟裂。

overdrying
▸过干
▹オーバードライ
* 木材干燥时间过长，使终含水率低于要求含水率很多。

overhang
▸挑檐
▹オーバーハング
* 屋面挑出外墙的部分，主要是为了方便做屋面排水，对外墙也起到保护作用。

overhanging
▸悬挑
▹オーバーハング；はね出し

overlap
▸搭接
▹オーバーラップ
* 木结构呼吸纸和防水材料施工过程中，为了满足工艺要求需要对材料进行重叠铺设的部分称为搭接。

overlay
▸覆盖物
▹オーバーレイ

overshang shading
▸水平遮阳
▹水平シェーディング
* 位于建筑门窗洞口上部，水平伸出的板状建筑遮阳构件。

oxygen demand
▸需氧量
▹酸素要求量

P

package piling
▸单元堆
▹パッケージパイル
*将木料平堆成一定大小断面（如1m×1m）的单位材堆。

pallet
▸托板
▹パレット
*在用叉车运输货物时使用的低桌腿台子。

pallet-use plywood
▸托板用胶合板
▹パレット用合板

Pallmann ring flaker
▸帕尔曼环式刨片机
▹パールマンミル型破砕機

panel construction
▸板式构造
▹パネル構法
*与由梁和柱组成的构架不同，是由整个墙壁构成结构体的壁式构造之一。这种构造中可以进行部件的工业生产，也可以使生产和施工合理化。

panel door
▸板式门
▹パネルドア
*在框架中镶嵌木板或玻璃的门。

panel shear test
▸板面内剪切试验
▹パネルシアーテスト
*在板材面内剪切时，沿着板材的边直接施加剪切力的试验。

paraffin-impregnated wood
▸石蜡浸注木
▹パラフィン注入木材
*把石蜡浸注在木材中，有斥水性，但是黏接性和涂装性会变差。石蜡因疏水性具有很大的分子量，所以不会进入到细胞壁中的内部表面，因此，吸湿性在本质上不会变化，但是吸湿速度会变慢。

parallel board joint
•参见 edge joint

parallel chord truss
▸平行弦桁架
▹直弦トラス
*一种桁架，其上弦杆和下弦杆处于平行的位置。

parallel grain jointing
▸单板纵向胶拼
▹縦方向接着
*胶拼时单板进给方向与单板纹理方向平行。

parallel grain lay-up
▸顺纹组坯
▹順目レイアップ
*所有单板按纹理方向平行组合排列的组坯方式。

parallel grain wood laminated plastic
▸顺纹木材层积塑料
▹順目木材積層プラスチック
*浸胶单板经顺纹组坯后压制的木材层积塑料。

parallel strand assembly
•参见 parallel grain lay-up

parallel strand lumber (PSL)
▸单板条层积材
▹パラレルストランドランバー
*由单板条沿构件长度方向顺纹层积组坯胶合而成的结构用木质复合材。单板条截面最小尺寸不大于6.9mm，长度不小于截面最小尺寸的150倍。

parallel testing
▸平行检验
▹並列試験
*项目监理机构在施工单位自检的

同时，按有关规定、建设工程监理合同约定对同一检验项目进行的检测试验活动。

parallel to grain

▸顺纹

▹順目

*木构件木纹方向与构件长度方向一致。

parapet

▸胸墙

▹パラペット

*在屋顶、阶地、桥梁等边缘上做保护的墙。

***Parashorea* spp.**

▸柳桉；柳桉属

▹ホワイトセラヤ

paratracheal parenchyma

▸傍管型薄壁组织

▹随伴柔組織

*在模式情况下，依附管孔或导管的轴向薄壁组织。可分为稀疏傍管状、环管束状、翼状、聚翼状、单侧傍管状、傍管带状六类。

parenchyma

▸薄壁组织

▹柔組織

*详见 longitudinal parenchyma

parenchyma cell

▸薄壁细胞

▹柔細胞

parking space

▸停车空间

▹駐車スペース

*停放机动车和非机动车的室内外空间。

parquet

•参见 marquetry

parquet block

▸镶嵌地板

▹パーケットブロック

partial edge support

▸边缘不完全支承状态

▹パーシャルエッジサポート

*楼面板、屋面板宽度方向的边缘放置在搁栅构件上，长度方向的边缘无支承，但两块楼面板或屋面板之间相邻的边缘通过企口、端夹或其他类似方式相连的状态。

particle

▸刨花

▹パーティクル

*木材或非木材植物纤维原料经机械加工而成的具有一定形态和尺寸的片状、棒状和颗粒状碎料的统称。

particle blending

▸刨花拌胶

▹パーティクルブレンド

*通过各种方法将一定质量的胶黏剂和添加剂均匀施加于刨花表面的过程。

particle board

•参见 particle board

particle drying

▸刨花干燥

▹パーティクル乾燥

*通过介质加热使刨花中水分蒸发，达到工艺所要求的终含水率的过程。

particle geometry

▸刨花形态

▹パーティクル形態

*刨花的形状和尺寸。常用形状系数（slender ratio）描述。

particle mat forming

▸刨花铺装

▹パーティクル成形

*利用各种装置将施胶后刨花铺成一定结构刨花板坯的过程。铺装方法有气流铺装、机械铺装和定向铺装等。

particle moisture content

▸刨花含水率

▷パーティクル含水率

* 刨花中水分质量与绝干刨花质量的百分比。

particle preparation

▸刨花制备

▷パーティクル生成

* 将木材或非木材植物纤维原料用机械方法加工成刨花的过程。

particle screening

▸刨花分选

▷パーティクル選別

* 将刨花依其尺寸、形状或单位面积质量进行分类的过程。分选方法有机械分选和气流分选两种。

particleboard

▸刨花板

▷削片板；パーティクルボード；チップボード

* 将木材或非木材植物纤维原料加工成刨花（或碎料），施加胶黏剂（和其他添加剂），铺装成型并经热压而成的人造板。

partition

▸隔间墙

▷間仕切壁

partition wall

▸隔墙

▷間仕切壁

partitions with timber framework

▸木骨架组合墙体

▷木造骨組み隔壁

* 在由规格材制作的木骨架外部覆盖墙面板，并可在木骨架构件之间的空隙内填充保温、隔热、隔声材料而构成的非承重墙体。

parts

▸部品

▷部品

* 由工厂生产，构成外围护系统、设备与管线系统、内装系统的建筑单一产品或复合产品组装而成的功能单元的统称。

party wall

▸共用隔墙

▷境界壁；共有壁；仕切り壁

* 一种分隔建筑物不同的居住和商业空间的墙体类型，并满足当地防火隔音规范要求。

passive solar house

▸被动式太阳房

▷パッシブソーラーハウス

* 不需要专门的太阳能供暖系统部件，而通过建筑的朝向布局及建筑材料与构造等的设计，使建筑在冬季充分获得太阳辐射热，维持一定室内温度的建筑。

patch

▸补片

▷埋め木

* 用于单板挖补的一定形状的单板片。补片的形状通常为圆形、椭圆形或菱形。

patching

▸挖补；修补

▷パッチング

* 将单板上不符合标准的缺陷部分（虫眼、孔洞、节子等）用工具挖去，然后再补上一块与挖去部分周围单板的树种、纹理、色泽、厚度等相同、没有外观缺陷的单板片的加工过程。

patching machine

▸修补机；喷浆机

▷パッチングマシン

* 给单板或胶合板上洞眼等缺陷部分填补木缝的机器。

patrol inspecting

▸巡视

▷パトロール検査

* 项目监理机构对施工现场进行的定期或不定期的检查活动。

pattern paper

▸木纹纸

▷パターン紙

＊厚度 0.10 ~ 0.25mm，凹版印刷木纹等，含有三聚氰酰胺树脂的纸。

patterned veneer

▶薄木拼花

▷パターンベニヤ

＊按设计图案，将若干张薄木拼接在一起。

Paulownia tomentosa

▶毛泡桐

▷キリ

Payena **spp.**

▶矛胶木属

▷ニアト（ナトー）

peeled veneer

▶旋切单板

▷ロータリー単板

＊利用旋切机从木段上连续切削制成的单板。

peeler block preconditioning

▶木段水热处理

▷ブロック水熱処理

＊用一定温度的热水或蒸汽对木段进行软化处理的过程。

peeling

▶剥离；旋切

▷剥離；ピーリング

＊木段作定轴回转，旋刀刀刃平行于卡轴中心线从木段外周向木段中心作直线进给运动，将木段切削成连续单板带的过程。

peeling knife

▶旋刀

▷剥皮ナイフ

＊对木段进行旋切加工所用的刀具。

peeling test

▶剥离试验

▷ピーリングテスト

peeling torn

▶超前裂缝

▷剥離トーン

＊旋切时旋刀对木段施加的劈力使单板在被切削之前已被撕开，且不沿切削轨迹进行，这种不规则的裂纹称为超前裂缝。它造成了单板表面的凹凸不平。

Peltogyne lecointei

▶紫心苏木

▷パープルハート

pendant strut

▶吊拉支柱

▷吊束

penetration

▶浸透

▷浸透

＊气体或液体进入木材的现象称浸透，穿过木材内部的现象称透过。木材纤维方向的水浸透性和透过性比垂直方向的大，边材的比心材的大。阔叶树材的气体透过性比针叶树材大。

pentachlorophenol (PCP)

▶五氯苯酚

▷ピーシーピー；ペンタクロロフェノール

＊C_6Cl_5OH、分子量 226.3 的化合物，用于木材防霉药剂，毒性强，现在被限制使用。

perforated board

▶有孔板

▷有孔ボード

perforated fiberboard

▶有孔纤维板

▷有孔繊維板

＊在纤维板表面加工出一定排列规律的小孔，使其具有吸音和装饰功能。

perforated plywood

▶有孔胶合板

▷有孔合板

＊在厚度 6mm 以下的胶合板上用钻孔机等距离钻等直径的孔，起到装饰性和吸音性效果的二次加工胶合板。

perforated wood-based panel
▸有孔人造板
▹有孔木質パネル
* 具有吸音、装饰等效果的表面有孔人造板。

perforation plate
▸穿孔板
▹穿孔板
* 两个导管轴向相连的连接壁面，去掉穿孔板的大部分或一部分形成穿孔的洞眼。它包括单孔穿孔板和多孔穿孔板两类，后者又包括阶梯型穿孔板和麻黄型穿孔板等。

performance code
▸性能规定
▹性能規定

performance function
▸功能函数
▹パフォーマンス関数；評価関数
* 基本变量的函数，该函数表征一种结构功能。

permanent action
▸永久作用
▹不変作用
* 在设计所考虑的时期内始终存在且其量值变化与平均值相比可以忽略不计的作用，或其变化是单调的并趋于某个限值的作用。

permanent load
▸永久荷载
▹不変荷重
* 在结构试用期间，其值不随时间变化，或其变化与平均值相比可以忽略不计，或其变化是单调的并能趋于限值的荷载。

permanent set
▸残余变形
▹永久歪み；残留歪み
* 对材料施加外力后去除外力依然存留的变形。发生在应力超出材料弹性限度，或者长时间施加外力的情况下。

permeability of wood
▸木材渗透性
▹透過性
* 流体在压力差（内力和外力之差）的作用下进出和通过木材的性质。

permissible stress method
▸容许应力法
▹許容応力度法
* 使结构或地基在作用标准值下，产生的应力不超过规定容许应力（材料或岩土强度标准值除以某一安全系数）的设计方法。

permissible stress of wood
▸木材容许应力
▹木材許容応力
* 木材在使用和载荷条件下，能长期安全地承担的最大应力。

perpendicular to grain
▸横纹
▹逆目
* 木构件木纹方向与构件长度方向相垂直。

perpendicularity
▸垂直度
▹直角度
* 工字搁栅上下翼缘的偏移距离。

persistent design situation
▸持久设计状况
▹持続性設計状況
* 在结构使用过程中一定出现，且持续期很长的设计状况，其持续期一般与设计使用年限为统一数量级。

petroleum distillates
▸石油馏分
▹石油蒸留物
* 用于木材防腐的一种石油化工产品，由原油的某些蒸馏产物组成。

pH value of wood
▸木材 pH 值

▷木材 pH 値
* 木材中水溶性物质的酸碱性，通常以木粉的水抽提物 pH 值表征。

Phellodendron amurense
▸黄檗
▷キハダ

phenol-formaldehyde resin
▸酚醛树脂
▷フェノール樹脂
* 由酚类和醛类缩合反应制得的树脂。常用的为苯酚甲醛树脂。

phenol resin adhesive
▸酚醛树脂胶黏剂
▷フェノール樹脂接着剤

phenol-resin treated wood
▸酚醛树脂处理木材
▷フェノール樹脂処理木材
* 包括将可溶性酚醛树脂类型的低分子量酚醛树脂溶液浸透、层叠、加热硬化形成的木材，和在素材上通过减压和加压注入树脂溶液处理后加热硬化形成的木材。用于电绝缘材料、门把手、汤匙柄和刀柄等。

phenol resorcinol formaldehyde resin
▸苯酚 – 间苯二酚 – 甲醛树脂胶黏剂
▷フェノール–レゾルシノール–ホルムアルデヒド樹脂接着剤
* 由苯酚、间苯二酚和甲醛经加成聚合反应制成的甲阶预聚体。常作为指接材和集成材的胶黏剂。

pheromone
▸外激素；费洛蒙；信息素
▷フェロモン
* 排除昆虫体外，给予其他同类个体以强大作用的物质。在昆虫群体中，起到个体之间相互识别和联系的巨大作用。

phloem
▸韧皮部
▷師部
* 位于形成层与树皮之间，主要由筛管分子、薄壁组织、纤维和石细胞组成，俗称内树皮。

phloem fiber
▸韧皮纤维
▷師部繊維
* 树木韧皮部中的纤维。

phosphorescence of wood
▸木材磷光现象
▷リン光
* 木材受射线照射激发或木材腐朽菌寄生而产生的一种发光现象。

photo-luminescence of wood
▸木材光激发
▷光ルミネセンス
* 木材电磁波辐射所引起的发光现象，包括木材荧光现象和木材磷光现象。

photolysis
▸光分解
▷光分解
* 光导致木材成分的分解。一般认为光能到达的深度为 0.1mm 以下，但是光主要以紫外线使木材在其中产生原子团，通过其连锁反应使木材成分分解、变色。

phoxim
▸辛硫磷；肟硫磷
▷ホキシム
* 化学名称：O–α–氰基亚苯基氨基–O，O–二乙基硫代磷酸酯。有机磷杀虫剂。由苯甲醛、羟胺、氰化钾和二乙基硫代磷酰氯等原料合成。纯品为黄色油状液体，工业品为黄棕色液体。不溶于水，易溶于有机溶剂。在中性和酸性介质中稳定，易被碱水解。有乳油和颗粒剂等。有触杀作用。

physical and chemical damage
▸物理和化学损害

▷**物理と化学的損害**

＊木材因火灾、风化、机械或化学等损伤因素的作用而造成的损毁和破坏。

physical properties of wood

▸**木材物理性质**

▷**木材物理特性**

＊木材在不受外力的作用和不发生化学变化的条件下，所表现的各种性质。主要包括木材的密度，木材与水、热、声、电、电磁波等有关的各种性质。

Picea abies

▸**欧洲云杉**

▷**オウシュウトウヒ；ヨーロッパトウヒ；ドイツトウヒ**

Picea engelmannii

▸**恩氏云杉**

▷**エンゲルマンスプルース；ベイトウヒ**

Picea glauca

▸**白云杉**

▷**シトカスプルース**

Picea jezoensis

▸**日本鱼鳞云杉**

▷**エゾマツ；蝦夷松**

Picea morrisonicola

▸**台湾云杉**

▷**タイワンスプルース**

Picea sitchensis

▸**西加云杉**

▷**シトカスプルース**

piers

▸**墩**

▷**ピア**

＊厚而粗的石块、木头或建筑物基础等。

piezoelectric effect of wood

▸**木材压电效应**

▷**木材圧電効果**

＊具有结晶的纤维素木材电介质在压力或机械振动等作用下的应变所引发的电荷定向集聚（极化）效应，主要发生于纤维素的结晶区，压电强度取决于纤维素的结晶度大小。

piezoelectric property

▸**压电性**

▷**圧電性**

＊给结晶添加应力，会发生电极化，同时产生电场，反之，使电场发挥作用，结晶会发生应变，同时产生应力的现象。

pigment emulsified creosote (PEC)

▸**轻质杂酚油；颜料乳化杂酚油**

▷**顔料乳化クレオソート**

＊传统杂酚油的改进，以除去结晶物和残渣（340℃以后为残渣）的高温煤焦油为基料，添加颜料、乳化剂和适量水制成浅色乳化防腐油，可浸注电杆、枕木等。

pilasters

▸**壁柱**

▷**付け柱；ピラスター**

＊为了增加墙的强度或刚度，紧靠墙体并与墙体同时施工的柱。

pile area

▸**材堆区**

▷**パイルエリア**

＊气干板材堆放成材堆的区域。

pile foundation

▸**桩基础**

▷**杭（打ち）基礎**

＊由设置于岩土中的桩和连接于桩顶端的承台组成的基础。

piled-up stone block

▸**叠石**

▷**ブロック積み**

piles

●参见 stack

piling

▸**堆积；卡垛**

▷栈積
＊干燥木材时，在材料之间垂直夹住小方形木条进行的堆积。它包括水平堆积、稍有斜角的倾斜堆积和垂直方向的垂直堆积等。

piling method
▶堆积方法
▷堆積法
＊按干燥工艺要求堆积木料的方法。

piling under the shed
▶荫棚堆积法
▷アンダーシェッド堆積法
＊在具有活动遮荫的简易棚架中堆积锯材。

pillar of sawn timber pile
▶锯材垛基
▷挽材パイルピラー
＊锯材垛的基础，通常由垛基及垫条两部分组成，也可用两根混凝土条状垛基或连接式石条垛基做成。

pilodyn
▶皮罗钉
▷ピロディン
＊检查木材劣化的仪器之一。用一定压力下打钉的深度判断劣化的程度。

pilot ignition
▶引燃
▷引火
＊在固体表面施以火源加热时，使该物质起火燃烧的现象，该温度称为燃点。木材中，一般密度越大，含水率越高，越难点燃。木材在低温（100～200℃）下长期加热也能发生低温起火，而普通建造构件的燃点都是260℃来作为木材开始迅速热分解的温度。

pilot ignition point
▶引燃点
▷引火点

pin hole
▶针孔虫眼
▷ピンホール
＊孔径小于2mm的针孔状虫孔，主要由小蠹科、长小蠹科的食菌小蠹所蛀成。

pin knot
▶针节
▷葉節；芽節
＊非常小的活节，直径通常在7mm以下。时常集体出现。

pinhole borer beetle
▶长小蠹科
▷ナガキクイムシ
＊属鞘翅目，是一种重要的针孔钻孔虫类，能将新伐原木蛀成许多圆孔，常严重危害阔叶树材。

pinhole borers
●参见 ambrosia beetles

Pinus armandii
▶华山松
▷アルマンドパイン

Pinus caribaea
▶加勒比松
▷カリビアンパイン；カリビアンマツ

Pinus contorta
▶扭叶松
▷ロッジポールパイン

Pinus densiflora
▶赤松
▷アカマツ；赤松

Pinus echinata
▶萌芽松
▷ショートリーフパイン

Pinus elliottii
▶湿地松
▷スラッシュパイン

Pinus insularis
▶岛松
▷ベンクエットパイン

Pinus kesiya
▸思茅松
▹ベングエットパイン

Pinus koraiensis
▸红松
▹ベニマツ；ホンスン；チョウセンゴョウマツ；紅松

Pinus lambertiana
▸糖松
▹シュガーパイン

Pinus merkusii
▸南亚松
▹メルクシパイン

Pinus monticola
▸加州五叶松
▹ウェスタンホワイトパイン

Pinus palustris
▸长叶松
▹ロングリーフパイン；イエローパイン；ハートパイン

Pinus parviflora
▸日本五针松
▹ヒメコマツ

Pinus ponderosa
▸西黄松
▹ポンデローザパイン

Pinus radiata
▸辐射松；蒙达利松
▹ラジアータパイン

Pinus rigida
▸刚松
▹ロングリーフパイン；タエダパイン；サザンパイン；テーダマツ

Pinus sibirica
▸新疆五针松；西伯利亚红松
▹ベニマツ；ホンスン；チョウセンゴョウマツ；紅松

Pinus strobus
▸北美乔松
▹イースタンホワイトパイン；イースタンホワイトマツ

Pinus sylvestris
▸欧洲赤松
▹オウシュウアカマツ；ヨーロッパアカマツ

Pinus taeda
▸火炬松
▹タエダパイン；ロブロリパイン

Pinus taiwanensis
▸黄山松；台湾松
▹タイワンレッドパイン

Pinus thunbergii
▸黑松
▹クロマツ

pipe shaft
▸管道井
▹パイプシャフト
* 建筑物中用于布置竖向设备管线的竖向井道。

Piptadeniastrum africanum
▸腺瘤豆
▹ダホマ

pit
▸纹孔
▹壁孔
* 在构成木材的各种细胞的细胞壁上存在的小孔。为了连接相邻的细胞而缺少细胞壁的次生壁部分。在导管或管胞之类的通水管和承受机械强度的细胞上有弓形的具缘纹孔，在薄壁细胞之类的具有储藏功能的细胞中有单纹孔。它作为木材干燥时的水分移动通道或者注入药剂的路径非常重要。

pit aperture
▸纹孔口
▹孔口

pit border
▸纹孔缘
▹壁孔縁

pit cavity
▸纹孔腔

▹壁口腔

pit chamber

▸纹孔室

▹壁孔室

pit membrane

▸纹孔膜

▹壁孔壁

* 在纹孔中，由细胞间层和初生壁构成的隔膜。针叶树材的管胞的具缘纹孔的纹孔膜由中间厚的纹孔塞和塞缘构成。纹孔膜在细胞相互间的物质移动方面非常重要，根据结构的不同，其物质移动也深受影响。管胞和薄壁细胞之间的半具缘纹孔对的纹孔膜，在管胞一侧是初生壁，在薄壁细胞一侧也是初生壁，但没有细胞间层，不会木质化。

pit-pair

▸纹孔对

▹壁孔对

* 纹孔一般在相邻的细胞间会相对应成对，称之为纹孔对。

pitch

▸齿距

▹歯距；ピッチ

pitch break joint

▸屋脊节点

▹ピッチブレイクジョイント

* 桁架屋脊处上弦杆与腹杆相交的节点。

pitch-pocket

▸脂囊；松脂孔

▹脂嚢

pith side

▸靠髓心侧

▹木裏

pithless timber

▸无髓心材

▹心去り角

pivot

▸嵌木；榫

▹雇いホゾ；ホゾ

pivot pipe

▸榫管

▹ホゾパイプ

pivoting

▸中旋窗

▹ピボット窓

* 与平开窗相似，但在底部和顶部用转轴而不是边铰链（合页）。

plain concrete

▸素混凝土

▹プレーンコンクリート；無筋コンクリート

* 由无筋或不配置受力钢筋的混凝土制成的结构。

plain sawing

▸弦向下锯

▹プレーンソーリング

* 生产弦切板的下锯。

plain-sawn timber

▸弦切板

▹平びき材

* 沿原木生长轮切线方向锯割的板材，生长轮切线与宽材面夹角小于45°的板材。

plain scarf joint

▸平斜接

▹プレーンスカーフジョイント

* 在嵌接中，把两个材料突出的部分斜着平削，再对接上的连接方法。

plan

▸平面图

▹平面図

* 构筑物等在水平投影上所得的图形。

plane

▸刨；平刨

▹鉋；平鉋

planed sawn timber

▸刨光锯材

▹平らな挽材

* 经过刨光加工符合技术要求的锯

材或集成材。

planer
▸刨机；刨盘
▹プレーナー；かんな盤；回転鉋盤；鉋盤

planer knife
▸刨刀
▹鉋刃

planer saw
▸刨锯
▹プレーナーソー

plank
▸厚板
▹厚板
* 宽度为厚度三倍或三倍以上的锯材。

planted roof
▸种植屋面
▹植えられた屋根
* 在屋面防水层上铺以种植介质，并种植植物，起到隔热作用的屋面。

plasma etching
▸等离子刻蚀
▹プラズマ加工
* 利用辉光放电产生的等离子，在高分子的表面生成架桥或双键，或者通过羟基、氨基或生成基与空气接触并导入羧基等方式进行表面改质加工。

plaster
▸抹灰
▹漆喰（壁）

plastic deformation
▸塑性变形
▹塑性变形
* 参考 plasticity。

plasticity
▸塑性
▹塑性；可塑性
* 对物体施加一定限度以上的外力，连续增加变形到不破坏为止，此时即使除去外力，其变形不再返回的性质。

plasticity processing
▸塑性成形
▹塑性加工
* 像曲木和压缩木一样，对木材施加大变形，然后通过干燥固定变形的加工。被固定的变形，在水分和热的作用下基本上还会恢复，所以产生的变形不是塑性变形。

plasticization
▸可塑化
▹可塑化
* 木材在高温和高含水率的状态下软化，或者用强碱和阿摩尼亚等药剂软化的现象。通过化学处理，可以使木材具有热塑性，塑胶化。

plasticized plywood
▸塑化胶合板
▹可塑化合板
* 包括表层单板在内的所有单板均涂施酚醛树脂，干燥后按胶合板的结构要求组坯，在高温高压下塑化制成的一种强度高、耐水性好的胶合板。

plasticizer
▸可塑剂
▹可塑剤
* 混入到高分子物质中，降低玻化温度和熔点，提高柔软性、延展性、可加工性的有机物质。

plate shear test
▸平面剪切试验
▹プレートシェアーテスト
* 以板材平面的中心为原点进行扭曲剪切试验，求与面内剪切相关的剪切弹性模量。

platen drying
▸热压干燥
▹熱圧乾燥

* 以热压机对木材适当加压的干燥方法。

platen-pressed particleboard
▸平压刨花板
▹プラテンプレスパーティクルボード
* 利用连续平压法或周期式平压法制造的刨花板。

platform framing
▸木板框架
▹プラットフォーム構法
* 一种房屋构筑系统，其中每层楼的楼板搁栅安置在下面楼层的顶板上（顶层搁栅则安置在地基基石上），承重墙和隔墙则放置在每层楼的楼面底板上。

Platypodidae
●参见 pinhole borer beetle

plot ratio
▸容积率
▹容積率
* 在一定范围内，建筑面积总和与用地面积的比值。

plug
●参见 patch

plumb line
▸铅垂线
▹鉛直線
* 物体重心与地球重心的连线称为铅垂线（用圆锥形铅垂测得），多用于建筑测量。

plus bending
▸正弯曲
▹プラス曲がり
* 当荷载作用于非对称异等组合结构用集成材受压侧层板的宽面上，受拉侧层板的宽面朝下时的弯曲。

ply
▸层
▹層
* 胶合板中相邻两胶层之间的单板层，若相邻两层单板纤维方向基本一致时，应视为一层。

plybamboo
▸竹材胶合板
▹竹材合板
* 以竹材为原材料，按胶合板构成原则制成的板材，包括竹片胶合板、竹篾胶合板、复合竹材胶合板等。

plymetal
●参见 metal plywood

plywood
▸胶合板
▹合板
* 奇数层单板按相邻层木纹方向相互垂直组坯胶合压制而成的板材。

plywood for concrete-form
▸混凝土模板用胶合板
▹コンクリート型合板
* 可用作混凝土成型模具的胶合板。

plywood for general use
▸普通胶合板
▹普通合板

plywood for specific use
▸特种胶合板
▹特殊合板
* 具有某种特殊性能，适用于特殊用途的胶合板。如船舶胶合板、难燃胶合板、航空胶合板等。

plywood repairing
▸胶合板修理
▹合板修理
* 热压后，对胶合板表面存在的裂缝等缺陷或边角开裂处进行修补处理以提高其等级的过程。

pneumatic conveying dryer
▸气流干燥机
▹気流乾燥機；フラッシュドライヤー
* 把纤维悬浮在高温高速气流（15 ~

20m/s）中进行传送时，瞬间使之干燥的装置，由长干燥管、空气加热装置、给料装置、旋风器和排气装置组成。

podium
▸**裙房**
▹**ポディウム；基壇**
＊在高层建筑主体投影范围内，与建筑主体相连且建筑高度不大于24m的附属建筑。

point
▸**齿端**
▹**歯端**
＊锯齿端部。

point load
▸**集中荷载**
▹**点荷重**
＊作用在一个点上的荷载。

Poisson's ratio
▸**泊松比**
▹**ポアソン比**
＊对物体施加垂直应力时，在应力作用的方向和与之垂直的方向上产生变形。前一方向的变形与后一方向的变形比就是泊松比。用于在对胶合板等板材施加弯曲荷载时的挠度计算。

pole plate
▸**椽端板；檐桁**
▹**軒桁**
＊构成房檐的部件之一。支撑椽子的横木，架设在柱子顶部。

polished stainless steel caul
▸**抛光垫板**
▹**艶出し敷板**
＊表面经抛光处理、光泽度较高的不锈钢垫板。

polishing
▸**抛光；研磨**
▹**艶出し**

polyethylene (PE)
▸**聚乙烯塑料**
▹**ポリエチレン**
＊一种常用于弹性管道、蒸汽屏障、屋顶通风等场合的塑料。

polyethylene glycol treatment
▸**聚乙二醇处理**
▹**ポリエチレングリコール含浸処理；ペグ処理；PEG処理**
＊一种稳定木材尺寸的处理方法。把生材浸渍在分子量1000～1500的聚乙二醇［PEG、HO（CH_2CH_2O）$_n$H］水溶液（浓度30％～50％）中，之后干燥处理。根据膨化效应可得尺寸稳定性。在保存浸水出土木材时，使用PEG4000（平均分子量约为3000）。另外，涂抹或浸渍低分子量的PEG后，可防止干裂。

polyisocyanate adhesive
▸**多异氰酸酯胶黏剂**
▹**ポリイソシアネート接着剤**
＊含有多异氰酸酯小分子的胶黏剂。

polyolefin adhesive
▸**聚烯烃树脂胶黏剂**
▹**オレフィン系樹脂接着剤；α-オレフィン樹脂接着剤**
＊一种热塑性树脂胶。由乙烯、丙烯、异乙烯等α-烯烃、醋酸乙烯、丙烯酸乙酯、马来酸酐等极性单体组成的共聚合物。

polyporaceae
●参见 family polyporaceae

polyurethane adhesive
▸**聚氨酯胶黏剂**
▹**ポリウレタン系接着剤**
＊以聚氨基甲酸酯为主体的胶黏剂。

polyurethane foam
▸**聚氨酯泡沫**
▹**ウレタンフォーム**
＊工程填缝材料，可黏附在混凝土、涂层、墙体、木材及塑料表面。

polyurethane insulation
▸聚亚胺脂保温材料
▹ポリウレタン断熱材
* 淡黄色的封闭气孔保温泡沫，气孔中含有制冷气体（碳氟化合物）。也可用作空气屏障，但不可作为蒸汽屏障。

polyurethane resin adhesive
▸聚氨酯树脂胶黏剂
▹ポリウレタン樹脂接着剤

polyurethane resin coating
▸聚氨酯树脂涂料
▹酢酸ビニル樹脂エマルジョン接着剤；酢ビ
* 主剂为醋酸乙烯、媒介为水的乳液聚合热塑性胶黏剂。通常指将微粒子状的聚合物放入水中形成的乳胶。水溶剂会消失变成黏膜。常温下的黏接性好，耐热性和耐水性差。常用于木工上。

polyvinyl acetate adhesive
▸聚乙酸乙烯酯胶黏剂
▹酢酸ビニル樹脂系接着剤
* 以乙酸乙烯酯聚合物为主要成分的胶黏剂。

polyvinyl acetate resin adhesive
●参见polyvinyl acetate adhesive
▹酢酸ビニル樹脂エマルジョン接着剤

***Pometia* spp.**
▸番龙眼属
▹マトア（タウン）

ponderosa pine
●参见 *Pinus ponderosa*

pony wall
▸矮墙
▹ポニーウォール
* 用于支撑楼板完成面和吊顶间区域低矮木框架墙体。

pore
▸管孔
▹空隙
* 阔叶树材导管细胞的横切面，呈孔穴状。

pore pattern
▸管孔式
▹空隙パターン
* 阔叶树材管孔在一个年轮内排列的方式。一般可分为环孔材、散孔材、半散孔材或半环孔材等类别。

pore zone
▸管孔带
▹孔圈

pored wood
▸阔叶树材；有孔材
▹有孔材
* 具有导管的木材。

porosity of surface
▸表面孔隙
▹表面孔隙
* 经表面装饰后的人造板表面呈现的针孔状缺陷。

port orford cedar
●参见 *Chamaecyparis lawsoniana*

post
●参见 column

post and beam with shear wall construction
▸木框架剪力墙结构
▹軸組構造
* 在方木和原木结构中，主要由地梁、梁、横架梁与柱构成木框架，并在间柱、楼盖、屋盖上铺设木基结构板，或在木框架内设置斜撑以承受水平作用的木结构体系，简称为框剪木结构。

post beetle
●参见 false powder

post cure
▸后固化
▹後硬化

post forming
▸后成型

▷後成形
* 常指通过局部加热等方法，将后成型用三聚氰胺高压装饰板软化、弯曲、冷却成型的一种方法。

post treatment
▸后期处理
▷後処理
* 对人造板成品进行的防腐处理方法，包括加压浸渍、常压浸泡、喷涂等处理工艺。

pot life
▸活性期；适用期
▷ポットライフ；可用時間
* 配置好的胶黏剂，在一定条件下维持其可使用性能的最长时间。

powder post beetle
▸粉蠹甲
▷ヒラタキクイムシ

powdered adhesive
▸粉状胶黏剂
▷粉末接着剤
* 通过将尿素或苯酚等树脂的初始加成 / 缩合反应产物喷雾干燥成粉末而制成的黏合剂。保存期长，在寒冷地区使用前，应立即将其溶解在水中使用。

power consumption
• 参见 electricity consumption

precious wood
▸珍贵木材
▷銘木

precipitating agent
▸沉淀剂；絮凝剂
▷沈殿剤
* 一种加速或帮助悬浮物沉淀或附着的助剂。如湿法纤维板中促进防水剂吸附到纤维上而施加的硫酸铝、硫酸亚铁等化学药剂。

precure
▸预固化
▷プリキュアー；早期硬化；前硬化
* 在加压前胶黏剂发生固化的现象。

precure layer
▸预固化层
▷前硬化層
* 板坯热压时在单位压力未达到规定值之前，胶黏剂提前固化而在人造板表面形成的疏松层。

precut
▸预（裁）切
▷プレカット

pre-cut system
▸预切割系统
▷プレカット系統
* 以前的接缝接头都是手工的，现在多用预切割机在短时间内自动加工而成。预切割接缝接头的强度性能比手工大 1.2 ~ 2.0 倍，加工精度好，因此初期刚性也好。在侧面和连接处没有空余，所以预切割的更具有破坏性。

pre-dry kiln
▸预干室
▷予備乾燥室
* 配备有加热和通风装置，可对材堆进行低温干燥的大型简易干燥设备。

predrying
▸预干
▷予備乾燥
* 在进行常规或特种干燥之前，气干或在预干室内将湿材用低温干燥到 20% ~ 30% 含水率的预先干燥。

prefabricated house
▸装配式住宅
▷プレハブ住宅
* 把房屋的部件或一部分在工厂事先生产好，再运到施工现场进行组装的房屋。代表性的构造是板式构造。

prefabricated buildings
▸装配式建筑

▷プレハブ建築

＊结构系统、外围护系统、设备与管线系统、内装系统的主要部分采用预制部品部件集成的建筑。

prefabricated hybrid timber structure

▶装配式木混合结构

▷プレハブ木質ハイブリッド構造

＊由木结构构件与钢结构构件、混凝土结构构件组合而成的混合承重的结构形式，包括上下混合装配式木结构、水平混合装配式木结构、平改坡的屋面系统装配式以及混凝土结构中采用的木骨架组合墙体系统。

pre-fabricated modular construction kiln

▶装配式结构干燥室

▷プレハブ式モジュール構造乾燥室

＊预制构件现场组装而成的干燥室。

prefabricated panelized component

▶装配式组件

▷パネル式プレハブ部品

＊在工厂加工制作完成的墙体、楼盖和屋盖等预制板式单元，包括开放式组件和封闭式组件。

prefabricated partitions with timber framework

▶装配式木骨架组合墙体

▷プレハブ木造骨組み壁

＊由规格材制作的木骨架外部覆盖墙板，并在木骨架构件之间的空隙内填充保温隔热及隔声材料而构成的非承重墙体。

prefabricated timber buildings

▶装配式木结构建筑

▷プレハブ式木造建築

＊建筑的结构系统是由木结构承重构件组成的装配式建筑。

prefabricated timber components

▶装配式木结构组件

▷木質プレハブ部品

＊由工厂制作、现场安装，并具有单一或复合功能的，用于组合成装配式木结构的基本单元，简称木组件。木组件包括柱、梁、预制墙体、预制楼盖、预制屋盖、木桁架、空间组件等。

prefabricated timber structure

▶装配式木结构

▷プレハブ木質構造

＊采用工厂预制的木结构组件和部件，以现场装配为主要手段建造而成的结构，包括装配式纯木结构、装配式木混合结构等。

prefabricated volumetric component

▶装配式空间组件

▷プレハブ空間部品

＊在工厂加工制作完成的由墙体、楼盖或屋盖等共同构成具有一定建筑功能的预制空间单元。

prefabricated wall panels

▶装配式木墙板

▷プレハブパネル壁

＊安装在主体结构上，起承重、围护、装饰、分隔作用的木质墙板。按功能可分为承重墙板和非承重墙板。

prefabricated wood I-joist

▶装配式木工字梁

▷木質プレハブI型桁

＊用锯制或结构用复合材翼缘和结构用板材腹板生产的工字形截面的结构件，采用室外级胶黏剂胶合翼缘和腹板。主要用于支承地板、楼板或顶棚。

prefabrication

▶预加工

▷プレハブ加工

* 防腐处理前，为达到成品形状和要求尺寸而对木材进行的锯、刨、钻等机械加工。

preheating
▸预加热
▹予熱；予備加熱
* 在加压浸注前，木材浸于热防腐剂或热蒸汽中进行调湿处理。

preliminary vacuum
▸初真空
▹前排気

preloading foundation
▸预压地基
▹プレハブ基盤
* 在原状土上加载，使土中水分排出，以实现土的预先固结，减少建筑物地基后期沉降和提高地基承载力。按加载方法的不同，可分为堆载预压、真空预压、降水预压三种预压地基。

preparation for treatment
▸处理前准备
▹処理前準備
* 木材防腐处理前进行的各种前期处理，如干燥、刻痕等。

preparing of veneers
▸单板制备
▹調板
* 在制造胶合板的工序中，选择干燥后的单板，进行边缘连接或修补，为了制成规定的胶合板，可分为面板、背板、长芯板、芯板等。

prepolymer
▸预聚物
▹プレポリマー

prepressing
▸预压
▹予備圧締；仮圧締；プリプレス
* 在常温条件下，对组坯或铺装后的板坯进行加压，使其达到一定的密实度、厚度及初强度的加工工序。

prescriptive design method
▸构造设计法
▹構造設計法
* 结构抗侧力设计时，按规定的要求布置结构构件，并结合相应的构造措施以取得结构、构件安全和适用的设计方法。

preservative
▸防腐剂
▹防腐剤
* 能毒杀木腐菌、昆虫、凿船虫以及其他侵害木材生物的化学药剂。

preservative-treated particleboard
▸防腐刨花板
▹防腐処理パーティクルボード
* 具有一定抗腐性能的刨花板。

preservative-treated plywood
▸防腐胶合板
▹防腐合板
* 在单板或胶黏剂中加入防腐剂，或者板材经防腐剂处理，具有防止真菌变色和腐朽功能的特种胶合板。

preservative treated wood
▸防腐木材
▹防腐処理木材
* 经木材防腐剂处理的木材及其制品。

preservative treatment
▸防腐处理
▹防腐処理

preserved sawn timber
▸防腐锯材
▹防腐挽材
* 经过处理具有抗腐性能的锯材。

press
▸压机
▹プレス

pressed pile by anchor rod
▸锚杆静压桩
▹アンカーロッド静圧杭
* 利用锚杆将桩分节压入土层中的沉桩工艺。锚杆可用垂直土锚或临时锚在混凝土底板、承台中的地锚。

pressing
▸加压
▹圧締
* 在涂有胶黏剂的木材上均衡加压使之贴紧，待胶黏剂充分固化完成胶合的操作，包括同时加压加热和常温加压的情况。加压因素主要包括加压压力、加压时间、加压温度等，木材的加压条件因材质不同而异。

pressing pressure
▸加压压力
▹圧締圧

pressing process
▸加压过程
▹加圧処理法

pressing temperature
▸加压温度
▹圧締温度

pressing time
▸加压时间
▹圧締時間
* 板坯在压机中从单位面积压力达到规定值开始至压力完全解除的时间。

pressure bar
▸压尺
▹プレッシャーバー
* 在旋切或刨切单板时，为避免木材提前劈裂和减少单板背面裂隙，在刀刃刃口处对木材施压的装置。常用的有压棱压尺（nose bar）和辊子压尺（roller bar）两类。

pressure drying
▸加压干燥
▹加圧乾燥
* 在密闭容器内以高于常压的蒸汽对木材进行干燥。

pressure increasing time
▸升压时间
▹昇圧時間
* 从压机完全闭合后，板坯开始受压至单位面积压力达到规定值所用的时间。

pressure period
▸压力处理段
▹圧力期間
* 加压浸渍作业中，对压力罐中的木材和防腐药液（剂）进行加压处理的阶段，压力超过大气压力或初始气压。

pressure process
●参见 pressure treatment

pressure treatment
▸加压处理
▹加圧処理
* 应用压力将防腐剂注入木材中的处理工艺。

pretreatment
▸初期处理；预热
▹前処理
* 在干燥开始前对木材进行的热湿处理，目的是使木材加热和消除应力。

prevailing wind
▸主风向
▹卓越風
* 又称盛行风向，是指一个地区在某一时段内出现频数最多的风或风向。

primary diameter
▸原有直径
▹初期直径
* 原木断面损坏之前的直径。

primary gluing
▸初次胶合
▹一次接着

* 对制造胶合板、层积材、集成材时的单板和锯材等材料进行胶合连接称为初次胶合。与之相对，对制造门和家具等产品时的胶合板和板材进行连接称为二次胶合。

primary wall

▸**初生壁**

▹**一次壁**

Primavera

●参见 *Tabebuia donnellsmithii*

primer

▸**底漆**

▹**プライマー**

* 真漆等底层涂料。

principal rafter

▸**主椽**

▹**合掌**

principle axis of truss plate

▸**齿板主轴**

▹**トラスプレート主軸**

* 齿板单位宽度受拉承载力较高的地方，即齿板上沿齿槽的方向。

printed plywood

▸**印刷胶合板**

▹**プリント合板**

* 在木纹比较均匀的淡色胶合板表面，把天然木材的木纹和花纹直接印刷在胶合板表面的胶合板。

probability distribution

▸**概率分布**

▹**確率分布**

* 随机变量取值的统计规律，一般采用概率密度函数或概率分布函数表示。

probability of failure

▸**失效概率**

▹**失効確率**

* 结构不能完成预定功能的概率。

product lot

▸**批次**

▹**ロット**

* 在规定的检验批范围内，因原材料、制作、进场时间不同，或制作生产的批次不同而划分的检验范围。

productive process

▸**制材生产程序**

▹**生産プロセス**

* 制材生产全过程，包括原木准备、原木锯割、板院作业三个程序。

profile

▸**型材**

▹**プロフィール**

* 除薄膜、片材、棒材和管材之外，具有恒定轴向截面的挤出型木塑制品。

progressive collapse

▸**连续倒塌**

▹**連続倒壊**

* 初始的局部破坏，从构件到构件扩展，最终导致整个结构倒塌或与起因不相称的一部分结构倒塌。

progressive kiln

▸**连续式干燥室**

▹**連続式乾燥室**

* 干材堆由干端卸出，同时由湿端装入湿材堆，即干燥作业为连续性的干燥室。

project management department

▸**项目监理机构**

▹**プロジェクト管理部門**

* 工程监理单位派驻工程负责履行委托监理合同的组织机构。

project management planning

▸**监理规划**

▹**プロジェクト管理計画**

* 项目监理机构全面开展建设工程监理工作的指导性文件。

promotion

▸**推广**

▹**プロモーション**

* 使事情开展，扩大应用或施行范围的操作。

prong
▸叉齿；齿片
▹フォークの歯
＊检验木材干燥应力的齿形试片。

property line
▸土地界线；地界
▹土地の境界線

proportion of latewood
▸晚材率
▹晩材率
＊成长轮中晚材所占的比例，或晚材在木材横截面的面积中所占的比例。

proportion of summerwood
▸早材率
▹夏材率
＊成长轮中早材所占的比例，或早材在木材横截面的面积中所占的比例。

proportional limit
▸比例极限
▹比例限度

protection of wood structures
▸木结构防护
▹木構造保護
＊为保证木结构在规定的设计使用年限内安全、可靠地满足使用功能要求，采取防腐、防虫蛀、防火和防潮通风等措施予以保护。

protective concrete cover
▸保护层
▹かぶり

Prunus sargentii
▸大山樱
▹大山ザクラ

Pseudotsuga menziesii
▸北美黄杉；花旗松
▹アメリカトガサワラ；ダグラスファー；ベイマツ

psychrometric chart
▸湿度图
▹湿度図表
＊根据干球温度和干湿球温度差查定空气相对湿度的线图。

public building
▸公共建筑
▹公共建築
＊供人们进行各种公共活动的建筑。

public signs
▸公示标牌
▹公共看板
＊在施工现场的进出口设置的工程概况牌、管理人员名单及监督电话牌、消防保卫牌、安全生产牌、文明施工牌及施工现场总平面图等的标牌。

pulp cement boards
▸纸浆水泥板
▹パルプヤメント板

pulp consistency
▸浆料浓度
▹パルプ濃度
＊浆料中绝干纤维质量占浆料总质量的百分比。

punky heart
▸朽心
▹パンキー
＊髓心部附近脆弱的木材，多见于柳桉类。

pure bending modulus of elasticity
▸纯弯曲弹性模量
▹純曲げ弾性率
＊梁弯曲试验中，根据纯弯段变形计算得到的弹性模量。

purlin
▸檩条；桁条
▹母屋
＊垂直于桁架上弦支承椽条的受弯构件。

pyroligneous liquor
▸木醋酸液
▹木酢液
＊热分解木材时所得的水性液体，

不同的树种和热分解方法，其成分也不同。可用作除味剂、土壤杀菌改良剂。

pyrolysis

▸**热解**

▹**熱分解**

＊加热固体时，用与其温度相应的速度进行分解生成气体，即从固体渐次变成气体的现象。木材的成分会气化成只留有炭渣。根据纤维素、半纤维素、木质素等构成成分的种类和加热条件等，木材热分解的速度和生成物也会不同。

Q

Quality Assurance (QA)

▸质量保证

▹品質保証

＊为了充分满足用户要求的质量，生产者进行的体系管理。

Quality Control (QC)

▸质量控制

▹品質管理

＊以质量为中心，以全员参与为基础，目的在于通过让用户满意而达到长期成功的管理途径。

quality index

▸比强度

▹比強度；形質商

＊用全干木材密度或含水率 15% 时的木材密度除以各强度所得的商。

quality of appearance

▸观感质量

▹外観品質

＊通过观察和必要的测试所反映的工程外在质量和功能状态。

quality testing

▸质量检验

▹品質検査

＊根据相关标准对人造板产品的外观质量、规格尺寸、理化性能进行检测并分等的过程。

quarter log

▸四分圆材

▹四分びき丸太

＊原木沿材长半径方向剖开为四等分或接近四等分的锯材。

quarter-sawn grain RDV

▸径切花纹重组装饰单板

▹柾目 RDV

＊花纹呈近似平行线状排列，类似于木材径切花纹的重组装饰单板。

quarter sawn timber

▸径锯材；径切板

▹柾目材

＊沿原木半径方向锯割的板材，年轮纹切线与宽材面夹角大于 45°的锯材。

quarter-sawn timber

●参见 quarter sawn timber

quarter sawning

▸径向下锯

▹四分びき

＊生产径切板的下锯操作。

quartersawn

●参见 radial section

quartersawn grain

●参见 edge grain

quasi-permanent combination

▸准永久组合

▹半永久組合

＊正常使用极限状态计算时，对可变荷载采用准永久值为荷载代表值的组合。

quasi-permanent value

▸准永久值

▹半永久値

＊对可变作用，在设计基准期内被超越的总时间为设计基准期一半的作用值。

quasi-permanent value of a variable action

▸可变作用的准永久值

▹可変作用の半永久値

＊在设计基准期内被超越的总时间占设计基准期的比例较大的作用值。可通过准永久值系数（$\Psi q \leq 1$）对作用标准值的折减来表示。

queen post truss

▸双柱桁架

▹対束小屋組

Quercus acuta

▸赤栎

▹赤樫；アカガシ

Quercus dentata

▸槲树

▹槲；ミズナラ

Quercus mongolica

▸蒙古栎；柞树

▹水楢；ミズナラ

R

R-value

▸**耐热值**

▹R 値

＊建筑材料或组件的综合热阻系数。

rabbet

▸**槽口**

▹**切り込み**

＊沿板材或其他木材侧面刻出的表面凹槽。门窗框架上用于安装的凹槽。

radial measurement

▸**径向检量**

▹**ラジカル測定**

＊通过原木断面中心，且与原木轴线（断面中心的连线）成垂直的方向上检量。

radial-porous wood

▸**辐射孔材**

▹**放射孔材**

＊管孔大小无显著差异，但其分布很不均匀，呈径向或径向与偏斜向相结合排列的木材。

radial saw

▸**转向锯；万能圆锯**

▹**自在丸鋸**

＊安装在操作台上可升降和旋转的吊臂上的圆锯。可以从多个角度和方向上加工操作台上的材料。

radial section

▸**径切面**

▹**半径断面；まさ目面**

＊顺着树干轴向，通过髓心与木射线平行或与年轮垂直的切面。

radiate pine

●**参见** *Pinus radiata*

radiating surface

▸**加热面积**

▹**放射表面**

＊一间（台）干燥室（窑、机）安装的加热器外表面的总加热面积（m^2）。

radio frequency drying

●**参见** high frequency drying

radio frequency-vacuum drying

●**参见** high frequency-vacuum drying

radius gyration

▸**断面二次半径**

▹**断面二次半径**

raft foundation

▸**伐式地基**

▹**いかだ基礎；べた基礎**

＊在整个建筑物下方的一层钢筋混凝土基础，较厚的区域承重较大，通常由一整块混凝土浇筑而成，作为基础用于土质松软或水位高的区域，也称为整浇板式基础。

rafter

▸**椽条**

▹**垂木**

＊屋面体系中支承屋面板的受弯构件。

rahmen (frame)

▸**刚性（构架）**

▹**ラーメン**

railing

▸**栏杆**

▹**欄干；手すり**

＊高度在人体胸部至腹部之间，用以保障人身安全或分隔空间用的防护分隔构件。

rain screen

▸**防雨幕墙**

▹**レインスクリーン**

＊用以防止雨水渗漏的外墙，方法是在覆面层、支承墙及墙内风道之间留一空隙，使潮气得以排除。

rain screen strapping

▸**防雨幕墙钉板条**

▷レインスクリーンストラップ

＊用于外墙防潮纸的防腐木条，并直接固定于结构构件上。这就构成了防雨幕墙空腔并提供外墙覆面材料的支撑。

rainscreen exterior wall

▸**排水通风外墙**

▷**レインスクリーン外壁**

＊一种可以有效防止雨水渗入墙体内部的墙体结构，主要特征是在外墙防护板和后面墙体之间设置一道排水通风空气层，又称为防雨幕墙。

raised grain

▸**突起纹理；切削波纹**

▷**目違い**

＊切削面的缺点之一。在针叶树材的切削面上，早晚材上会产生凹凸木纹。常见于顺纹切削密度差大的早晚材髓心侧的情况下。

raised heel truss

▸**高脚桁架**

▷**レイズヒールトラス**

＊一种在桁架底部有延伸部分并与承重墙顶板或梁接触的桁架类型，用以提供额外的保温和通风。

rake angle

▸**倾角**

▷**掬い角**

＊①在固定道具中，刀尖处的垂线和前刀面形成的夹角，又称为齿喉角。②在旋转刀具中，旋转中心与刀尖连成的线与前刀面形成的夹角。这一角度对切削作用有很大影响。

ramin

●参见 *Gonystylus* spp.

ramp

▸**坡道**

▷**ランプ**

＊连接不同标高的楼面、地面，供人行或车行的斜坡式交通道。

random matching

▸**随机拼板**

▷**ミスマッチ**

＊单板拼接是用装饰单板进行对接构成特定的图案，而随机拼板是不介意图案进行的连接。通常在对接的地方会放入 V 形槽板。

random sheets

●参见 random width veneer

random width veneer

▸**随机宽度单板**

▷**ランダムシート**

＊剪裁后宽度小于规定要求的单板。

rank lumber

▸**等内材**

▷**ランク材**

＊材质达到锯切用原木 3 等及 3 等以上等级标准的原木。

rapid cure

▸**快速固化**

▷**急速硬化**

＊用高频仪器使胶黏剂在短时间内固化。

rate of sawn timber improperly cut to all timber produced

▸**改锯率**

▷**不適切製材の割合**

＊须返工改锯的锯材材积占出材积的百分比。

rate of sawn timber up to standard

▸**锯材合格率**

▷**挽材合格率**

＊包括规格合格率与材质合格率。规格合格率指符合国标尺寸、公差的百分比；材质合格率指符合国标各等级缺陷极限偏差锯材的百分比。

rate of sawn timber up to standard after resawing of sawn timber below grade

▸**二次合格率**

▷二次合格率
* 不合格锯材经改锯后，堆放在板院内待销售外运时的合格率。

rate of sawn timber up to standard before resawing of sawn timber below grade
▸一次合格率
▷一次合格率
* 锯割当时，不合格品未经改锯的合格率。

ratio of grade
▸锯材等级比率
▷等級比率
* 各等级锯材所占百分比。

ratio of grouped knots diameter
▸集中节径比
▷ノット直径比率
* 在板材长度 150mm 区间内，节子及孔洞的直径总和与板材宽度的比值。节子直径检量是与板材的材棱平行的两条节子周切线之间的距离。集中节径比的测量方法。

rattan
▸藤材
▷籐製品
* 藤类植物（一般指棕榈藤植物）木质化的茎干。

ray
●参见 wood ray

ray fleck
▸射线斑；髓斑
▷虎斑；銀杢
* 径向截面中出现的宽幅复合射线组织看起来像虎条纹的斑纹。在光线下呈现银色。常见于白栎、竹柏、山毛榉、柞木等。

ray parenchyma cell
▸射线薄壁细胞
▷放射柔細胞
* 构成射线组织的薄壁细胞，整体称射线薄壁组织。边材具有原形质，变成心材后会消失。

reaction wood
▸应力木
▷あて材
* 在倾斜生长的树干或树枝的上部和下部偏心增大性生长的部分。形成于针叶树的树枝和倾斜的树干下侧的称压缩应力材。年轮宽，密度高，呈红褐色，富含木质素，含有多糖类的半乳聚糖。管胞的细胞壁厚，横截面呈圆形，有细胞间隔，长度稍短。形成于阔叶树的树枝和倾斜的树干上侧的称拉应力木。年轮宽，导管数量和直径变少，多含有凝胶纤维。

reactive adhesive
▸反应型胶黏剂
▷反応型接着剤
* 通过化学反应进行固化的胶黏剂，如环氧树脂和氰基丙烯酸酯（瞬间胶黏剂）。

rebating plane
▸槽口刨
▷際鉋
* 在板材的边缘制作方形拼接的刨子，包括安装有规尺的平行板半搭接刨、使拐角处变圆的钻孔刨等。

receiving beam
▸接受梁
▷受け梁

recessed window
▸凹窗
▷凹窓
* 内嵌式安装的窗户。

reciprocating saw
▸往复锯
▷往復鋸

recirculation
▸往复循环
▷再循環
* 干燥介质在干燥室内反复流过材堆。

recommended moisture content
▸推荐含水率
▹適正含水率

reconstituted decorative veneer (RDV)
▸重组装饰薄木；重组装饰单板
▹再構成装飾 ベニヤ板
* 以旋切或刨切单板为主要原料，采用单板调色、层积、胶合成型制成木方，再经刨切、旋切或锯切制成的单板。

red lauan
▸红柳桉
▹レッドラワン

red wood
● 参见 *Sequoia sempervirens*

re-dried test
▸湿后重新干燥
▹再乾燥試験
* 将板材处于湿态 3 天后，在温度为（20±3）℃、相对湿度为（65±5）% 的条件下，使其达到恒重。

re-drying
▸再干
▹再乾燥
* 由于前次干燥后木材终含水率不符合要求，对木材再次进行干燥的操作。

reference air temperature
▸基本气温
▹基本気温
* 气温的基准值，取 50 年一遇月平均最高气温和月平均最低气温，根据历年最高气温月内最高气温的平均值和最低气温月内最低气温的平均值统计确定。

reference snow pressure
▸基本雪压
▹基本雪圧
* 雪荷载的基准压力，一般按当地空旷平坦地面上积雪自重的观测数据，经概率统计得出 50 年一遇最大值确定。

reference value
▸参考值
▹基準値；参照値
* 为工厂质量控制所确定的产品的性能值。

reference wind pressure
▸基本风压
▹基本風圧
* 风荷载的基准压力，一般按当地空旷平坦地面上 10m 高度处 10min 平均的风速观测数据，经概率统计得出 50 年一遇最大值确定的风速，再考虑相应的空气密度，按贝努力（Bernoulli）公式（E.2.4）确定的风压。

refiner
▸精磨机
▹精砕機；リファイナー
* ①在造纸工程中用于磨碎木屑或打碎纸浆的机器。②用于调整纤维板的原料纤维，或硬质纤维板的表层用细木粉的分离纤维机器。加压或常压下，让相对的两个或一个圆盘高速旋转，把木屑制造成纤维束。最常见的是加压式的单个圆盘旋转的纤维分离机。

refining
▸精磨
▹叩解
* 热磨机分离所得的纤维加水稀释制成粗浆，再利用精磨机进一步解离的过程。

refractory
▸难浸注性
▹難溶性
* 木材抵抗防腐剂渗入的性质。

refuge floor (room)
▸避难层（间）
▹非難階（室）

＊建筑内用于人员暂时躲避火灾及其烟气危害的楼层（房间）。

refuge storey
▸避难层
▹非難階
＊建筑高度超过 100m 的高层建筑，为消防安全专门设置的供人们疏散避难的楼层。

refusal point
▸拒受点
▹拒否点
＊防腐处理过程中，木材几乎不再吸收防腐剂的临界点。

regimen
▸养生
▹養生；熟成

registered project management engineer
▸注册监理工程师
▹登録された経営技術士
＊取得国务院建设主管部门颁发的《中华人民共和国注册监理工程师注册执业证书》和执业印章，从事建设工程监理与相关服务等活动的人员。

reinforce column
▸补强柱
▹添え柱

reinforced laminated wood plastic
▸增强层积塑料
▹強化木質プラスチック
＊浸胶后的单板在组坯时，每隔一层或几层夹入一层浸胶棉布、玻璃纤维布或金属网，压制而成的层积塑料板。

reinforced wood-based panel
▸增强人造板
▹強化木質パネル
＊添加玻璃纤维、碳纤维、金属网或其他增强材料的人造板。

reinforcing mesh
▸钢筋网
▹開口補強用溶接金網
＊用来增强混凝土、石膏或灰泥等建筑材料的可拉伸的金属、纤维或机织铁丝网。

related services
▸相关服务
▹関連業務
＊工程监理单位受建设单位委托，按照建设工程监理合同约定，在建设工程勘察、设计、保修等阶段提供的服务活动。

relative moisture content
▸相对含水率
▹相対含水率
＊木材所含水分的重量占木材包括水分总重量的百分比。

release agent
▸脱模剂
▹離型剤
＊在人造板生产及表面装饰的过程中，为了使热压后的板材与垫板或模板能够分离，而加入树脂中或涂布在垫板、模板上的试剂。

reliability
▸可靠性
▹信頼性
＊结构在规定的时间内以及规定的条件下，完成预定功能的能力。

reliability-based design
▸极限状态设计法；可靠度设计法
▹信頼設計法；限界状態設計法
＊把荷载和耐力处理成随机变量的构造物设计法。假定使用极限状态和承载能力极限状态，根据构造物各部分的损伤、破坏和过大变形等情况，以超过这些极限状态的破坏概率为指标，进行部件和连接处的设计。

reliability index
▸可靠指标
▹信頼度指数
＊由 $\beta=-\Phi^{-1}$（p_f）定义的代替失效

概率 p_f 的指标，其中 $-\Phi^{-1}$ 为标准正态分布函数的反函数。

remedial treatment
▸**补救处理**
▹**修復処置**
＊为阻止真菌和害虫的进一步危害而对使用中已腐朽或虫蛀的木材进行防腐、防虫、防裂处理。

remoistenable tape
▸**湿黏性胶纸带**
▹**湿潤性テープ**
＊用水润湿后能产生黏接作用的胶纸带。

repair
▸**返修**
▹**補修**
＊对施工质量不符合标准规定的部分采取的整修等措施。

repairing
▸**修复**
▹**補修**
＊把单板和胶合板上可见的节、虫洞和裂纹等，进行填补木块或填充合成树脂的处理。

repeat test
▸**复验**
▹**繰返し試験**
＊建筑材料、设备等进入施工现场后，在外观质量检验和质量证明文件核查符合要求的基础上，按照有关规定从施工现场抽取试样送至试验室进行检验的活动。

repellent
▸**驱虫剂**
▹**忌避剤**

repellent compound
▸**驱虫化合物**
▹**忌避成分**
＊木材中含有的成分，效果是可以防止白蚁等害虫对木材的伤害，包括丹宁、生物碱、精油等。

representative of chief project management engineer
▸**总监理工程师代表**
▹**経営技術士代表**
＊经工程监理单位法定代表人同意，由总监理工程师书面授权，代表总监理工程师行使其部分职责和权力，具有工程类注册执业资格或具有中级及以上专业技术职称、3 年及以上工程实践经验并经监理业务培训的人员。

representative value of a load
▸**荷载代表值**
▹**荷重代表値**
＊设计中用以验算极限状态所采用的荷载量值，例如标准值、组合值、频遇值和准永久值。

representative value of an action
▸**作用代表值**
▹**作用代表値**
＊一种设计中用以验证极限状态所采用的作用。作用代表值包括标准值、组合值、频遇值和准永久值。

residential building
▸**居住建筑**
▹**住居用建物**
＊供人们居住使用的建筑。

residual stress
▸**残余应力**
▹**残留応力**
＊因残余变形而产生的应力。

residual toxicity
▸**残余毒性**
▹**残留毒性**
＊防腐处理木材试块经人工风化条件处理（如流失和烘干反复多次）后，所测得的毒性极限。

resilient metal channel
▸**弹性金属垫条**
▹**弾性金属チャネル**
＊按一定角度附于龙骨、搁栅或

桁架的金属条，用于室内装修，并提供较好的密封性能和防火等级。

resin

▸**树脂**

▹**樹脂**

＊包括天然树脂和合成树脂，目前常见的是合成树脂。

resin adhesive

▸**合成树脂胶黏剂**

▹**合成樹脂接着剤**

＊以合成树脂为主要原料制成的胶黏剂。

resin canal

▸**树脂道**

▹**樹脂道；樹脂溝**

＊掌管树脂储藏和分配的长形器官，属于被分泌树脂的上皮细胞包围的细胞间隙之一，限于松科树种，可分为轴向树脂道和横向树脂道。

resin coated decorative veneer

▸**树脂饰面装饰单板**

▹**樹脂被覆装飾単板**

＊表面经过涂料涂饰的单板。

resin content

▸**树脂含量**

▹**樹脂含有率；含脂率**

resin duct

●参见 resin canal

resin-impregnated paper overlaid wood-based panels

▸**浸渍胶膜纸饰面人造板**

▹**樹脂含浸紙被覆木質パネル**

＊以刨花板、纤维板等人造板为基材，以浸渍胶膜纸为饰面材料的装饰板材。

resin paper

▸**浸渍纸**

▹**含浸紙；レジンシート**

＊把酚醛和三聚氰胺等合成树脂液浸含在纸上，经干燥固化的薄片胶纸，用于覆盖物和单板黏接表面装饰。

resin pocket

▸**树脂囊**

▹**脂壷**

＊有树脂道的针叶树材（云杉、松树、落叶松等）中存在的晶状细胞间隔，可存储树脂。

resin sheet

●参见 resin paper

resin sheet overlaid plywood

▸**浸渍纸饰面胶合板**

▹**レジンシートオーバーレイ合板**

＊用浸渍纸覆面的胶合板。浸渍树脂包括密胺树脂、酚醛树脂、不饱和聚酯树脂、邻苯二甲酸二烯丙酯树脂等。

resin streak

▸**树脂条纹**

▹**脂条**

＊在不带有正常树脂道的针叶树（日本柳杉、日本扁柏、日本花柏、库页冷杉等）上浸出树脂形成条纹的部分，会有损木材的美观。

resin treated plywood

▸**树脂处理胶合板**

▹**樹脂処理合板**

resin treated wood

▸**脂化木；树脂处理木**

▹**樹脂処理木材**

＊主要以稳定尺寸为目的，把液体状的低分子量合成树脂浸含到木材中使之固化。常用酚醛树脂、氨基树脂、环氧树脂等。

resistance

▸**抗力**

▹**抵抗力**

＊结构或结构构件承受作用效应的能力，如承载能力等。

resistance of heat transmission
▸传热阻力
▹熱貫流抵抗

resistance to cigarette burns
▸表面耐香烟灼烧性
▹耐たばこ火傷性
*产品表面承受香烟灼烧作用的能力。

resistance to cleavage (splitting) of wood
▸木材抗劈力
▹木材割裂抵抗

resistance to cracking
▸表面耐龟裂性
▹耐割性
*产品表面受湿、热等作用而保持其表面不发生细微裂纹的能力。

resistance to dry heat
▸表面耐干热性
▹耐乾熱性
*产品表面承受干热作用的能力。

resistance to surface scratching
▸表面耐划痕性
▹耐引っかき性
*产品表面抗坚硬尖锐物体刮擦的能力。

resistance to surface staining
▸表面耐污染性
▹耐汚染性
*产品表面对酸碱化学试剂及常用的饮料、调料等作用的承受能力。

resistance to surfare wearing
▸表面耐磨性
▹耐磨耗性
*产品表面在一定摩擦力作用下保持原有图案及色彩的能力。

resistance-type moisture meter
▸电阻式湿度计
▹抵抗式水分計

resite
▸丙阶酚醛树脂
▹レジット；C 状態
*乙阶酚醛树脂进一步加热缩合，使之变成不溶不融的三维结构的酚醛树脂。

resitol
▸乙阶酚醛树脂
▹レジトール；B 状態
*甲阶酚醛树脂加热后，羟甲基相互脱水生成亚甲基结合或二亚甲基结合，并引起交联反应，从而形成中间状态的酚醛树脂。

resol
▸甲阶酚醛树脂
▹レゾール；A 状態
*在碱性催化剂的作用下，添加酚醛和甲醛使之进行缩合反应时，在酚醛中引入羟甲基的低分子量的初期生成物。用作浸渍纸、布和木材等，用于浸渍纸后加热固化的层积品。

resorcinol resin adhesive
▸间苯二酚树脂胶黏剂
▹レゾルシノール樹脂接着剤
*间苯二酚和甲醛的摩尔比在 1 以下进行反应的线性酚醛树脂，如果使用时添加甲醛或六甲撑四胺则会有交联剂作用，常温下会固化。树脂本身呈中性，黏接强度、耐水性、耐热性和黏接耐久性都很好，用于制造结构集成材。

respiratory insecticide
▸呼吸型杀虫剂
▹呼吸毒剂
*从尾蚴的气门侵入呼吸系统，带有毒副作用的杀虫剂。相当于熏蒸处理后的溴甲烷等。

restrained shrinkage
▸不均匀干缩
▹不均一収縮
*干燥时因含水率梯度或各向异性，木材内外层收缩不一致的现象。

retaining structure
▸支挡结构
▹擁壁構造
＊使岩土边坡保持稳定、控制位移、主要承受侧向荷载而建造的结构物。

retaining wall
▸挡土墙
▹擁壁

retention
▸载药量
▹薬剤保持量
＊防腐木材检验样品的分析区域中要求保留的防腐剂最低数量，通常指防腐剂的活性成分，以千克每立方米（kg/m^3）表示。

retention by assay
▸保持量分析
▹保持量分析
＊通过抽提或分析特定试样（如生长锥木芯），测定防腐处理木材特定部位防腐剂的保持量。

Reticulitermes speratus
▸栖北散白蚁
▹ヤマトシロアリ
＊与家白蚁并称，是日本损坏房屋的代表性白蚁，属于低等白蚁，犀白蚁科。抗寒性强，广泛分布于日本北海道中部以南的区域。它和家白蚁不同，没有运水的能力，所以喜欢腐朽潮湿的木材。与家白蚁相比，它们的集群更小。

***Reticulitermes* spp.**
▸散白蚁属
▹ヤマトシロアリ属
＊属木白蚁科，巢群较家白蚁为小，一般分散为害。在木材或土壤中筑巢，适应性强，活动隐蔽，主要危害房屋建筑和林木。

retort
•参见 treating cylinder

return
▸返程
▹リターン
＊原木或木料经过锯割后返回进料位置的过程。

reverse case hardening
▸逆表面硬化
▹逆硬化
＊因缓解表面硬化（拉伸残余变形）的热湿处理过度，而使木材表层转而产生相反的压缩残余变形。

reverse circulation
▸逆行循环
▹逆循環
＊在连续式干燥室内，与材堆移动方向相反的气流循环。

reverse coater
▸反向涂料器
▹リバースコーター
＊在板材上涂抹填补剂，用反向旋转的轧辊揉进导管内的机器。

reversible serviceability limit states
▸可逆正常使用极限状态
▹可逆正常使用限界状態
＊当产生超越正常使用极限状态的作用卸除后，该作用产生的超越状态可以恢复的正常使用极限状态。

rework
▸返工
▹再加工
＊对施工质量不符合标准规定的部分采取的更换、重新制作、重新施工等措施。

rheological properties
▸木材流变性质
▹レオロジー性質
＊木材在一定条件下，应力、应变随时间变化的特性，包括木材分子的热运动、木材的力学松弛、

木材的化学应力松弛、蠕变等。

Rhinotermitidae

- ●参见 *subterranean termite*

ribbon figure

- ▸带状纹
- ▹縞杢；リボン杢
- ＊起因于交错木纹，在直木纹的刨削面反射光线呈现条纹图案的状态。常见于菲律宾红柳桉树、柳桉、日本山毛榉等。

ridge

- ▸屋脊
- ▹棟
- ＊屋顶的最高线，椽木在此相交。

ridge beam

- ▸脊桁；脊梁
- ▹棟木；棟梁

ridge cap

- ▸屋脊盖帽
- ▹リッジキャップ
- ＊覆盖于屋脊上方的盖状材料，起到防水并保证屋顶通风的作用。

ridge piece

- ▸栋木；房屋脊梁
- ▹棟木
- ＊在房屋顶部房檩的长度方向上安装的横木。

ridge vent

- ▸屋脊风道
- ▹リッヂベンツ
- ＊沿屋脊安放的特殊金属或塑料风道。

rigid plastic analysis

- ▸刚性—塑性分析
- ▹剛塑性解析
- ＊假定弯矩—曲率关系为无弹性变形和无硬化阶段，采用极限分析理论对初始结构的几何形体进行的直接确定其极限承载力的结构分析。

rim joist

- ▸封头板
- ▹頭板
- ＊按一定角度放置在主要搁栅末端的构件。

ring barker

- ▸环式剥皮机
- ▹リングバーカー
- ＊切入到原木树皮中的工具和剥树皮的工具组合安装在环内侧，原木通过该环时被剥皮的机械装置。

ring crack

- ●参见 ring shake

ring porous wood

- ▸环孔材
- ▹環孔材
- ＊在一个生长轮内，早材管孔明显大于前一生长轮和同一生长轮的晚材管孔，并形成一个明显的带或环，急变到同一生长轮晚材的木材，如水曲柳、刺槐、榆木等。

ring shake

- ▸环裂
- ▹目回り；輪裂
- ＊树干或原木上沿着年轮的裂纹。原因是早晚材的密度差、年轮宽度差等结构上的不均匀、成长应力、风吹和冻裂导致的树干内应力等。

rip sawing

- ▸剖分
- ▹縦挽き
- ＊以基准面加工，将毛方、大料锯割为板方材的制材过程。

ripe wood

- ▸熟材
- ▹熟材
- ＊树干靠近髓心部分木材的材色与边材无明显区别，但含水率、渗透性较边材低。如针叶树材中的云杉、冷杉和阔叶树材中的水青冈、椴木等。

ripple rinkled crack
▸波状皱裂
▹あて

ripsaw
▸纵剖锯
▹縦挽鋸
＊纵拉用的锯。齿形如凿子，前角大而没有横前角的锯，一边削去木材一边锯。

rise and fall sawing machine
▸升降圆锯机
▹昇降丸鋸盤
＊由旋转的圆锯轴和操作台组成，安装有可升降圆锯轴或操作台的装置的木工用圆锯机。用手送料，进行切断或开槽等。

riser
▸踢板
▹蹴込板
＊楼梯踏板下面的垂直木板。

rock discontinuity structural plane
▸岩体结构面
▹岩盤不連続性構造面
＊岩体内开裂和易开裂的面，如层面、节理、断层、片理等，又称不连续构造面。

roe figure
▸带状花纹
▹斑杢
＊木纹不规则，呈现断续的带状图案，常见于菲律宾红柳桉树等。

roll core plywood
▸卷芯胶合板
▹ロールコアー合板
＊一种低密度胶合板。把浸渍有合成树脂的牛皮纸制成卷形作为核心层的胶合板。

roll-type coater
▸辊式涂布机
▹ロールコーター
＊把轧辊表面附着有一定量的胶黏剂或涂料按压在部件上的机械装置。

roller
▸滚轮（接合）
▹ローラー

roller dryer
▸滚筒式干燥机
▹ローラー式乾燥機
＊用压力循环加热空气干燥规定尺寸单板的装置，方法是在滚筒间设置排气箱从单板上下吹进加热空气。

rolling shear
▸滚动剪切
▹ローリングシアー
＊胶合板上移动表里层单板的剪切力（外部剪切力）发挥作用时，纤维方向正交的芯板滚动纤维使之破坏的情况。

roof
▸顶盖
▹ルーフ
＊在气干材堆顶部起脊设置的，用以遮蔽日晒雨淋的盖板。

roof base
▸屋瓦底层（土）
▹葺土

roof board
▸屋面板
▹野地板

roof structure
▸屋架
▹小屋組

roof tie-beam
▸屋架梁
▹小屋梁

roof truss
▸屋顶桁架
▹小屋組
＊支撑屋顶的骨架结构。由桁架梁、桁架中柱、栋木、檩、椽等构成，包括日式屋顶桁架和西式

屋顶桁架。

roofing material

▸屋面材料

▹葺き材

room temperature curing

▸室温固化

▹室温硬化

room-temperature setting adhesive

▸室温固化胶黏剂；冷固性胶黏剂

▹常温硬化型接着剤

*不加热、在室温下固化的胶黏剂。常见的有尿素树脂、酚醛树脂、环氧树脂、聚氨基甲酸乙酯树脂添加常温固化的固化剂；在间苯二酚树脂中添加三聚甲醛；氰基丙烯酸盐黏合剂在空气中的水分下，或者醋酸乙烯树脂乳胶在溶媒的蒸发下会常温固化。

root board

▸屋面板

▹根がらみ

rotary bowling

▸旋转钻探法

▹ロータリーボーリング

rotary core

▸旋心

▹剥き心

*用旋板机削去单板后剩余的树心部分。

rotary cut veneer

●参见 peeled veneer

rotary-cut veneer

●参见 peeled veneer

rotary cutting

▸旋切

▹ロータリーカット

rotary rigidity

▸旋转刚性

▹回転剛性

rotary veneer lathe

▸旋板机

▹ロータリーベニヤレース；ベニヤレース

*切削、旋切单板的机械设备，包括用夹具加紧原木的两端横截面，进行高速旋转和外周驱动两种方式。

rotten knot

●参见 decayed knot

rough earth

▸粗土

▹荒土

rough opening

▸门窗洞口

▹ドアや窓の穴

*外框开洞的实际尺寸，一般比门窗（包括门窗框）的实际尺寸大。

rough saw cut

▸毛刺糙面

▹粗びき面

*木材在锯割时，因纤维受强烈撕裂或扯离而形成毛刺状表面。

rough sawn timber

▸方木

▹粗びき木材

*直角锯切、截面为矩形或方形的木材。

rough square

▸粗木方

▹矩

round chip-box

▸圆木匣

▹曲げ物

round dowel connection

▸圆钢销连接

▹丸鋼ピン接続

*一种将圆钢销插入木构件的开孔中连接多个木构件以传递拉（或压）力的连接方式。

round-up

▸旋圆

▷ラウンドアップ

＊从旋切开始至木段被旋成近似圆柱体的过程。

round wood

▸**圆材**

▷**丸太**

＊圆形的木材，包括原条和原木。

roundings

▸**碎单板**

▷**ショート単板**

＊由于木段形状不规则或定中心偏差，在旋切开始阶段所产生的形状不规则、宽度不足、木段圆周长而长度又小于木段长度的零片单板。

router

▸**刳刨机**

▷**ルーター**

＊高速旋转垂直轴的刀具，在操作台上镗削或剪切部件的木工机械设备。

royal paulownia

●**参见** *Paulownia tomentosa*

rubbed joint

▸**平接**

▷**芋矧ぎ；平継ぎ**

running saw

▸**移动锯**

▷**ランニングソー；走行丸鋸盤**

Rueping cylinder

▸**机动罐；吕宾罐**

▷**リューピングシリンダー**

＊一般置于处理罐上方，圆柱形的密封罐体。主要用于在实施限注法作业时，进行预热和便于加压条件下向处理罐注入或回出防腐剂。

Rueping process

▸**限注法；吕宾法**

▷**リューピング法**

＊一种空细胞法，防腐剂吸收量较劳里法少。也称 Rüping process。马克斯·吕宾（Max Rueping）于 1902 年发明的木材防腐处理方法。包含以下工序：①压缩空气（加压）；②处理罐充满防腐剂（保持原压力）；③继续加压；④维持压力一段时间直到达到保持量要求（压力处理段）；⑤除压；⑥放液；⑦后真空。和满细胞法不同，在第 1 段操作中压入空气，在内腔内少量残留药剂，并用药剂弄湿细胞壁的注入方法。

S

saddle
▸烟囱泄水假屋顶
▹サドル
∗位于烟囱和屋顶间的尖形屋顶，用于烟囱周围的泛水，也称为泄水假屋顶。

saddle flashing
▸马鞍形泛水
▹サドルフラッシング
∗主要位于烟囱等和屋顶交接处，疏导烟囱周围雨水的小型屋顶结构。

safety bending radius
▸安全曲率半径
▹安全曲率半径
∗曲率半径是表示曲线或曲面的弯曲程度的值，安全曲率半径指对部件不产生破坏的曲率半径的极限值（最小值）。曲率半径越大，弯曲度越小。

safety exit
▸安全出口
▹安全出口
∗供人员安全疏散用的楼梯间和室外楼梯的出入口或直通室外安全区域的出口。

safety factor
▸安全系数
▹安全率；安全係数
∗材料强度和容许应力的比值。设计时，部件内产生的应力要保持在材料强度乘以安全系数所得值的范围内。

safety hardness
▸安全带
▹安全ベルト；シートベルト
∗防止从高处坠落的个人防护安全用具。

same-grade composition structural glued laminated timber
▸同等组合结构用集成材
▹同等組合構造用集成材
∗用质量等级相同的层板组合加工而成的结构用集成材。

same-grade lamination glued-laminated timber
▸同等级构成集成材
▹同一等級構成集成材
∗用相同等级的层板构成的集成材。

sample board
▸检验板
▹試験材；テストボード
∗干燥过程中用来检验木材含水率或应力的木板。

sampling inspection
▸抽样检验
▹抜取り検査

sampling scheme
▸抽样方案
▹抜取り検査表
∗根据检验项目的特性所确定的抽样数量和方法。

sanding
▸砂光
▹サンディング；研磨
∗采用磨削方法使人造板达到规定的厚度及厚度公差，并使其表面光洁的加工过程。

sanding sealer
▸嵌缝腻子；掺砂涂料
▹サンディングシーラー
∗一种液体、半透明、干性涂料，适用于在木材上涂清漆时的中间涂层。将硬脂酸等混入以硝酸纤维素、树脂、增塑剂、溶剂等为主要原料的载体中，通过自然干燥在短时间使木材表面形成易于抛光的涂膜。

sanding through
▸砂透
▹サンディングスルー

* 胶合板砂光时，其表板局部砂穿而露出胶层或下一层单板的加工缺陷。

sandwich thermal insulation on walls

▸外墙夹心保温

▹サンドイッチ断熱

* 在墙体中的连续空腔内填充保温材料，并在内墙和外墙之间用防锈的拉结件固定的保温形式。

sandwitch panel

▸夹心板

▹サンドイッチパネル

* 用两张表层板夹住低密度的芯材形成三层夹心结构的复合板。木质夹心板包括在 MDF 的表层板上搭配刨花板芯材的复合板，以及在 OSB 表层板上搭配低密度合成树脂泡沫材料芯材的夹心板。两种都是低密度、高断热、隔音性好，此外在结构上的强度性能也很好。

sandwich structure

▸夹心结构

▹サンドイッチ構造

* 在密度较低的厚芯材两个表层叠加薄的高密度、高强度材料的三层结构。

sap displacement

▸树液置换处理

▹樹液置換処理

* 以木材防腐剂的水溶液替换树液的防腐处理方法，适用于新伐材。

sap drum

▸凝结液桶

▹樹液ドラム

* 位于处理罐下方并与处理罐相连的槽或桶。用于收集蒸汽处理段和真空处理段产生的凝结液。

sap rot

▸边材腐朽；外部腐朽

▹辺材腐れ；辺材腐朽

* 树木伐倒后，木材腐朽菌自边材外表侵入所形成的腐朽。

sapstain

▸边材变色

▹辺材変色

* 由于真菌生长繁殖或其他原因（木材细胞内含物的氧化等化学反应）引起生材的边材颜色改变的现象。

sapstain control chemicals

▸防边材变色药剂

▹辺材変色防止薬剤

* 通过浸渍或喷涂应用于新锯解木材或木制品的化学药剂，防止干燥过程中微生物引起的变色和早期腐朽。

sapstain fungus

▸边材变色菌

▹辺材変色菌

* 侵入边材组织中使之变蓝、变褐、变绿、变红的菌类。常见于松木、柞木、橡胶树等，它们食用木材中的糖分和淀粉，几乎不会降低木材的强度。

sapwood

▸边材

▹辺材；白太

* 位于树干外侧靠近树皮部分的木材，一般含有生活细胞和储藏物质（如淀粉等）。边材树种是指心边材颜色无明显差别，木材通体颜色均一者。通常与心材相比，含水率高，容易浸透药剂，但耐腐性差。

sash

▸框；窗框；窗扇

▹組子；サッシ

sash clamp

▸木工夹

▹端金

* 用于边缘连接小幅面板的夹具。

saw
▸锯
▹鋸
＊在钢板边缘刻有很多齿纹，安装有刀刃的东西。用于切割木材、木质材料的木工工具，包括手锯、圆锯、带锯、长锯等。

saw blade
▸锯条；锯片
▹鋸身

saw bladed deviated from line during cutting
▸锯割缺陷
▹のこぎりの切り傷
＊锯割时造成各种锯材不平整的现象。

saw fance
▸锯定规
▹鋸定規
＊规定锯材尺寸的定板。

saw kerf deviated
▸锯口偏斜
▹のこぎり口が歪んだ
＊凡相对材面不相互平行，或相邻材面不相互垂直，而发生的偏斜现象，如偏沿子。

saw log
▸制材用原木
▹製材用素材
＊用于加工锯材的原木。

saw sharpener
▸磨锯
▹歯型研削盤；目立て機
＊自动进行砂轮的上下运动和栓式送锯，齿形通过调节凸轮发生变化，形成金属齿形和完成齿尖研磨的机器。

saw sharpening
●参见 saw sharpener

saw timber of small size
▸小规格材
▹小規格材
＊小于 1m 长的板材、方材和各种小材，通常不包括长 0.49 m 以下的小材。

saw tooth
▸锯齿
▹鋸歯
＊锯木材时，深入木材内部进行切削的同时，拉出木屑的部分。纵锯齿是沿着纤维方向割裂木材纤维并拉出木屑，横锯齿是垂直于纤维方向切断分离木材纤维。

sawcut
▸锯口
▹ソーカット
＊位于中间位置的垂直于规格材长度的截口。

sawdust
▸锯屑
▹鋸屑
＊木材在锯切加工过程中产生的颗粒状加工剩余物。

sawed timber
●参见 sawn lumber

sawed veneer
●参见 sawn veneer

sawing
▸进锯
▹鋸引き
＊原木或木料锯割的过程。

sawing according to patterns on log end
▸划线下锯
▹パターンソーイング
＊预先在原木小头端面及材身进行划线设计，然后进行锯割作业的方法。

sawing defects
▸跑锯
▹ソーイングの欠陥
＊锯口不成直线，材面呈现某种弯曲的现象。

sawing on tri-side of the log
▸三面下锯法
▹三面ソーウィング
* 原木锯割第一锯口后，把基准面向下翻转 90°，然后依次平行下锯的下锯方法。

sawing parallel to the axis of logs
▸轴心下锯法
▹軸心ソーウィング
* 平行于轴心线的下锯法。

sawing pattern
▸下锯图
▹ソーウィングパターン
* 根据原木条件、产品计划、锯机条件设计最佳的锯口位置和锯割顺序的设计图。

sawing with small end first
▸小头进锯
▹小さな端でソーイング
* 原木经过调头机使小头向前输入制材车间进行加工的方法。

sawing with various size products well concerted
▸套裁配制
▹総合ソーウィング
* 在每根原木上，把主产品、连产品、短产品统筹安排、合理配制的作业方法。

sawmilling
▸制材
▹製材

sawn and round timber structures
▸方木原木结构
▹丸太構造
* 承重构件主要采用方木或原木制作的单层或多层建筑结构。

sawn face
▸着锯面
▹ソーフェイス
* 在材面上显露的锯割部分。

sawn lumber
▸锯材
▹製材品；用材

sawn timber
●参见 sawn lumber

sawn timber surface
▸材面
▹材面
* 凡经纵向锯割出的锯材任何一面统称材面。

sawn timber to be resawed to standard size
▸改锯材
▹再ソー材
* 产品经检验不合格，需要再加工的锯材。

sawn veneer
▸锯切单板；锯制薄木
▹ソードベニヤ
* 利用单板锯锯切制成的单板。

scaffold
▸施工架
▹足場

scantling
▸小锯材
▹挽割り類
* 厚度不足 7.5cm，宽度不足厚度 4 倍的制材。其中横截面是正方形称正割，是长方形称平割。

scarf joint
▸斜接
▹スカーフジョイント；斜め矧ぎ；滑り刃接ぎ；殺継ぎ
* 木板或单板的端接方法之一。斜切两个木材的截面，在切削面上涂抹胶黏剂进行黏接的方法。

scarf joint plywood
▸斜接胶合板
▹スカーフ合板
* 将胶合板顺纹方向端部加工成斜面，经涂胶搭接接长的胶合板。

Sciadopitys verticillata
▸金松；日本金松
▹コウヤマキ

Scolytidae
- ●参见 bark beetles

Scots pine
- ●参见 *Pinus sylvestris*
- ▷オウシュウアカマツ（ドイツトウヒ）

scraping
- ▸刮光
- ▷スクレープ
- ＊一种采用刮削的方法去除胶合板表面胶纸带，并使其表面光洁的加工方法。

scratches
- ▸划痕
- ▷引掻き傷
- ＊成品在加工及搬运过程中，表面划擦所造成的伤痕。

scratch coat
- ▸粗抹
- ▷荒壁

scratch resistance
- ▸抗划伤；耐擦伤性
- ▷引掻き抵抗
- ＊在涂膜硬度试验中，用针状物将涂膜层划伤时涂膜层对针状物的抵抗性能。用来评价涂膜的硬度。

screed-coat
- ▸找平层
- ▷スクリードコート
- ＊原结构面因存在高低不平或坡度而进行找平铺设的基层，如水泥砂浆、细石混凝土等，有利于在其上铺设面层或防水层、保温层。

screen
- ▸筛
- ▷スクリーン
- ＊一种对刨花进行分级的装置。通过机械振动，再撒布在稍微倾斜的金属网上，筛选规定大小的刨花。

screened openings
- ▸筛孔
- ▷メッシュ
- ＊设置于屋顶、墙体、楼板或架空层的带有屏筛的通风开洞，用于防止虫害。

screw
- ▸大头钉
- ▷ビス

screw holding capability
- ▸握螺钉力
- ▷ネジ保持力
- ＊采用规定型号的木螺钉，拧进板内一定深度，将其拔出所需的最大拉力。可分为板面握螺钉力和板边握螺钉力。

scrim based lumber (SBL)
- ▸重组材
- ▷組み換え材
- ＊通过外力作用将木材或竹材碾压成纤维束，再施加结构胶重新加压胶合而成的木质材料。

scroll saw
- ▸线锯；曲线锯
- ▷廻し挽き鋸；挽廻し鋸
- ＊为了截取曲线形的木料把带锯宽度变窄的锯。

scuffing
- ●参见 fuzz

scupper
- ▸落水槽
- ▷スカッパー
- ＊室外露台边沿的导水装置，将汇集于露台下坡度方向的水倒入落水管。

seacoast guard timber (fender beam)
- ▸海岸护木
- ▷海岸保護樹木
- ＊码头、堤岸或水工建筑物前沿的木质防撞构件。

sealant
▸密封剂
▹封止剤；シーリング材
* 用于封闭缝隙，以防止空气渗透和泄漏的试剂。

sealer
▸密封层；腻子
▹シーラー
* 为了防止多孔质地的涂料过度吸收，阻止着色物的渗入，质地固化，不污染材面，还为了防止上层涂料的渗入，增强中层涂料的附着性而涂抹的下层涂料。

seam material
▸接缝材料
▹継目材

seasoning check
●参见 drying checks

second growth
▸次生林
▹セコンドグロース
* 原始稳定的森林遭到山火、虫灾或者人为破坏或砍伐（刀耕火种、林木砍伐）之后，经过若干年后再度自然繁育而成的新的森林植被和生态系统。

second log
▸中段原木
▹中段丸太
* 原条中部截造出的原木。

second order linear-elastic analysis
▸二阶线弹性分析
▹二次元線形弾性解析
* 基于线性应力—应变或弯矩—曲率关系，采用弹性理论分析方法对已变形结构几何形体进行的结构分析。

second order non-linear analysis
▸二阶非线性分析
▹二次元非線形解析
* 基于材料非线性变形特性对已变形结构的几何形体进行的结构分析。

secondary gluing
▸二次胶合
▹二次接着
* ①制造家具和门窗时，组装部件过程中的胶合。②装修用集成材的情况下，指集成材之间的指接成长度方向的连接胶合；结构用集成材的情况下，指同一条件下制造的集成材之间，横向连接或制造多个层压连接薄片的构成要素间的层压方向胶合。③单板层积材之间层压方向胶合。另外，结构用单板层积材的情况下，指在同一等级和同一条件下制造的结构用单板层积材之间的层压方向胶合。

secondary sawing
▸中锯
▹中割

secondary wall
▸次生壁
▹二次壁

secret dovetail joint
▸暗燕尾榫接头
▹隠し蟻組継ぎ
* 从外部看像暗榫对接，而内部是燕尾榫的接头。

secret nail
▸暗钉
▹落とし釘
* 把地板安装在底层木材上时，从表面看不到钉头的钉。

section
▸剖面图
▹断面図
* 垂直剖切建筑结构的截面，反映建筑内部构成的图形。

seismic action
●参见 earthquake action

seismic concept design of buildings
▸建筑抗震概念设计
▹建物の耐震設計
∗根据地震灾害和工程经验等所形成的基本设计原则和设计思想，进行建筑和结构总体布置并确定细部构造的过程。

seismic design situation
▸地震设计状况
▹耐震設計状況
∗结构遭受地震时的设计状况。

seismic ground motion parameter zonation map
▸地震动参数区划图
▹地震地動パラメータ帯状分布図
∗以地震动参数（以加速度表示地震作用强弱程度）为指标，将全国划分为不同抗震设防要求区域的图件。

seismic hold down
▸抗震拉杆
▹耐震ホールドダウン
∗出于抗震加固考虑，在木结构墙体安装的金属拉杆，从基础一直连接到屋盖，保证房屋在地震中的稳定性。

seismic measures
▸抗震措施
▹地震対策
∗除地震作用计算和抗力计算以外的抗震设计内容，包括抗震构造措施。

seismic precautionary criterion
▸抗震设防标准
▹耐震基準
∗衡量抗震设防要求高低的尺度，有抗震设防烈度或设计地震动参数及建筑抗震设防类别确定。

seismic precautionary intensity
▸抗震设防烈度
▹耐震震度
∗按国家规定的权限批准作为一个地区抗震设防依据的地震烈度。一般情况，取50年内超越概率10%的地震烈度。

Selangan batu
•参见 *Shorea* spp.

select (suitable) material
▸选材
▹選択木材
∗要求在干燥时被干材含水率相近，且宜为同一树种或具有相似的干燥特性的树种。

self adhesive strip
▸自黏条
▹自動接着ストリップ
∗屋面沥青瓦安装面一侧中间带有黏性的横条。

self-closing door
▸自闭门
▹自閉式引戸
∗带有弹簧五金件，可自动关闭的门。多数用于防火系统的一部分。

self-crossing
▸自垫堆积
▹自我堆積
∗用被干木料本身作垫条的堆积。

self-crossing piling method
▸无垫条纵横交叉堆积法
▹自我堆積法
∗用板材自身作为垫条，横向相邻两板之间留有一定间隔的堆积方法。

self-insulated wall
▸自保温墙体
▹自我断熱壁
∗墙体主体两侧无须附加保温系统，主体材料自身除具有结构材料必要的强度外，还具有较好的保温隔热性能的外墙保温形式。

semi-diffuse porous wood
▸半散孔材
▹半環孔材

semi-dry pressing
▸半干压成型法
▹セミドライプレッシング
* 在制造纤维板时，通过气流铺装制造的毡垫，其含水率接近于20%的情况下，在毡垫下面铺设金属网进行加热加压的方法。

semi-fluctuant drying schedule
▸半波动干燥基准
▹波動様乾燥基準
* 一般在干燥过程前期各阶段，介质温度逐渐升高，湿度逐渐降低，阶段内保持不变；在后期各阶段内的介质温湿度作起伏波动变化的含水率干燥基准。

semi-lodge-in
▸半嵌入
▹半欠き

semi-ring porous wood
▸半环孔材
▹半環孔材
* 管孔的排列介于环孔材与散孔材之间，早材管孔明显大于前一生长轮晚材管孔，但在同一生长轮内，从中部到晚材管孔逐渐变小；或者木材有一个明显的生长轮，其早材管孔间距很近并不明显大于前一个生长轮或同一生长轮的晚材导管。如核桃、核桃楸等木材。

semibasement
▸半地下室
▹半地階
* 房间地平面低于室外地平面的高度超过该房间净高的1/3，且不超过1/2的称为半地下室。

semirotary-cutting
▸半圆旋切
▹半円ロータリーカット
* 将木段或木方偏心装夹于旋切机的卡头之间，进行间断切削制造单板的加工方法。

separated application adhesive
▸分离涂布胶黏剂
▹分離塗布接着剤
* 在黏接的板材一面涂抹主剂，其他面涂抹硬化剂，通过两者的结合促进反应完成黏接的胶黏剂。

separator hole
▸隔件孔
▹セパ孔

Sepetir
●参见 *Sindora* spp.

sequence of log yard operation
▸板院工作程序
▹ログヤード操作のシーケンス
* 锯材的分选、检尺、验收、垛积保管、拨付、装车、结算等程序。

Sequoia sempervirens
▸北美红杉
▹レッドウッド

Serpula lacrymans
▸伏果干腐菌
▹乾腐菌

service class 1
▸使用环境 1
▹使用環境 1
* 每年内，在相对温度为20℃和仅有几周空气相对湿度超过65%条件的环境。在此环境下，对于绝大多数针叶树材来说，年平均平衡含水率不超过12%。

service class 2
▸使用环境 2
▹使用環境 2
* 每年内，在相对温度为20℃和仅有几周空气相对湿度超过85%条件的环境。在此环境下，对于绝大多数针叶树材来说，年平均平衡含水率高于12%，但不超过20%。

service class 3
▸使用环境 3
▹使用環境 3
* 每年内，木材平衡含水率高于使用环境 2 条件下的木材平衡含水率，例如构件完全暴露在室外大气中。对于绝大多数针叶树材来说，年平均平衡含水率超过 20%。

service life of house made of wood
▸木质房屋使用寿命
▹木造住宅耐用年数
* 木质房屋的使用寿命包括税制上的说法、设计陈腐化和机械设备老化等社会性说法，倒塌危险的结构性（物理性）说法等。在节约资源、减少废弃物排量来保护环境的要求下，延长使用寿命很重要。

serviceability limit states
▸正常使用极限状态
▹正常使用限界状態
* 对应于结构或结构构件达到正常使用或耐久性能的某项规定限值的状态。

set
▸残余变形
▹歯振
* 木材在拉或压应力作用下，形成固定不变的残余变形。

set-back
▸退缩
▹ヤットバック

setting[1]
▸锯齿摆动
▹歯振出し

setting[2]
•参见 curing

set to touch
▸指触干燥
▹指触乾燥
* 在涂抹橡胶黏合剂和涂料后，固化到用手指触摸也不会被黏住的干燥程度。

shade air temperature
▸气温
▹気温
* 在标准百叶箱内测量所得的每小时定时记录的温度。

shading
▸建筑遮阳
▹日射遮蔽；シェーディング
* 在建筑门窗洞口室外侧与门窗洞口一体化设计的，遮挡太阳辐射的构建。

shading coefficient
▸遮阳系数
▹シェーディング係数
* 在给定条件下，透过窗玻璃的太阳辐射热量，与相同条件下透过相同面积的 3mm 厚透明玻璃的太阳辐射热量的比值。无因次量。

shading coefficient of building element
▸建筑外遮阳系数
▹建築のシェーディング係数
* 在照射时间内，同一窗口（或透光围护结构部件外表面）在有建筑外遮阳和没有建筑外遮阳的两种情况下，接收到的两个不同太阳辐射量的比值。

shading coefficient of curtain
▸内遮阳系数
▹エアカーテンシェーディング係数
* 在照射时间内，透射过内遮阳的太阳辐射量和内遮阳接收到的太阳辐射量的比值。

shading coefficient of transparent envelope
▸透光围护结构遮阳系数
▹透光シェーディング係数

* 在照射时间内，透过透光围护结构部件（如窗户）直接进入室内的太阳辐射量，与透光围护结构外表面接收到的太阳辐射量的比值。

shading stain

●参见 lacquer staining

shake

▸**裂纹**

▹**割れ；乾燥割れ；干割れ**

* 木材干燥产生的裂纹总称。干燥初期在木材表面产生拉伸应力，当它比纤维相互间的内聚力大时，木材会沿着表面纤维的方向产生破裂，称为表面裂纹。木材纤维方向的水分容易移动，其端面面干燥得快，于是在端面上会产生裂纹，称为端面裂纹。到了干燥后期，内层的拉伸应力超过木材的横向抗拉强度时，会产生内部裂纹。

sharpening

●参见 sanding

sharpness angle

▸**齿尖角**

▹**刃先角**

* 刀尖面与刀背面形成的夹角。

shaving

●参见 wood chip

▹**削片；チップ**

shaving

▸**工厂刨花**

▹**削片；チップ**

* 由木工平刨、压刨或铣床等机械设备切削产生的厚度不均的刨花。

shaving machine

●参见 flaker

shear

▸**剪切；剪断（力）**

▹**せん断（力）**

shear bond strength

▸**胶层剪切强度**

▹**せん断接着強さ**

* 当连接两块胶合板式锯材时，测量拉伸剪切强度。连接集成材时，要测量压缩剪切黏接强度。

shear capacity

▸**抗剪承载力**

▹**せん断耐力**

* 静态简支弯曲测试条件下，工字搁栅抵抗弯曲剪力的能力。

shear connector

▸**剪力钉**

▹**シアコネクター**

shear strength

▸**剪切强度**

▹**せん断強さ**

* 试件最大剪切载荷与试件受剪面积之比。反映材料抵抗剪切破坏的能力。按载荷形式分为拉伸剪切、加压剪切和水平剪切。

shear test of adhesive bond by tension loading

▸**胶合拉伸剪切试验**

▹**引張せん断接着力試験**

* 分为胶合板类型和锯板胶合类型。前者把宽 0 ~ 25mm、沿着表板的长 80 ~ 150mm 的实验片插入与之正交的槽内，制成胶合面积（10 ~ 25）mm × 25mm 的实验片，后者合并 2 片厚 5 ~ 10mm 的锯板，制成胶合面积（13 ~ 25）mm × 25mm、长 80 ~ 150mm 的实验片，并在两端施加拉力使之剪切破坏。

shear type cut

▸**剪切型切削**

▹**縮み型切削**

* 在纵向切削比较柔软的被削材时，切削角大，伴随着刀刃的前进，正前方会产生压缩，接着被削材上面会产生剪切滑移，而不

是开裂，被剪切的木屑会随着滑移部分生成收缩状而产生剪切型切削。

shear wall
▸剪力墙
▹せん断壁
＊按照工程设计法设计，面板全部采用木基结构板材或采用木基结构板材与石膏板、墙骨柱采用规格材构成的，用以承受竖向和水平作用的墙体。

shear wall of wood-based structural panels
▸木基结构板剪力墙
▹木質パネルせん断壁
＊面层采用木基结构板材，墙骨柱或间柱采用规格材、方木或胶合木而构成的，用于承受竖向和水平作用的墙体。

shearing modulus
▸剪切模量
▹せん断弾性率

shearing strain
▸剪应变
▹せん断歪み

shearing stress
▸剪应力
▹せん断応力

sheathed compound beam
▸钉板组合梁
▹充腹梁
＊一种结合梁。在梁的凸缘部位，即上弦材和下弦材中间的腹板上贴胶合板、OSB 等面材组装。相当于工字梁或箱形梁。

sheathing
▸盖板；望板；夹衬板
▹羽目板；下張り合板
＊覆盖在墙壁、屋顶和地板等地方的板材，常用胶合板。

sheathing board
•参见 sheathing plank

sheathing plank
▸覆板；衬板；防水建筑板
▹シージングボード
＊在木结构房屋建筑中覆盖于梁、柱、支撑和搁栅等上，起部分承重作用的板材。

sheathing plywood for light wood frame construction
▸轻型木结构覆板用胶合板
▹枠組構造シージング合板

sheathing plywood for timber structures
▸木结构覆板用胶合板
▹木構造シージング合板

sheathing roof board
▸屋面板
▹野地板

shelf life
•参见 storage life

Shigo meter
▸木材劣化诊断器；木质探测仪
▹シゴメーター
＊一种木材或树木的劣化诊断器，将线探头插入钻孔中，根据电阻的变化判断木材劣化的程度和位置。

shim
▸补条
▹詰め木
＊用于单板修理的细而长的单板条。

shingle
▸墙面板；木瓦；搭叠木瓦；屋面瓦
▹まさ割り
＊①削薄柳杉、扁柏和冷杉等针叶树材制成的板材。②薄而小的屋面单元，铺设时交错搭接，用作屋顶面层或建筑物外墙覆面板。

shipworm
▸船蛆
▹フナクイムシ
＊属海生软体动物门（Mollusca）

双壳纲（Bivalvia）船蛆科（Teredinidae）。外形很像蠕虫，长达25cm，穴居于木材中。同属有很多种，对海洋建筑和木船损害都很大。

Shorea acuminata
▸渐尖娑罗双
▹ライトレッドメランチ

Shorea assamica
▸云南娑罗双
▹イエローラワン

Shorea collina
▸胶状娑罗双
▹レッドバラウ

Shorea dasyphylla
▸毛叶娑罗双
▹ライトレッドメランチ

Shorea dealbata
▸白粉娑罗双
▹メラピ；ホワイトメランチ

Shorea faguetiana
▸法桂娑罗双
▹イエローメランチ

Shorea laevis
▸平滑娑罗双
▹セランガンバツー；セランガンバトゥー；セランガンバツ；玉檀

Shorea lamellata
▸片状娑罗双
▹イエローメランチ

Shorea multiflora
▸多花娑罗双
▹イエローメランチ

Shorea ovalis
▸广椭娑罗双
▹ライトレッドメランチ

Shorea ovata
▸卵圆娑罗双
▹ダークレッドメランチ

Shorea parvifolia
▸小叶娑罗双
▹ライトレッドメランチ

***Shorea* spp.**
▸娑罗双属
▹セランガンバツ

short diameter
▸短径
▹短径
＊通过原木断面中心的最短直径。

short pivot
▸短榫
▹短ホゾ差し

short plate hardware
▸条状五金
▹短冊金物

short sawn timber
▸短产品
▹短用材
＊除主产品、连产品外，可割取出1m以上而小于原木长度的短板、方材。

short side
▸短边
▹短辺
＊结构用集成材横截面中较短的边。

shot blasting
▸喷砂
▹ショットブラスト
＊通过喷涂细硅砂和川砂等磨料在材料表面以刮削表面的方法，用于利用晚材表面硬度的差异进行压花。

shothole
▸小虫眼；小虫孔
▹ショートホール
＊孔径在1.5 ~ 3mm的虫孔，多由小蠹科、长小蠹科的某些小蠹虫或天牛科的某些天牛所蛀成。

shoulder of tenon
▸榫肩
▹胴付き
＊接头的一种。把一个木材的横截

面连接在另一个木材的面板上。

shrinkage

▸收缩；干缩；干缩量

▹収縮率

∗木材由于含水率降低导致其尺寸缩小的现象。

shrinkage per 1% mositure content

▸每 1% 含水率的收缩量

▹平均収縮率

side board

▸边板

▹入側

side compression

▸横向压缩

▹横圧縮

side hung door

▸平开门

▹側面開きドア

∗合页（铰链）装于门侧面、向内或向外开启的门。

side rebating plane

▸槽口边刨

▹脇取り鉋

side sealing tape for veneer

▸单板封边用胶纸带

▹単板シーリング用ガムテープ

∗用于防止单板端部开裂的胶纸带。

siding

▸外挂板

▹下見板

∗非砖石的外墙覆盖材料。

siding clapboard

▸雨淋板

▹下見板；サイディング

silicified wood

▸硅化木

▹珪化木

∗硅酸、石灰和氧化铁等无机物沉积在木材组织中成为的化石。

sill

▸基石；木地槛

▹土台

sill gasket

▸防腐垫层

▹防腐ガスケット

∗放置在基木板和基础之间的弹性防水材料。填补混凝土间的小空隙，能隔气、防水、防虫，并能帮助延长基木板的使用寿命。

sill plate

▸地梁板

▹土台

∗锚固于地基墙顶部的结构构件，其上放置楼板搁栅。

silver grain

▸银色木纹；银光花纹

▹銀木

simple beam

▸简支梁

▹単純梁

simple pit

▸单纹孔

▹単壁孔

∗在次生壁增厚过程中，其纹孔腔变宽或保持一定宽度，或逐渐变狭的纹孔。

simultaneous closing

▸同时闭合

▹同時クロージング

∗多层压机的各层热压板实现同步开启、同步闭合的过程。

***Sindora* spp.**

▸油楠属

▹セプター（セプチール）

single action

▸单个作用

▹シングルアクション

∗与结构上的任何其他作用之间在时间和空间上为统计独立的作用。

single-daylight press process

▸单面热压法

▹一段プレス法

single-face decorated wood-based panels
▸单饰面人造板
▹片面化粧木質パネル
* 仅对一个表面进行装饰加工的人造板。

single floor
▸单层楼面板
▹ワンフロア
* 直接钉合在楼盖搁栅顶面，其上无垫层，同时用作底层楼面板和垫层的结构板，可直接在地毯、轻质混凝土或木地板下使用。

single-lay particleboard
▸单层结构刨花板
▹単層パーティクルボード
* 在板厚度方向上，粗细刨花基本呈均匀分布的刨花板。

single layer flooring
▸单层地板
▹単層フローリング

single layer particleboard
●参见 single-lay particleboard

single oblique strut
▸单斜支撑
▹片掛け

single-opening hot platen press
▸单面热压
▹一段ホットプレス

single safety factor method
▸单一安全系数法
▹単一安全係数法
* 使结构或地基的抗力标准值与作用标准值的效应之比不低于某一规定安全系数的设计方法。

single spread
▸单面涂胶
▹片面塗布

single surface planer
▸单面刨床
▹自動一面鉋盤

single track kiln
▸单轨干燥室
▹単線乾燥室
* 在室内宽度方向铺设单线轨道，放置一列材堆的干燥室。

single track truck
▸单线车
▹単線トラック
* 用两根槽钢夹装两个车轮置于一根轨道上的小车，用来组装载料车。

sinker
▸沉木
▹沈木

site
▸场地
▹現場
* 工程群体所在地，具有相似的反应谱特征。其范围相当于厂区、居民小区和自然村或不小于 $1km^2$ 的平面面积。

site inspection
▸进场检验
▹現場検査
* 对进入施工现场的建筑材料、构配件、设备及器具等，按相关标准的要求进行检验，并对其质量、规格及型号等是否符合要求作出确认的活动。

site supervisor
▸监理员
▹現場監督

sitka spruce
●参见 *Picea sitchensis*

size
▸胶料；浆糊；上涂料
▹サイズ剤
* 用于给人造板上胶的各种填充物。例如，提高耐水性可用蜡、松香、松浆油和柏油，提高强度可用酚醛树脂、氨基树脂、淀粉等。

sizing
▸浆纱
▹サイジング

skill saw
▸手提锯
▹スキルソー
＊可手持操作的带把手的便携锯。

skirt board
▸踢脚板
▹幅木

skylight
▸天窗
▹天窓
＊安装在建筑顶棚上，用于采光、通风的窗。

slab
▸板皮
▹背板
＊从原木上锯割下来的弧形边材。

slag particleboard
▸矿渣刨花板
▹スラグパーティクルボード
＊按一定配比将刨花、矿渣粉末和其他添加剂加水混合搅拌后，经铺装、热压或冷压、养护等工序制成的板材。

sleeper
▸枕木
▹大引き
＊木质的轨枕，也泛指其他材料制成的轨枕。用于铁路、专用轨道走形设备铺设和承载设备铺垫的材料。

sleeper joist
▸格栅托梁
▹大引

slenderness ratio
▸长细比
▹細長比
＊①横截面在正方形的角柱体顺纹压缩下按照下列公式获得的值。$\lambda = l/(I/A)1/2$，其中 l 为柱的长度，I 为断面的惯性矩，A 为断面面积。该值在 20 以上，抗压力会伴随产生弯曲作用的压曲。②刨花的厚度（T）和长度（L）的比值（S），即 $S=L/T$。

sliced veneer
▸刨切单板；刨切薄木
▹スライスド単板
＊利用刨切机从木方上刨切制成的单板。

sliding door
▸拉门
▹スライディングドア；引き戸
＊向室的侧面拉动启闭的门。

sliding window
▸推拉窗
▹引き窓
＊由两个窗扇构成，其中一个水平滑动；或者由三扇窗构成，中间一扇固定，其余两扇滑动的窗，滑动窗扇应在不同的轨道上。

slit inside
▸沟条内侧
▹スリット内側
＊将尺杆横贴于沟条处原木表面时，位于两个贴尺点里侧的沟条部分。

slit outboard
▸沟条外侧
▹スリット外側
＊将尺杆横贴于沟条处原木表面时，位于两个贴尺点及外侧的原木表面。

sliver plybamboo
▸竹篾胶合板
▹スライバー竹合板
＊以竹篾为构成单元，经组坯、胶压而成的竹材胶合板，包括竹编胶合板和竹帘胶合板。

slope
▸斜度
▹勾配

slope angle
▸指斜角
▹傾斜度
＊指榫的斜面与垂直于指榫底面的平面间的夹角。

slope beam
▸斜梁
▹登り梁

slope piling
▸斜堆
▹傾斜積み

sloping grain
▸斜纹理
▹目切れ

slow burning plywood
●参见 fire retardant plywood

slump
▸滑动沉陷
▹スランプ

slurry
▸泥浆
▹スラリー

small dimension structural glued laminated timber
▸小截面结构用集成材
▹小断面構造用集成材
＊短边不足75mm，或长边不足150mm的结构用集成材。

small insect hole
●参见 shothole

small log
▸小径木
▹小丸太

small size board for making boxes
▸箱板材
▹箱用板材
＊包装用箱板材，包括帮板、底板、盖板、堵板、带板、底楞等部件。

smoke channel kiln
▸烟道干燥室
▹煙道式乾燥室
＊用炉灶燃烧燃料生成的炽热烟气，流过烟道（管）间接加热室内介质的自然循环干燥室。

smoke compartment
▸防烟分区
▹防火区画
＊在建筑内部采用挡烟设施分隔而成，能在一定时间内防止火灾烟气向同一建筑的其余部分蔓延的局部空间。

smoke flue
●参见 smoke uptake

smoke generation
▸烟熏剂
▹発煙性

smoke-heating
▸熏烟热处理
▹燻煙熱処理

smoke-proof staircase
▸防烟楼梯间
▹防煙階段室
＊在楼梯间入口处设置防烟的前室（包括开敞式阳台或凹廊）等设施，且通向前室和楼梯间的门均为防火门，以防止火灾的烟和热气进入楼梯间。

smoke uptake
▸烟道；排除各种烟气的管道
▹煙道

smoldering combustion
▸阴燃
▹くん焼
＊不产生火苗但烟雾很多的燃烧。阴燃一般是氧气不足状态下的燃烧。

smooth-one-side board
▸单面光纤维板
▹エスワンエスボード

smooth-two-side board
▸两面光纤维板
▹スツーエスボード

snake head shape deformation near board end
▸端部突出
▹端部突出
＊锯材前端部位偏厚，呈现蛇头形的缺陷。

snaking
▸波状纹
▹波状紋
＊锯切时因吃力不均匀使材面产生的波浪状纹路。

snips
▸铁皮剪
▹手ばさみ
＊用于剪切金属片的手动剪刀。

snow load
▸雪荷载
▹雪荷重
＊作用在建筑物或构筑物顶面上计算用的雪压。

soffit
▸望板
▹底板
＊楼梯、屋顶悬挑、梁等建筑物构件的底面。

soft board
•参见 softboards

soft rot
▸软腐
▹軟腐朽
＊由软腐菌（多为子囊菌）侵害使木材在高湿状态下引起的腐朽，腐朽材表面变软发黑，干燥后呈细龟裂状。

softboards
▸软质纤维板
▹軟質繊維板
＊密度小于 400kg/m^3 的湿法纤维板，包括普通软质纤维板和结构用软质纤维板。

softwood
▸针叶树材；软木
▹針葉樹；軟材
＊由裸子植物，如松、杉、柏木、落叶松等，生产的木材。

soil-block test
▸土壤木块法
▹土壌ブロックテスト
＊一种促使木腐菌在试验木块上生长的生物试验方法。以土壤作为培养基，用试块质量损失测定药剂的毒性效力。

soil-cement mixed pile foundation
▸水泥土搅拌桩地基
▹ソイルセメントミックスト杭基礎
＊利用水泥作为固体剂，通过搅拌机械将其与地基土强制搅拌，硬化后构成的地基。

soil-lime compacted column
▸土与灰土挤密桩地基
▹ソイルライムコンパクト杭基礎
＊在原土中成孔后分层填以素土或灰土，并夯实使填土压密，同时挤密周围土体，由此构成的坚实地基。

soil-rock composite subgrade
▸土岩组合地基
▹ソイルロック組合基礎
＊在建筑地基的主要受力层范围内，有下卧基岩表面坡度较大的地基；或石芽密布并有出露的地基；或大块孤石或个别石芽出露的地基。

soil stabilization
▸土壤加固
▹地盤改良

soil treatment
▸土壤处理
▹土壌処理
＊将杀虫剂施于建筑用地的土壤中，防止地下栖息类白蚁等的

侵害。

solar collector
▸太阳能集热器
▹ソーラーコレクタ；太陽集熱器；太陽光集光装置
＊吸收太阳辐射并将采集的热能传递到传热工质的装置。

solar-dehumidification drying
▸太阳能除湿干燥
▹太陽熱除湿乾燥
＊以太阳能为辅助热源对木材进行除湿干燥的联合干燥方法。

solar-dehumidification drying kiln
▸太阳能除湿干燥室
▹太陽熱除湿乾燥室
＊装有太阳能集热器和除湿器，以太阳能为辅助热源的除湿干燥室。

solar drying
▸太阳能干燥
▹太陽熱乾燥
＊以太阳能为热源干燥木材的方法。

solar drying kiln
▸太阳能干燥室
▹天日乾燥室
＊用集热器吸收太阳能加热介质干燥木材的干燥室。

solar-energy drying
●参见 solar drying

solar heat gain coefficient (SHGC) of transparent envelope
▸透光围护结构太阳得热系数
▹透光エンベロープ太陽熱利得係数
＊在照射时间内，通过透光围护结构部件（如窗户）的太阳辐射到室内的热量，与透光围护结构外表面接收到的太阳辐射量的比值。

soldier termite
▸兵蚁
▹兵蟻

solid beam
▸实心梁
▹单一梁

solid board
▸实心板
▹無垢板

solid content
▸固体含量
▹固形分；固形成分含有量
＊在规定测试条件下，树脂中非挥发性物质的质量占液体树脂总质量的百分比。

solid core blockboard
▸实心细木工板
▹無垢コアブロックボード
＊以实体板芯制作的细木工板。

solid volume
▸固体体积
▹実質率

solid wood
▸实木
▹素材；無垢材

solvent recovery process
▸溶剂回收法
▹溶媒回収法
＊让药剂融入有机溶剂中，进行通常的加压注入操作，注入后回收溶媒，只让药剂留在木材中，对溶媒进行再利用的方法。使用有机溶剂充当溶媒，所以处理后的材料变形小。使用石油溶剂进行的赛隆法、德里隆法也称溶剂回收法。另外，使用轻质有机溶媒溶解的防腐防虫药剂称为轻质有机溶媒保存剂。

sorption
▸吸附
▹収着

sorption hysteresis
▸吸收滞后；吸湿滞后
▹吸着ヒステリシス

＊吸湿稳定含水率低于解吸稳定含水率的现象。

sorption isotherm
▸等温吸附线
▹等温収着曲線
＊介质温度不变时，木材吸湿含水率与气体相对蒸汽压的关系曲线。

sorting
▸选材
▹選材
＊通常在选材场或制材车间等规定场所，按标准的缺陷允许限度进行木材的评等分选。

sound absorption
▸吸声
▹吸音率；吸音

sound insulation
▸隔音
▹遮音

sound pressure level
▸声压级
▹音圧レベル

sound wood
▸健康材
▹良木
＊没有受到菌、虫等生物侵害的完好木材。

sounding
▸探测
▹サワンディング

southern pine
▸南方松
▹サザンパイン

soybean glue
▸豆胶
▹大豆グルー

space between piles
▸堆间距离
▹パイル間隔
＊材堆与材堆之间的距离。

span
▸跨距
▹スパン
＊梁、搁栅和椽木等支撑点之间的水平距离。

span rating
▸跨距等级
▹スパン等級
＊根据结构性能要求，轻型木结构建筑覆面板用OSB所做的跨距分等。用产品的用途标识和标准跨距标识表示，表明在指定用途正常条件下，使用OSB覆面板时相邻支撑构件的最大中心距。

sparking site
▸散发火花地点
▹スパークサイト
＊有飞火的烟囱或进行室外砂轮、电焊、气焊、气割等作业的固定地点。

special drying
▸特种干燥
▹特殊乾燥
＊常规干燥之外的其他人工干燥。

special grain RDV
▸特殊花纹重组装饰单板
▹特殊木理RDV
＊除径切和弦切花纹重组装饰单板以外，类似于木材表面其他各种花纹的重组装饰单板。

special plywood
▸特种胶合板
▹特殊合板
＊在普通胶合板上进行覆盖、涂装等加工的胶合板。在JAS中，分为覆盖平切单板的天然木装饰板和除此以外的特殊加工装饰板。

specialty project management engineer
▸专业监理工程师
▹監督エンジニア
＊由总监理工程师授权，负责实施某一专业或某一岗位的监理工作，有相应监理文件签发权，具

有工程类注册执业资格或具有中级及以上专业技术职称、2 年及以上工程实践经验并经监理业务培训的人员。

specific strength

●参见 quality index

specific adhesive

▸专用胶黏剂

▹比接着剤

specific cutting resistance

▸切削比阻力

▹比切削抵抗

specific energy consumption

▸电能比耗；单位能耗

▹エネルギー原単位

* 以 $1m^3$ 被干木料或 1kg 被蒸发水分计的热量或电量的消耗。

specific gravity

▸比重

▹比重

specific gravity in air-drying

▸气干比重

▹気乾比重

specific gravity in green

▸生材比重

▹生材比重

specific gravity in oven-dry

▸绝干比重

▹絶乾比重；全乾比重

specific gravity of wood substance

▸基本比重

▹真比重

specific heat of wood

▸木材比热

▹木材比熱

* 单位质量木材的温度变化 1℃时所吸收或放出的热量。

specification

▸施工规范

▹仕様規定

specification code

▸规范规定

▹仕様規定

specification log

▸规格原木

▹仕様丸太

* 尺寸符合原木产品标准规定的原木。

spherical shell structure

▸球壳结构

▹球形シェル構造

spike knot

▸条状节；尖节；锐节

▹流れ節

* 节子位于部分窄面并沿着相邻的宽面伸展，常见于锯材的径切面上。

spindle

▸主轴

▹スピンドル

spindle sander

▸砂轮磨光机

▹スピンドルサンダー

spindle shaper

▸单立轴机；单轴铣床

▹面取り盤

spiral grain

▸螺旋纹理

▹旋回木理

spiral nail

▸麻花钉

▹らせん釘

* 钉身如麻花状，头部为圆扁形，底部为尖底，抗拔力较普通圆钉要强。

splice batten

▸连接木条

▹接合木摺

* 连接并固定于钢梁上的格栅上部的开口，起到连接、加强作用的木条。

splice joint
▸对接节点
▹突き合わせ継ぎ手
＊当桁架跨度较大时，弦杆用齿板对接接长的节点。

splicer
▸接合器；拼接机
▹スプライサー

splinter
▸碎木片
▹スプリンター

split
▸劈裂
▹裂け
＊干燥时端裂延伸至木材材面的裂纹。

split log (timber)
▸劈裂材
▹割材
＊受到外力的作用，原木断面被撕裂成两块以上分裂断面或局部裂块脱落的原木。

split wedge
▸楔形物
▹楔

spoke plane
▸轮辐刨床
▹南京鉋

spontaneous combustion
▸自燃
▹自然燃焼

spots
▸污斑
▹汚点；斑点
＊原纸中的尘埃、印刷时出现的油墨迹，以及加工过程中杂物等造成的板面斑痕。

spray treatment
▸喷涂处理
▹スプレー
＊将防腐剂、防霉剂或其他化学药剂，用喷雾器或喷枪等工具喷到木材表面的处理方法。

spread
▸传播；扩散
▹塗布量

spread foundation
▸扩展基础
▹直接基礎
＊为扩散上部结构传来的荷载，使作用在基底的压应力满足地基承载力的设计要求，且基础内部的应力满足材料强度的设计要求，通过向侧边扩展一定底面积的基础。

spread roll
▸涂布辊
▹塗布ロール

spreader
▸涂布机；铺料机
▹スプレッダー；塗布機

spring
▸垫圈
▹バネ

spring back
▸回弹
▹スプリングバック

spring set
▸组合齿路
▹組歯振

spring wood
●参见 early wood
▹春材

spruce-pine-fir (SPF)
▸云杉—松—冷杉
▹スプルース・パイン・ファー

square
▸方材
▹平角
＊宽度尺寸不足厚度尺寸 2 倍的木材。

square cut
▸方形切割；四面锯切
▹太鼓挽き

* 一种截取制材的形式，方形切割之后，放倒制材从端部截取制材制成板材的方法。

square-edged sawn timber
▸整边锯材
▹方正用材
* 相对宽材面相互平行，相邻材面互为垂直，材棱上钝棱不超过允许限度的锯材。

square-edged sawn timber with parallel edges
▸平行整边锯材
▹平行挽材
* 两组相对材面均相互平行的整边锯材。

square-edged sawn timber with tapered edges
▸梯形整边锯材
▹台形挽材
* 相对窄材面相互不平行的整边锯材。

square timber
▸方木
▹正角
* 直角锯切且宽厚比小于 3 的锯材，又称方材。

squash block
▸侧撑块
▹スカッシュブロック
* 用于辅助支持来自上方的集中荷载和承重墙荷载。

squeeze out
▸挤出；溢胶
▹スクイズアウト

stack
▸材堆；木堆；堆垛
▹桟積
* 按木材干燥工艺要求堆积的木材堆。

stack beam
▸重叠梁
▹重ね梁

stacker
▸堆垛机
▹スタッカー

stacking
▸装堆
▹堆積
* 将木料堆成材堆的操作。

stacking machine
▸装堆机
▹スタッキングマシン
* 堆积木材的机械。

staggered joints
▸错缝
▹交錯継ぎ目
* 用来错开锯材覆面板、地板、板条和面板的接缝，保证任何两个相邻的端接缝不在一条直线上。

stain
▸污点
▹汚点
* 油脂或油类物质及胶黏剂等添加物，在纤维板板面上形成的与板面色泽有差异的斑点。

stain by fungi
▸真菌变色
▹真菌変色
* 某些真菌在木材组织中寄生，菌丝体及其所分泌的色素污染木材，导致青斑、红斑、黄斑等局部变色的现象。

stained wood
▸变色材
▹変色材
* 受到霉菌、变色菌等生物因子，光热等物理因子，酶等化学因子侵害导致木材正常颜色发生改变的木材，如蓝变材、褐变材等。

staining fungi
▸变色菌
▹変色菌
* 主要属于子囊菌亚门和半知菌亚门。以木材细胞内含物为食料，

不分解木材，能改变木材的天然颜色的菌类微生物。

stair

▸楼梯

▹階段

＊由连续行走的梯级、休息平台和维护安全的栏杆（或栏板）、扶手以及相应的支托结构组成的作为楼层之间垂直交通用的建筑部件。

stair carriage

▸楼梯纵梁

▹階段梁

＊支撑踏步和竖板的构件。

stake test

▸桩基检测；桩基试桩

▹杭試験

＊在野外自然条件下将木材桩子埋入土里，长年累月后，测量木材的劣化情况、质量和强度变化等，以评价耐久性的方法。虽是实际的评价方法，但因需要长期暴露在外，因此结果会产生变动。

stamp

▸标识

▹スタンプ

＊表明材料、构配件等的产地、生产企业、质量等级、规格、执行标准和认证机构等内容的标记图案。

stand pipe

▸立管

▹スタンドパイプ

＊垂直穿过整栋建筑的管子，作为房屋的供水管道并在火灾时连接供水水源。

standard frost penetration

▸标准冻结深度

▹標準凍結浸透

＊在地面平坦裸露、城市之外的空旷场地中，不少于 10 年的实测最大冻结深度的平均值。

standard moisture content

▸标准含水率

▹標準含水率

standard penetration test

▸标准贯入试验

▹標準貫入試験

standard pillar

▸管柱

▹管柱

standard size

▸标准尺寸

▹スタンダードサイズ；標準サイズ

＊锯材标准中规定的尺寸。

standard timber

▸标准木料

▹標準木材

＊以特定树种、规格、含水率、干燥时间及干燥条件等为标准的材料。

standard value of daylight factor

▸采光系数标准值

▹採光率標準値

＊室内和室外天然光临界照度时的采光系数值。

Standards by American Society for Testing and Materials (ASTM)

▸美国材料与测试协会标准

▹アメリカ材料試験協会規格

staple

▸U 型钉；扒钉

▹ステープル

star shake

▸星形裂缝

▹星割れ

starch glue

▸淀粉胶

▹デンプン接着剤

start construction

▸动工

▷立上がり

starved joint

▸欠胶接头；失效接缝

▷欠胶

＊不良黏合部位破断型的一种，在黏合面缺少黏合剂，或剂量少的情况下产生。常见于附着材料含水率高、黏合剂过度浸透附着材料、热压产生鼓泡的情况下。

static action

▸静态作用

▷静的作用

＊使结构产生的加速度可以忽略不计的作用。

static test

▸静力试验

▷静的試験

＊在静载荷作用下观测研究结构、构件或连接的承载力刚度和应力、变形分布的试验。

statistical parameter

▸统计参数

▷統計パラメータ

＊在概率分布中用来表示随机变量取值的平均水平和分散程度的数字特征，如平均值、标准差、变异系数等。

staybwood

▸热固木

▷ステイプウッド

＊在美国麦迪逊林业实验室开发的热处理木材，通过阻断熔融金属中的空气并对其进行热处理，提高了尺寸稳定性。

Staypak

▸热处理压缩木

▷ステイパック

steady evaporation process

▸稳定蒸发过程

▷定常蒸発過程

＊干燥介质冷却极限温度不变时的水分蒸发过程。

steam-and-quench treatment

▸喷蒸和淬冷处理

▷水蒸気—急冷処理

＊木材先用蒸汽加热后，随即浸入冷防腐剂溶液中浸渍。

steam consumption

▸蒸汽耗量

▷蒸気消費量

＊干燥过程中消耗的蒸汽量。

steam drying

▸蒸汽干燥

▷蒸気乾燥

steam injection method

▸蒸汽喷射法

▷蒸気噴射法

＊在热压过程中，向板坯内喷射蒸汽促使其中心温度快速升高的办法。

steam injection pressing process

▸注汽压制工艺

▷蒸気噴射プレス法；スチームインジェクションプレス法

steam shock method

▸喷蒸热压工艺

▷スチームショック法

steam spray pipe

▸喷蒸管

▷蒸気噴射パイプ；蒸気噴射管

＊具有喷孔或喷嘴、可向干燥室内喷射蒸汽的金属管。

steam treatment

▸蒸汽处理

▷水蒸気処理

steaming

▸蒸汽处理

▷スチーミング；蒸煮

＊向干燥室内喷射蒸汽对木材进行高温高湿处理。

steel

▸钢

▷スチール；鋼

＊含碳质量百分比介于 0.02% ～

2.04% 的铁合金的统称。

steel pipe pile
▸钢管桩
▹鋼管杭

steeping
▸长时间浸渍
▹長時間的浸漬
＊木材放入常温或加热的防腐药液中浸浴，浸渍时间通常在 1 小时以上。

stem
▸树干
▹幹
＊树木在地面以上的主干部分，不包括枝，也称茎。

stem wood
▸原条
▹幹材
＊经过打枝后未进行横截造材的伐倒木。

step
▸台阶
▹ステップ
＊在室外或室内的地坪或楼层不同标高处设置的供人行走的阶梯。

step flashing
▸阶梯形泛水
▹ステップフラッシング
＊交错搭接在屋顶和墙体交接处的长方形或正方形泛水板。

step joint
▸齿型连接
▹歯型接合
＊一种在木构件上开凿齿槽与另一木构件抵承，利用其承压和抗剪能力传递构件间作用力的连接形式。

stick
●参见 sticker

stick particle
▸杆状刨花
▹スティックパーティクル
＊木片经锤式粉碎机再碎而成的刨花。厚度和宽度相近，约 3～6mm，长度为厚度的 4～5 倍。

sticker
▸垫条；隔条
▹桟木
＊将材堆每层木料分层隔开的条状垫木。

sticker piling method
▸垫条堆积法
▹桟木堆積法
＊各层板间加垫条，相邻两板之间留有横向距离的堆积方法。

sticker spacing
▸垫条间隔
▹桟木間隔
＊在同一层木料上所放置的垫条与垫条之间的距离。

sticking defect
▸黏痕
▹接着欠陥
＊纤维板与衬板黏接造成板面脱皮或起毛的缺陷。

stiffener
▸加劲杆；加强筋
▹スチフナー

stirrup
▸箍筋
▹あばら筋；スターラップ

stone foundation
▸石基础
▹玉石基礎

stopped butt joint
▸不透榫对接
▹包み打付け継ぎ
＊用于书桌抽屉前板与侧板的连接，将包住的木头两端用钉子连接。

stopper
▸阻塞物；厚度规
▹ストッパー

storage for dried timber
▸干材库
▹乾燥木材の倉庫
* 存放干木材的建筑物。

storage life
▸贮存期
▹保存期限
* 树脂等在给定条件下存放时，仍能保持其性能在规定指标内的时间。

storage modulus
▸储能模量
▹貯蔵弾性率

storage stability
▸贮存稳定性；耐贮存性
▹貯蔵安定性

storaging time (life)
▸储存寿命
▹貯蔵期間

storey
▸楼层
▹階；フロア
* 房屋的重要组成部分，楼层是建筑物中用来分隔空间的水平分隔构件。

storey height
▸层高
▹階高
* 在非屋面层，建筑物各层之间以楼、地面面层（完成面）计算的垂直距离。在屋顶层由该层楼面面层（完成面）至平屋面的结构面层或至坡顶的结构面层与外墙外皮延长线的交点计算的垂直距离。

straight grain
▸直纹
▹通直木理

straight laminated wood
▸通直集成材
▹通直集成材

strain[1]
▸菌株
▹菌株

strain[2]
▸应变
▹ひずみ；歪み
* 在压缩和拉伸变形时用单位长度的变形量表示的，和在错动变形时用角度变化表示的称应变。

strand
▸窄长薄平刨花；细长木片
▹ストランド
* 平均长度大于 50mm，平均厚度小于 2mm，且长宽比在 2∶1 以上的刨花。

strapping
▸钉板条
▹ストラッピングテープ
* 固定在墙表面上用于支撑挂瓦条、灰泥或其他覆面层的板条的总称。

straw fibers
▸稻草纤维
▹藁スサ

straw gasification
▸秸秆气化
▹ストローガス化
* 在不完全燃烧条件下，将生物质原料加热，使较高分子量的有机碳氢化合物链裂解，变成较低分子量的一氧化碳（CO）、氢气（H_2）、甲烷（CH_4）等可燃气体的过程。

straw particleboard
▸秸秆刨花板
▹ストローボード
* 以麦秸或稻草等农作物秸秆为原料制成的刨花板。

streak
▸斑纹；虎皮
▹ストリーク
* 板面出现的颜色深浅相间的条纹。

strength axis
▸强轴
▹強軸
＊与表层刨花定向方向平行的轴，通常指OSB的长度方向。

strength weight ratio
▸强重比
▹強度重量比
＊材料的强度和重量的比值。

stress
▸应力
▹応力
＊给物体施加外力会变形。在物体内部会产生抵抗外力的内力，用单位面积的大小表示其程度的力称为应力。应力分为与面垂直的部分和平行的部分，前者称为垂直应力，后者称为剪切应力。压缩或拉伸物体时会产生垂直应力，分别称为压缩应力和拉伸应力。移动物体时会产生剪切应力。

stress concentration
▸应力集中
▹応力集中

stress grader
▸应力分等机
▹ストレスグレーダー

stress grading
●参见 stress-grading

stress-grading
▸应力分等
▹強度等級区分法
＊用应力分等机，按测得的板材抗弯弹性模量自动评等分选。

stress relaxation
▸应力松弛
▹応力緩和

stress sample board
▸应力检验板
▹応力試験材
＊在干燥过程中用来检验木材应力的木板。

stress section
▸应力试片
▹応力試験片
＊干燥时检验木材应力的木片。

stress skin panel
▸外层受力板
▹ストレススキンパネル
＊为提高拉伸骨架的胶合板等木肌（面材）和肋拱（纵通材）的弯曲性能而设计的板条。广泛应用于根据板条构造方法制造的木质装配式房屋的屋顶、墙壁、地板。

stress-strain diagram
▸应力—应变曲线
▹応力—ひずみ曲線
＊横轴为应变，纵轴为应力，表示物体变形时的应力和应变关系的曲线。在应力—应变曲线图中，应力小的地方被视为直线领域，这一区域的最大应力称比例限度。应力超过比例限度时，应变的增加比例就会变大，最终产生破坏。去除应力时，应变可以完全恢复的应力极限值称弹性限度，破坏时的外力称破坏荷载，其应力称破坏应力或破坏强度。

stress wave
▸应力波
▹応力波
＊在固体介质中质点应力和应变状态的变化以波的形式传播，称为应力波。

stretcher
▸横档
▹脚貫
＊安装在桌椅腿之间，起到连接作用的横木。

stringer
▸楼梯斜梁
▹階段梁

＊支撑楼梯踏板和踢脚板的倾斜构件。

strip
▸小幅面板
▹小幅板；貫；ストリップ
＊厚度不满 3cm，宽度不满 12cm 的木板。

strip plybamboo
▸竹片胶合板
▹竹片合板
＊以竹片为构成单元，经施胶、组坯、胶压而成的竹材胶合板。

strips
▸小板
▹小板

structural adhesive
▸结构胶黏剂
▹構造用接着剤

structural analysis
▸结构分析
▹構造解析
＊确定结构上作用效应的过程。

structural bamboo & wood composite board
▸结构用竹木复合板
▹構造用竹木ボール
＊以竹片、竹篾、木单板、锯制木板为构成单元，经组合胶压制成的，具有良好的力学性能，能作承载构件使用的复合板材。

structural board
▸结构板
▹ストラクチュラルボード

structural composite lumber (SCL)
▸结构复合木材；结构用木质复合材
▹ストラクチュラルコンポジットランバー；構造用複合材
＊采用木质的单板、单板条或木片等，沿构件长度方向排列组坯，并采用结构用胶黏剂叠层胶合而成，专门用于承重结构的复合材料，包括旋切板胶合木（单板层积材 LVL）、平行木片胶合木（单板条层积材 PSL）、层叠木片胶合木（定向木片层积材 LSL）和定向木片胶合木（OSL）等，以及其他具有类似特征的复合木产品。

structural finger-jointed dimension lumber III
▸III类结构用指接规格材
▹III類構造用フィンガージョイント材
＊在 I 类结构用指接规格材和 II 类结构用指接规格材使用场合以外的指接规格材。

structural finger-jointed lumber
▸结构用指接材
▹構造用フィンガージョイント材
＊具有良好耐水性、耐候性和力学性能，能作承载构件使用的指接材。

structural glued laminated timber
▸结构用集成材
▹構造用集成材
＊以承重为目的，将按等级区分的层板（可指接、斜接或拼宽）沿纤维方向相互平行，在厚度方向层积胶合而成的结构用材。主要用于建筑结构的承重构件。

structural I sheathing
▸特殊覆面板
▹特殊羽目板
＊与覆面板类似的结构用 OSB，但满足《轻型木结构建筑覆面板用 OSB》标准规定的垂直强轴方向的强度、刚度和抗侧载荷等额外要求的覆面板用 OSB。

structural insulation panel (SIP)
▸结构保温复合板
▹構造用断熱パネル
＊由两层结构用木质板材和黏结于中间层的芯材而形成的共同作用

的复合结构板，其中芯材为硬质、轻质、均质且具有一定剪切强度的热惰性材料。

structural integrity
▸**结构整体稳固性**
▹**構造的完全性**
* 当发生火灾、爆炸、撞击或人为事故等偶然事件时，结构整体能保持稳固且不出现与起因不相称的破坏后果的能力。

structural laminated timber
●参见 glued laminated timber

structural laminated veneer lumber (SLVL)
▸**结构用单板层积材**
▹**構造用単板積層材**
* 具有良好的耐水性、耐候性和力学性能，能作为承载构件使用的单板层积材，也称为木质工程结构用单板层积材。

structural laminated wood
●参见 structural glued laminated timber

structural member
▸**结构构件**
▹**構造部材**
* 结构在物理上可以区分出的部件。

structural model
▸**结构模型**
▹**構造モデル**
* 用于结构分析、设计等的理想化结构体系。

structural particleboard
▸**结构用刨花板**
▹**構造用パーティクルボード**
* 可用于工程结构、具有规定承载能力的刨花饭。

structural plywood
▸**结构用胶合板**
▹**構造用合板**
* 可用作建筑物承载结构构件的胶合板。

structural robustness
●参见 structural integrity

structural sheathing
▸**结构覆面板**
▹**構造用羽目板**
* 轻型木结构中钉合在墙体木构架单侧、双侧、楼盖搁栅、椽条顶面的木基结构板材，又分别称为墙面板、楼面板和屋面板。

structural system
▸**结构体系**
▹**構造体系**
* 结构中的所有承重构件及其共同工作的方式。

structural wood-based panels
▸**结构型人造板**
▹**構造用木質パネル**
* 具有较高的强度和耐久性，可用于建筑工程结构、具有规定承载能力的人造板。

structural wood product
▸**结构用木质材料；结构材**
▹**構造用木材**
* 以作为结构构件承受荷载为目的，具有可靠和明确的力学性能指标，可满足工程设计要求的木质材料。

structure
▸**结构**
▹**構造**
* 由各连接部件有机组合而成，能承受作用并具有适当刚度的系统。

structure of wood
▸**木材构造**
▹**木材構造**
* 木材细胞和组织的组成、形态、特征、功能以及细胞壁结构等，可分为宏观构造、微观构造和超微观构造。

strut
▸**撑杆**
▹**ストラット**

＊桁架结构中位于桁架空腹中，起到竖向或者斜向支撑上弦杆和下弦杆作用的构件。

stucco

▸**粉饰灰泥**

▹**スタッコ；化粧しっくい**

＊用于墙及类似表面的外装式水泥状材料，加水后使用，干燥后坚固耐用。

stud

▸**墙骨柱；间柱**

▹**間柱**

＊轻型木结构的墙体中按一定间隔布置的竖向承重骨架构件。

stump

▸**伐根**

▹**切り株；刈り株**

＊采伐后残留在地面上的树木基部。

stump wood

▸**伐根材**

▹**根株材**

sub-fascia

▸**结构封檐板**

▹**構造軒**

＊位于椽木或桁架底部末端的水平结构件，在檐口底部成一线，用以支撑封檐板和檐槽。

subdivision Ascomycota

▸**子囊菌亚门**

▹**子嚢菌類**

＊属真菌门，该亚门真菌营养体除极少数低等类型为单细胞（如酵母菌）外，均为有隔菌丝构成的菌丝体，是木材边材变色和软腐的重要菌源。

subdivision Basidiomycotina

▸**担子菌亚门**

▹**担子菌亜門**

＊属真菌门，该亚门真菌都产生担子和担孢子，均为有隔菌丝形成的发达的菌丝体，是木材腐朽菌重要菌源。

subdivision Deuteromycota

●**参见** imperfect fungi

subdivision Zygomycota

▸**接合菌亚门**

▹**接合菌亜門**

＊属真菌门，该亚门真菌营养体是菌丝体，有性繁殖形成接合孢子。没有游动孢子。腐生或寄生。木材发霉的菌源之一，如黑根霉、毛霉等。

subfloor

▸**底层楼面板**

▹**床下地**

＊直接钉合在楼盖搁栅顶面，在上方铺盖垫层的 OSB，作用是提供强度和刚度。

subgrade

▸**地基**

▹**基礎**

＊支承基础的土体或岩体。

substrate revealment

▸**透底**

▹**基材暴露**

＊由于装饰胶膜纸覆盖能力不足造成基材的颜色或缺陷在板面上显现的现象。

subterranean termite

▸**土栖性白蚁**

▹**地下シロアリ**

＊鼻白蚁科白蚁，在土壤中群栖筑巢，通过地面或自建的蚁道进入木材内部，以木材中的纤维素为食。蚁道保护白蚁免受外界环境中光照、干燥空气等因素影响。从内部蛀食木材，木材外部看不到任何破坏的迹象。

summerwood

●**参见** early wood

▹**夏材**

sump

●**参见** drain tank

▹**ドレンタンク；釜場**

sump pit
▸集水坑
▹排水ピット
＊建筑工程在基坑开挖时，如果地下水位比较高，且基底标高在地下水位之下时需要设置的设施。

super surfacer
▸超级刨床
▹スーパーサーフェーサー；超仕上げ鉋盤
＊用于木质材料表面的加工。由可升降的桌面、刨台、送料装置构成，进刀量小。

superheated steam
▸过热蒸汽
▹過熱蒸気
＊温度高于该压力下饱和蒸汽温度的未饱和蒸汽，包括常压和高于大气压的过热蒸汽。

superheated steam drying
▸过热蒸汽干燥
▹過熱蒸気乾燥
＊以过热蒸汽为干燥介质对木材进行对流加热的高温干燥。

superheated steam drying schedule
▸过热蒸汽干燥基准
▹過熱蒸気乾燥基準
＊以过热蒸汽为干燥介质对木材进行对流加热的高温干燥基准。

superheated steam kiln
▸过热蒸汽干燥室
▹過熱蒸気乾燥室
＊以常压过热蒸汽为干燥介质的干燥室。

supporting ground
▸支撑地盘
▹支持地盤

surface bond strength
▸表面结合强度
▹表面結合強度
＊在垂直板面的拉伸载荷作用下，规定深度的试件面层破坏时的最大载荷与试件受载面积之比。

surface check
▸表裂
▹表面割れ
＊干燥前期木材表层因拉应力超过木材横纹拉伸极限强度发生的裂纹。

surface condensation
▸表面凝结
▹表面結露

surface decoration of wood-based panels
▸人造板表面装饰
▹木質パネル表面化粧
＊为了提高人造板表面装饰性能，对人造板表面进行的各种装饰处理。

surface hardened
●参见 case hardening

surface insect holes and galleries
▸表面虫眼和虫沟
▹表面虫穴
＊蛀蚀木材的深度不足 10mm 的虫眼和虫沟，多由某些小蠹虫或某些天牛所蛀成。未剥皮新伐倒木常见此害。

surface mechanical plywood
▸表面机械加工胶合板
▹表面機械加工合板

surface quality of sawn wood
▸锯材表面质量；锯材外观质量
▹挽肌

surface resistance to high-low temperature cycle
▸表面耐冷热循环性
▹表面耐冷熱循環性
＊产品经冷热循环试验后，保持其原有表面性能稳定的能力。

surface roughness
▸表面粗糙度；微观不平度
▹表面粗さ
＊材料表面凹凸不平的程度。

surface tension
▸表面张力
▹表面張力
* 液体表面层由于分子引力不均衡而产生的沿表面作用于任一界线上的张力。

surface treatment
▸表面处理
▹表面処理
* 采用涂刷、喷淋等方法对木材表面进行的防腐处理。

surface veneer
▸表板
▹表板
* 用作胶合板最外层的单板，分为面板和背板。

surfacer
▸平面刨床
▹サーフェーサー

surging
▸跑锅
▹サージング
* 加压浸注中，当加热或密闭真空时，含水油剂涌起的泡沫或沸腾的液状防腐剂从容器中冲向冷凝系统的现象。

suspended ceiling
●参见 drop ceiling

suspended velocity
▸悬浮速度
▹浮上速度
* 输送纤维时，保持纤维不下沉的最小气流速度。

swage set
▸拨锯路
▹撥歯振

Swedish sounding test
▸瑞典式探测实验
▹SWS 試験

swelling
▸膨胀；湿胀；湿胀量
▹膨潤
* 锯材因其含水率增大而增加的尺寸。

swelling of wood
▸木材湿胀性
▹膨潤性
* 木材吸收水分而膨胀的性质。

swelling per 1% moisture content
▸1% 含水率膨胀率
▹平衡膨潤率

swelling pressure
▸膨胀压力
▹膨潤圧

swelling stress
▸膨胀应力
▹膨潤応力

symmetrical mixed-grade composition structural glued laminated timber
▸对称异等组合结构用集成材
▹対称異等級構成集成材
* 用质量等级不同的层板，以中心轴对称分布组成的结构用集成材。

symmetrical structure plywood
▸对称结构胶合板
▹対称構成合板
* 中心层两侧对应层的单板在树种、厚度、纹理方向以及物理力学性能等方面均对应相同的胶合板。

synthetic resin
▸合成树脂
▹合成樹脂
* 以低分子化合物为原料，在一定条件下，通过化学反应而制得的具有一定特性的高分子聚合物。

synthetic resin adhesive
▸合成树脂胶黏剂
▹合成樹脂接着剤

T

Tabebuia donnellsmithii
▸白桃花心木；赛比葳
▹プリマベラ

table band saw
▸台锯
▹テーブル帯鋸盤

tack
▸黏性；平头钉
▹タック

tack dry
▸黏干状态；干黏性
▹タッキイドライ

tacky dry
●参见 tack dry

tail joist
▸墙端端梁
▹壁端根太
*一端由搁栅横梁制成的较短的搁栅。

TAILIANG-style timber structure
▸抬梁式木结构
▹抬梁式木構造
*沿房屋进深方向，在木柱上支承木梁，木梁上再通过短柱支承上层减短的木梁，按此方法叠放数层，逐层减短的梁组成一榀木构架。屋面檩条放置于各层梁端。

tangential section
▸弦切面
▹接線断面
*没有通过髓心的树干纵切面。

tangential swelling
▸弦切面湿胀
▹接線膨潤率

tape applied to inner veneers
▸单板用内贴式胶纸带
▹単板用内貼りガムテープ
*用于内层单板拼接和修补的有孔胶纸带。

tape jointing
▸有带胶拼
▹テープジョイント
*用胶纸带将单板拼宽的方法。

tapeless jointing
▸无带胶拼
▹テープレスジョイント
*单板胶拼时不使用胶纸带，而是通过胶黏剂将两片单板的侧面胶合在一起。

tapeless splicer
▸无带胶拼机
▹テープレススプライサー

taperness
▸锥度
▹梢殺

taping machine
▸胶带拼缝机
▹テーピングマシン

tar
▸焦油
▹タール
*油页岩、褐煤、石油和木材等干馏而得的油状产物。主要有高温煤焦油、低温煤焦油、页岩油和木焦油。此外，还有煤气化所得的气化焦油、石油馏分经热解所得的热解焦油等。

tar oil
●参见 tar

tar-oil preservative (TO)
▸焦油类防腐剂
▹タール油防腐剤
*杂酚油与其他石油化工产品（化合物）混合后得到的防腐剂。

tar paper
▸油毡
▹タール紙
*用来作屋顶、地下室墙壁、地基等的防水、防潮层的建筑材料，

也称油毛毡。

teak

● 参见 *Tectona grandis*

Tectona grandis

▸ 柚木

▹ チーク

tegofilm

▸ 接合纸

▹ 接合紙；テゴフィルム

* 在未加入胶料的薄纸上渗透酚醛树脂的初期缩合物，经干燥后所得的纸。可夹在单板间进行热压。

temperature curve

▸ 温度曲线

▹ 温度曲線

* 干燥过程中介质温度与干燥时间的关系曲线。

temperature difference

▸ 温差

▹ 温度差

* 在干燥室内，材堆两个侧面干燥介质的最高温度与最低温度的差值。

tempered board

▸ 钢化板；硬化板

▹ テンパードボード

* 进行钢化的硬质纤维板。

tempering

▸ 回火；钢化

▹ テンパリング

temporary edges

▸ 临边

▹ 臨時エッジ

* 施工现场内无围护设施或围护设施高度低于 0.8m 的楼层、楼梯、平台周边和阳台边、屋面沟、坑、槽、深基础周边等危及人身安全的边沿的简称。

tenderizing

▸ 软化

▹ テンダーライジング

tenon

▸ 榫

▹ 枘

tenon joint

▸ 榫接

▹ ほぞ継ぎ

tenoner

▸ 开榫机

▹ テノーナー；ほぞ取り盤

tensile bolt

▸ 拉力螺栓

▹ 引きボルト

tensile brace

▸ 拉伸斜撑

▹ 引張筋かい

tensile strength

▸ 抗拉强度

▹ 引張強さ

* 试件最大拉伸载荷与试件受载面积之比。反映材料抵抗拉伸破坏的能力。

tensile strength parallel to (the) grain

▸ 顺纹抗拉强度

▹ 縦引張強さ

* 木材沿纹理方向承受拉伸载荷的最大抵抗力，又称顺拉强度。

tensile strength perpendicular to (the) grain

▸ 横纹抗拉强度

▹ 横引張強さ

* 垂直于木材纹理方向承受拉伸载荷的最大应力，简称横拉强度。

tensile stress

▸ 拉应力

▹ 引張応力

* 含水率降低到纤维饱和点以下的木材，因受拉伸产生的应力。

tension

▸ 拉力

▹ 張力

* 抵抗在相反方向的两个力将两个

紧邻平面拉开的应力。

tension saw

▸南京锯；张紧锯

▹南京鋸

* 在 H 形框架的一侧安装锯条，箍紧它使锯条上紧的手锯。

tension set

▸拉伸变形

▹テンションセット

tension wood

▸应拉木

▹引張あて材

tensioning

▸张紧

▹腰入れ

Teredo navalis

●参见 shipworm

termite

▸白蚁

▹白蟻；シロアリ

* 昆虫纲等翅目（Isoptera）昆虫的统称。

termite control treatment

▸白蚁防治措施

▹防蟻処理

termite resistance

▸抗白蚁性

▹耐蟻性

* 木材对白蚁生物劣化的抵抗能力。

termite resistance test

▸抗白蚁试验

▹耐蟻性試験

termiticide

▸杀蚁剂

▹防蟻剤

Termopsidae

▸原白蚁科

▹オシロアリ科

terrain roughness

▸地面粗糙度

▹地表面粗さ

* 风在到达结构物以前吹越过 2km 范围内的地面时，描述该地面上不规则障碍物分布状况的等级。

test board

▸试验板

▹テストボード

* 按一定要求进行干燥后，用来测定木材含水率和应力的木板。

test methods

▸试验方法

▹試験方法

test of tensile strength perpendicular to surface

●参见 internal bond strength test

test piece

▸试材

▹試験片；テストピース

testing method of wood preservatives for fungi

▸木材防腐试验方法

▹殺菌効力試験法

testing method of wood preservatives for insects

▸木材防虫试验方法

▹殺虫効力試験法

texture

▸木材纹理；木材肌理

▹肌目；木理

the early stage of drying

▸干燥前期

▹乾燥前期

* 在干燥过程中，木材中心层含水率在纤维饱和点以上的前期干燥过程。

the latter stage of drying

▸干燥后期；减速干燥期

▹乾燥後期

* 在干燥过程中，木材中心层含水率在纤维饱和点以下的前期干燥过程。

the maximum strength-reducing defects

▸最大降低强度缺陷

▷最大強度低下欠陥

* 引起锯材强度降低程度最大的天然或加工缺陷，如节子、裂纹、腐朽、斜纹理等。

the ratio of vertical solar radiation and indoor outdoor temperature difference

▸辐射温差比

▷輻射温度差比

* 累年 1 月南向垂直面太阳平均辐照度与 1 月室内外温差的比值。

the sawing method of defect logs

▸缺陷原木下锯法

▷欠陥丸太ソーウィング

* 按缺陷特征和部位，采取集中剔除严重缺陷或适当分散一般缺陷的下锯法。

thermal action

▸温度作用

▷熱（的）作用

* 结构或结构构件，由于温度变化所引起的作用。

thermal break

▸断热

▷断熱

* 墙体及其内填充材料或制品夏季阻止热量传入，保持室温稳定的能力。

thermal capacity

▸木材热容量

▷熱容量

* 木材的温度变化 1℃时所吸收或放出的热量。

thermal conductivity (coefficient)

▸导热系数

▷熱伝導率

* 在稳态条件和单位温差作用下，通过单位厚度、单位面积的匀质材料的热流量，也称导热率，单位为 W/（m · K）。

thermal decomposition

▸热分解

▷熱分解

thermal degradation

▸热降解

▷熱劣化

* 在高温作用下，纤维和塑料发生的化学键断裂和分子量减少，性能下降的现象。

thermal diffusivity

▸热扩散率

▷熱拡散率

thermal expansion coefficient

▸热膨胀系数

▷熱膨張係数

* 在加热条件下，温度升高 1℃时，木材单位长度、单位面积、单位体积的增加量与原有长度、面积、体积的比值。

thermal properties

▸热学性质

▷熱的性質

* 木材的热物理性质，如木材的热膨胀、热容量、导热性能等。

thermal-setting adhesive

▸热固性胶黏剂

▷熱硬化型接着剤

* 需要加热才能固化的胶黏剂。

thermometric conductivity

▸传热性

▷温度伝導

* 木材传导热量的性质。

thermometric conductivity coefficient

▸导温系数

▷温度伝導率

* 木材在冷却或加热的非稳定状态过程中，各点温度迅速趋于一致的能力，又称热扩散率。

thermoplastic resin

▸热塑性树脂

▷熱可塑性樹脂

* 常温下是固体，加热后具有流动性或可塑性的树脂。

thermosetting resin
▸热固性树脂
▹熱硬化性樹脂
＊通过加热能固化成不熔不溶性物质的树脂。

thermowood
●参见 heat-treated wood

thick plank
▸厚单板
▹厚板
＊厚度为 2 ~ 6mm 的旋切单板，一般多用来制造单板层积材。

thickener
▸增稠剂
▹增粘剂

thickness gauge
▸厚度规
▹隙間ゲージ

thickness planer
▸压刨床
▹自動一面鉋盤

thickness swelling
▸吸水厚度膨胀率
▹厚さ膨張率
＊试件在一定温度的水中浸泡规定时间后，其厚度增加量与原厚度的比值（%）。

Thonet's method
▸Thonet 木材弯曲法
▹トーネット法

three face knot
▸三面节
▹三面節
＊节子位于一个侧边的边角及其相对的宽面上。

three layer particleboard
●参见 three-lay particleboard

three-lay particleboard
▸三层结构刨花板
▹三層パーティクルボード
＊在板厚度方向上呈现出三个由粗细刨花形成的层次，即由两个细刨花表层和一个粗刨花芯层构成的刨花板。

three stage pressing cycle
▸三段式热压法
▹三段階圧締法
＊运用湿法，在高压制板上，热压时以合理排出垫子内的水分的同时谋求缩短热压时间为目的，施加压力使其呈三阶段变化的制板方法。

throat room
▸除尘室
▹歯室

through bolt
▸贯通螺栓
▹通しボルト

through tenoning joint
▸穿榫接头
▹通しほぞ継ぎ
＊一个木材的榫头穿过另一个木材端面的接头。

Thuja plicata
▸北美乔柏；美国红桧
▹ベイスギ

Thuja standishii
▸日本香柏
▹ネズコ（クロベ）

Thujopsis dolabrata
▸罗汉柏
▹アスナロ；ヒバ

tie plug
▸内栓
▹込栓

tie-plug inserted long pivot
▸长榫入插榫（长木销榫梲）
▹長ホゾ差し込栓打ち

tie-plug inserted pivot
▸嵌木入内栓（木销榫梲）
▹雇いホゾ差し込栓打ち

tie girder
▸系梁
▹ネクタイガーダー

tie rod
▸拉杆；系杆
▹タイロッド

tight side
▸受拉侧；紧边；紧面
▹タイトサイド；単板表；剥き表
* 旋切或刨切时与压尺接触的单板表面，也称单板的正面。通常单板正面较光滑。

tight wedge
▸合楔；紧榫楔
▹割楔

tile batten
▸挂瓦条
▹瓦栈
* 坡屋面上安装排水瓦的基本构件，是瓦与结构面的连接构件。

Tilia cordata
▸心叶椴
▹フユボダイジュ

Tilia japonica
▸华东椴；日本椴
▹シナノキ

timber framework
▸龙骨
▹木造骨組み
* 截面为长方形或正方形的木条，用于撑起外面的装饰板，起支架作用。

timber pillar exposed stud wall
▸露柱墙
▹真壁

timber population
▸锯材群
▹挽材群
* 由性能指标相近的锯材产品组成，以树种或树种组合、来源和强度等级等信息描述。

timber stake
▸桩木
▹杭
* 用于桥梁承载、石坝、堤防、海塘等重力式建筑的防护水工构件，也称木桩。

timber structure
▸木结构
▹木構造；木造
* 采用以木材为主制作的构件承重的结构。

time drying schedule
▸时间干燥基准
▹時間乾燥基準
* 干燥过程按时间划分阶段的干燥基准。

time history response analysis
▸时程响应分析
▹時刻歴応答解析

tipe of chip motion
▸切削型
▹切削型
* 切削时切屑的形态。竖向切削有折断型、缩小型、复合型，横向切削有撕拉型等。

tipped tooth
▸镶齿
▹付け歯
* 在刀尖上焊接硬钢。

toe-nail
▸斜钉
▹斜め釘
* 按一定角度钉入第一个构件，以保证穿入第二个构件足够深度。

tongue-and-groove board
▸企口板
▹本実板

tongue joint
▸舌榫接合
▹本実矧ぎ；実矧ぎ

tooth angle
▸齿形角
▹刃物角；歯端角

tooth circular saw
▸镶齿圆锯
▹植歯丸鋸

tooth form
▸齿形
▹歯形

tooth mark
▸走刀痕迹
▹ツースマーク

tooth style
▸齿式
▹歯形

tooth width
▸齿宽
▹歯振幅

top board
▸顶板
▹天板；甲板

top chord
▸上弦
▹上弦
＊桁架上部构件，用以支撑屋顶结构。

top chord member
▸（工字梁、箱型梁等）上弦
▹上弦材

top end
▸尖端
▹末口

top log
▸梢段原木
▹梢端丸太
＊原条梢部截造出的原木。

top plates
▸顶梁板
▹頭つなぎ材
＊建筑物中钉在隔墙或墙骨顶端的水平构件。

top rail
▸上冒头；压顶木
▹笠木

topple
▸倒塌
▹転ばし

torn
▸裂缝
▹トーン

torn grain
▸毛刺沟痕
▹トーングレイン
＊旋切过程中因纤维撕裂或刃口微小不平造成的单板表面粗糙不平。

torsion
▸扭曲
▹ねじれ

torsional rigidity
▸扭曲刚性
▹ねじれ剛性

torsional strength
▸抗扭强度
▹ねじり強さ

total delamination percentage
▸总剥离率
▹総剥離率
＊测量试件两端面胶层，所有胶层总的剥离长度除以胶层总长度，以百分数表示。

total rise
▸楼梯踏步总高
▹階段垂直高さ
＊两层楼盖间，地面装饰完成后的垂直高度。

total run
▸楼梯段水平总长
▹階段水平長さ
＊楼梯水平方向总的长度。

touchable characteristic
▸触觉特性
▹触り性
＊人接触到木材物体时产生的刺激值形成的感觉印象，包括冷暖感、软硬感、干湿感、粗滑感。

toughness
▸韧性；冲击韧性
▹強じん性；強靱性
＊木材受冲击力而弯曲折断时，单

位面积吸收的能量。

toxic limits
▸毒性极限
▹毒性限界
*木材防腐剂效力实验中，木材防腐剂有效抑制木材发生昆虫危害或真菌腐朽的最低保持量。

toxic values
●参见 toxic limits

toxicity
▸毒性
▹毒性

toxicity index
▸毒性指数
▹毒性指数

tracheid
▸管胞
▹仮道管
*针叶树材与少部分阔叶树材中，一种具有具缘纹孔、木质化的闭管木材细胞。

trail-following pheromone
▸追踪信息素
▹道しるべフェロモン

Trametes versicolor
▸云芝；变色栓菌
▹カワラタケ

transfer printing
▸转移印刷
▹転写なせん
*将带有木纹图案的转印薄膜覆在人造板基材上，经加热加压，将其上的木纹转印到人造板表面上的过程。

transient design situation
▸短暂设计状况
▹短期設計状態
*在结构施工和使用过程中出现概率较大，而与设计使用年限相比，其持续期限很短的设计状况。

transition strip
▸连接条
▹接合ストリップ
*用以连接不同材料接缝的装饰线条。

transmission loss
▸传输损耗
▹透過損失

transmission of humidity
▸透湿；渗潮
▹透湿

transmittance
▸透过率
▹透過率

transom
▸横楣
▹無目

transparent (or clear) coating
▸透明涂层
▹透明塗装

transport moisture content
▸运输含水率
▹運輸含水率
*锯材干燥到一定的含水率，使其在运输途中不致遭受菌虫的危害，此含水率通常为20%。

transport truck
▸转运车
▹輸送トラック
*转运载料车的台车。

transverse section
▸横截面
▹木口面

transverse section
●参见 cross section

trap
▸疏水器
▹トラップ
*排除加热器冷凝水而阻止蒸汽漏失的装置。

tread
▸踏板
▹踏板
*踏步的水平部分，与垂直踢板相对。

treatability
▸可处理性
▹処理可能性
＊木材防腐剂渗入木材的难易程度。

treating cylinder
▸处理罐；压力罐
▹処理缶
＊一端或两端可开闭的耐压钢罐，通常水平放置。罐内装有加热用蒸汽管或喷蒸装置，也有装材台车能自由进出的轻型轨道和防浮装置等。木材和防腐药剂、滞火剂等可置于罐内进行加压处理。

treating pressure
▸处理压力
▹処理圧力
＊在处理罐内将防腐剂注入木材所使用的压力。

tree crown
▸树冠
▹樹冠
＊由树枝和叶所组成的树木顶端部分。

tree-length
▸原条
▹幹材
＊经过打枝后未进行造材的伐倒木。

tributary area
▸从属面积
▹従属的面積
＊考虑梁、柱等构件均布荷载折减所采用的计算构件负荷的楼面面积。

trigger
▸勾动器
▹とんび

trim knives
▸勒刀；割刀
▹トリムナイフ
＊安装在旋切机刀架上用于确定单板宽度的一对立刀。两立刀之间的距离为单板宽度。

trimmer joist
▸封边格栅
▹トリマージョイスト
＊与楼盖格栅平行的边缘格栅，用于增加格栅整体的强度，同时承接来自上层墙体的荷载并均匀地传导到下层墙体。

trimming
▸裁边
▹トリミング
＊将毛边人造板锯制成一定幅面尺寸的加工过程。

trip
▸板条
▹トリップ
＊毛边板裁边为整边材时，所裁掉的剩余物。

true rake
▸实际前角；刀片背面
▹刃裏

trunk
●参见 stem

truss
▸桁架
▹トラス
＊用于屋顶的，由一系列构建组成的结构框架。其构件的布置和紧固使得施加在结点上的外部荷载只在构件中产生轴向应力。

truss connected with truss plates
▸齿板桁架
▹トラスプレートトラス
＊由规格材并由齿板连接而制成的桁架，主要用作轻型木结构楼盖、屋盖承重构件。

truss plate
●参见 metal plate connector

truss plate
▸齿板
▹トラスプレート
＊经表面镀锌处理的钢板，冲压成多齿的连接件，用于轻型木桁架

节点的连接或受拉杆件的接长。

truss plate connection
▸齿板连接
▹トラスプレート接続；トラスプレートジョイント
＊一种用齿板连接多个木构件以传递拉力、剪力等荷载的连接方式，目前主要用于轻型木桁架的节点连接或杆件接长。

truss plate joint
●参见 truss plate connection

trussed arch
▸拱形桁架
▹トラスアーチ

trussed girder
▸拱形梁
▹トラス梁

try square
▸矩尺；验方尺
▹矩

Tsuga canadensis
▸加拿大铁杉
▹イースタンヘムロック；カナダツガ

Tsuga chinensis
▸铁杉
▹栂；ツガ

Tsuga dumosa
▸云南铁杉
▹ウンナンツガ

Tsuga forrestii
▸丽江铁杉
▹チャイニーズヘムロック

Tsuga heterophylla
▸异叶铁杉；美国西部铁杉
▹ウエスタンヘムロック；ベイツガ

Tsuga metensiana
▸高山铁杉
▹ウェスタンヘムロック；米栂；ベイツガ

Tsuga sieboldii
▸日本铁杉
▹栂；ツガ

tunnel
▸蚁道
▹蟻道

turn buckle
▸螺丝扣
▹ターンバックル

turnery
▸车削工艺
▹挽物

turning
▸扭转；旋转；翻木
▹旋削
＊将木料翻转某一角度的动作。

turning chisel
▸车刀；旋錾
▹バイト

twist
▸扭曲
▹ねじれ
＊沿材长方向呈螺旋状弯曲；或材面的一角向对角方向翘起，四角不在同一平面上。

twist hardware
▸扭力五金
▹ひねり金物

two by four construction
▸2×4 工法
▹2×4 工法

two-part adhesive
▸双组分胶黏剂
▹二液型接着剤

two-ply plywood
▸双层胶合板
▹二枚張り合板

two-way straight grain
▸横向纹
▹二方柾

tylose
▸侵填体

▷チロース

tylosis

▸**侵填体**

▷**チロース**

＊阔叶树材的心材和边材导管内的囊状或泡状的填充物，来源于邻近的木射线或轴向薄壁细胞，通过导管管壁的纹孔挤入胞腔，局部或全部将导管堵塞，常有光泽。

tylose [pl.]

●参见 tylosis

type I finger-jointed lumber

▸**Ⅰ类指接材**

▷**Ⅰ類フィンガージョイント材**

＊能通过Ⅰ类浸渍剥离试验，可在室外条件下使用的耐气候指接材。

type II finger-jointed lumber

▸**Ⅱ类指接材**

▷**Ⅱ類フィンガージョイント材**

＊能通过Ⅱ类浸渍剥离试验，可在潮湿条件下使用的耐潮指接材。

type III finger-jointed lumber

▸**Ⅲ类指接材**

▷**Ⅲ類フィンガージョイント材**

＊能通过Ⅲ类浸渍剥离试验，只能在干燥条件下使用的不耐潮指接材。

U

Ulmus danidiana

▸日本榆

▹ハルニレ

ultimate limit state

▸承载能力极限状态

▹最終限界狀態

* 对应于结构或结构构件达到最大承载力或不适于继续承载的变形状态。

ultra low density fiberboard

▸超低密度纤维板

▹超低密度纖維板

* 密度小于550kg/m^{3}的干法纤维板。

ultraviolet curing

▸紫外线固化；光固化

▹紫外線硬化

* 一种利用紫外线照射光敏涂层，使其快速固化的方法。

unbalanced lay-up

▸非对称异等组合

▹非対称異等級構成

* 胶合木构件采用异等组合时，不同等级的层板在构件截面中心线两侧呈非对称布置的组合。

unbalanced structure glued-laminated timber

▸非对称结构集成材；非平衡组合结构集成材

▹非対称構成集成材

* 厚度方向上中心层两侧相对应的各层板的等级均不相同或部分不同的集成材。

unbounded action

▸无界作用

▹無限界作用

* 没有明确界限值的作用。

undecorated wood-based panels

▸基材；素板

▹基材

* 未经任何装饰的人造板。

underlayment

▸垫层

▹下敷き；下張り

* 铺盖在底层楼面板上、直接在非结构性楼面材料（如瓷砖和地毯）下使用的结构用人造板，其作用是为面层地面材料提供平整的表面、极佳的抗刺穿性和抗压痕能力。

unedged sawn timber

▸毛边锯材

▹アンエッジ挽材

* 宽材面相互平行，窄材面未着锯，或虽着锯而钝棱超过允许限度的锯材。

uneven texture

▸木材纹理不均匀

▹不斉肌目

uniaxial orientation

▸单轴取向

▹一軸配向

uniform cross-section structural glued laminated timber

▸等截面结构用集成材

▹等断面構造用集成材

* 在长度方向上任意一处的横截面尺寸均相同的结构用集成材。

uniform load

▸均布荷载

▹等分布荷重

uniform temperature

▸均匀温度

▹均一温度

* 在结构构件的整个截面中为常数且主导结构构件膨胀或收缩的温度。

uniseriate ray

▸单列射线

▹单列放射組織

unit heats area
▸单位加热面积
▹加熱単位面積
＊采用一间（台）干燥室（窑、机）安装的加热器总加热面积（m^2）除以干燥室（窑、机）实际木料容量（m^3）或标准木料容量（m^3）确定。以标准木料为准。

unit rise
▸单位高度
▹単位高さ
＊单个楼梯踏步的高度。

unit run
▸单位宽度
▹単位広さ
＊单个楼梯水平方向的长度。

unit weight
▸单位重量
▹単位重量

universal circular saw
▸万能圆锯
▹傾斜丸整

universal circular saw with tilting table
▸可倾式万能圆锯
▹万能丸鋸盤

unload
▸卸料
▹アンロード
＊完成锯割过程后，将木料从进料机构上卸下来的操作。

unloader
▸卸料机
▹アンローダー

unloading
▸卸载；卸堆
▹アンローディング

unreedling equipment
▸放板机
▹アンリーリング

unsaturated polyester resin
▸非饱和聚酯树脂
▹不飽和ポリエステル樹脂

unsawn face
▸未着锯面
▹アンソーフェイス
＊在材面上显露的未着锯部分。

unseasoned timber
●参见 green wood

unstacking
▸卸堆
▹スタッキング
＊拆卸材堆的操作。

unstacking machine
▸卸堆机
▹スタッキングマシン
＊拆卸材堆的机械。

untreated wood
▸素材
▹未加工材
＊未经任何物理、化学与生物处理的木材。

upper sliding groove
▸上部滑槽
▹鴨居

upright panel
▸竖钉对接护墙板
▹立て羽目

upright plane
▸立式刨
▹台直し鉋

urea-formaldehyde resin
▸脲醛树脂
▹ユリアホルムアルデヒド樹脂；尿素樹脂
＊一种由尿素和甲醛经缩合反应制得的树脂。

urea-melamine formaldehyde resin
▸尿素－三聚氰胺－甲醛树脂
▹尿素－メラミン－ホルムアルデヒド樹脂
＊由尿素和三聚氰胺和甲醛经缩合反应制得的树脂。

urea resin adhesive

▸**脲醛树脂胶黏剂**

▹**ユリア樹脂接着剤**

urethane resin adhesive

▸**聚氨酯树脂胶黏剂**

▹**ウレタン樹脂接着剤**

use category

▸使用分类

▹**使用分類**

* 根据木材及其制品的最终使用环境和暴露条件，以及不同环境条件下生物败坏因子对木材及其制品的危害程度。

usual drying

●**参见** conventional drying

V

V-grooved plywood
▸V 型槽胶合板
▹V 溝合板

vac-vac method
●参见 double vacuum process

vacuum dryer
▸真空干燥机
▹真空乾燥機
＊具有加热、冷凝、真空装置，可在真空条件下干燥木材的设备。

vacuum drying
▸真空干燥
▹真空乾燥；減圧乾燥
＊在密闭容器内，间歇或连续真空（负压）和加热对木材进行干燥的方法。

vacuum film mulching
▸真空覆膜
▹真空フィルムマルチング
＊对于各种不同规格的异形部件，利用一侧抽真空，另一侧用压缩空气加压的方式完成聚氯乙烯（PVC）等柔性饰面材料的覆贴。

vacuum process
▸真空处理法
▹真空法
＊木材装入密闭容器中，先抽真空（即前真空段），在未解除真空时注入防腐药液进行常压浸注。这种处理常用于低黏度防腐药液处理易透入木材。

vacuum treatment
●参见 vacuum process

vacuum pressure process
▸真空加压法
▹真空加压法
＊防腐药液注入处理罐前，先对木材进行抽真空处理，防腐药液注入处理罐后的浸渍处理段，再施以一定压力。

valley
▸屋顶坡谷
▹バレー
＊由屋顶中两个倾斜面交接形成的内凹角。

valley jack
▸屋谷短椽
▹バレージャック
＊构成屋顶坡谷面坡的椽条，比坡谷椽条短。

valley rafter
▸坡谷椽
▹谷木
＊位于屋顶坡谷中央，支持面坡椽的椽木。

vane test
▸十字板剪切试验
▹ベーン試験

vanish
▸溶解
▹ワニス

vapor barrier
●参见 vapour barrier

vapor resistivity
▸蒸汽渗透阻；水汽隔绝性
▹透湿抵抗
＊一定厚度的物体，在两侧单位水蒸气分压差作用下，通过单位面积渗透单位质量水蒸气所需要的时间。

vapour barrier
▸蒸汽阻隔层
▹防湿層
＊建筑围护结构中设置一层由具有阻隔蒸汽渗入功能的材料所组成的层，以阻隔外部蒸汽渗入室内。

vapour resistance
●参见 vapor resistivity

variable action
▸可变作用

▷可变作用
* 在设计使用年限内其量值随时间变化，且其变化与平均值相比不可忽略不计的作用。

variable load
▸可变荷载
▷変動荷重
* 在结构使用期间，其值随时间变化，且其变化与平均值相比不可以忽略不计的荷载。

variable pitch (VP)
▸VP 型金属连接件
▷VP 金物

vascular bundle
▸维管束
▷維管束

vascular cambium
▸维管束形成层
▷維管束形成層

vat
▸防腐槽
▷防腐槽
* 盛防腐药液的无盖容器。可贮存防腐药液，或当采用不需要密闭容器的防腐处理方法处理木材时，用作盛药液的容器。

veneer
▸单板
▷単板
* 由旋切、刨切或锯切方法生产的厚度均匀的木质薄型材料。

veneer butt jointing
▸单板对接
▷単板突き合わせ継ぎ
* 将两张单板沿纹理方向端部相互紧密接触的接长方式。

veneer check
▸单板背面裂隙
▷裏割れ
* 旋切过程中在单板背面产生的细小裂缝。

veneer clipper
▸单板裁剪机
▷クリッパー

veneer clipping
▸单板剪切
▷単板切削
* 根据对单板外观质量和尺寸的要求，将单板带或毛边单板剪切成一定幅面单板的过程。

veneer composer
▸单板切削机
▷ベニヤコンポーザ

veneer cutting
•参见 veneer clipping

veneer drying
▸单板干燥
▷単板乾燥
* 借助各种介质作用去除单板中多余的水分，使其达到终含水率要求的过程。常见的干燥方法有对流式干燥和接触式干燥。

veneer edge jointing
▸单板胶拼
▷単板縁継ぎ
* 把两片或两片以上单板在宽度上或长度上拼接在一起的加工过程，包括横向胶拼和纵向胶拼。

veneer end jointing
▸单板接长
▷単板末端継ぎ
* 把两张或两张以上单板在长度方向上拼接在一起的加工过程，包括对接、斜接、指接和搭接等。

veneer finger jointing
▸单板指接
▷単板フィンガージョイント
* 将两张单板端部经指榫加工、胶合接长的方式。

veneer glue coating
▸单板施胶
▷単板の接着剤塗布
* 将规定量的胶黏剂施加到单板表

面上的过程。常用的施胶方法有浸胶、涂胶、淋胶和挤胶等。

veneer grading
●参见 veneer sorting

veneer impregnating
▸**单板浸胶**
▹**単板の接着剤浸漬**
* 将干单板浸渍在胶液中，胶液渗入单板内部的过程。可分为常压浸渍和真空加压浸渍。

veneer joint
▸**单板接长**
▹**単板継ぎ**

veneer jointer
▸**单板拼接机**
▹**ヘッダージョイスト**

veneer lap jointing
▸**单板搭接**
▹**単板重ね継ぎ**
* 将两张单板端部重叠胶合接长的方式。

veneer lathe
●参见 rotary veneer lathe

veneer matching
▸**薄木匹配**
▹**ベニヤマッチング**
* 在薄木贴面过程中，将各种花纹的薄木按一定规律组合在一起，形成特定重复花纹图案的过程。

veneer overlaying
▸**薄木贴面**
▹**ベニヤオーバーレイ**
* 人造板基材表面用薄木进行贴面加工的过程。

veneer reeling and unreeling machine
▸**单板松板机**
▹**リーリング・アンリーリング**

veneer repairing
▸**单板修理**
▹**単板処理**
* 对不符合标准要求的单板，通过修补的方法使其符合标准要求的过程。

veneer ribbon
▸**单板带**
▹**ベニヤリボン**
* 木段旋圆后，继续旋切得到的连续带状单板。

veneer scarf jointing
▸**单板斜接**
▹**単板斜め継ぎ**
* 用铣削或磨削的方法将单板端部加工成斜面，使两单板端头斜面胶合接长的方式。

veneer slicer
▸**单板切削机**
▹**スライサー**

veneer sorting
▸**单板分等**
▹**単板等級区分**
* 按标准规定将单板分成若干等级的过程。

veneer surface inactivation
▸**单板表面钝化**
▹**単板表面不活性化**
* 单板因过分干燥或长期存放，导致其表面湿润、胶合、油漆等性能下降或过程迟滞的现象。

veneer tenderizing
▸**单板柔化**
▹**単板柔軟化**
* 采用刻痕或碾压等机械加工方法，使单板正面（紧面）产生一些非连续的细小裂缝，从而使单板变得平整的一种方法。

vent
▸**风道；气道**
▹**通風孔**

ventilation
▸**通风**
▹**通風；換気**
* 为保证人们生产生活具有适宜的空气环境，采用自然或机械方

法，对建筑物内部使用空间进行换气，使空气质量满足卫生、安全、舒适等要求的技术。

veranda

▸遮雨廊

▹濡れ縁

vertical circulation

▸垂直循环

▹垂直循環

＊干燥介质上下垂直地反复通过材堆。

vertical density profile

▸断面密度分布；剖面密度分布

▹断面密度分布

＊人造板厚度方向上的密度分布，以断面密度曲线表示。

vertical finger-jointed lumber

▸垂直型（V 型）指接材

▹垂直型縦継ぎ材

＊从表面可见指榫的指接材。

vertical flue

▸垂直通气道

▹垂直煙道

＊材堆高度方向各层板间空隙在同一垂直线上，形成可使介质上下流动的通气道。

vertical gap

▸垂直高度

▹垂直高さ

＊压尺压棱到通过旋刀刀刃水平面之间的垂直距离，即刀门的垂直分量。

vertical grain

•参见 edge grain

vertical laminated wood

▸垂直层积梁

▹垂直積層梁；重ね梁

＊将板和方材层叠堆放，用钉子、螺栓等接合工具或黏合剂合成的复合梁。

vertical lifting door

▸吊门

▹滑り戸

＊垂直向上开启的干燥室大门。

vertical nailing

▸直钉连接

▹垂直釘固定

＊钉子钉入方向垂直于两构件间连接面的钉连接。

vertical piling

▸垂直堆垛

▹垂直積み

vertical roof strut

▸屋架支柱

▹小屋束

vertical shear (shearing) strength of wood

▸木材顺纹抗剪强度

▹木材縦せん断強さ

＊剪力载荷与木材在横切面纹理内相垂直作用时所产生的最大应力，又称剪断强度。

vertical structural glued laminated timber

▸垂直结构用集成材

▹垂直構造用集成材

＊承载方向与层积胶层相互平行的结构用集成材。

vertical timber

▸竖向角材

▹竪貫

very slow burning material

▸难燃材料

▹準不燃材料

vessel (s)

▸导管

▹道管

＊由若干个两端穿孔的开口细胞（导管分子纵向成串）形成的有节和长度不定的筒状或管状结构，管壁具有具缘纹孔，是阔叶树材的主要输导组织。

vessel element

▸导管分子

▹道管要素

vessel member

●参见 vessel element

vessel perforation

▸导管穿孔

▹道管穿孔

vestured pit

▸附物纹孔

▹ベスチャード壁孔

*具缘纹孔的纹孔腔内，全部或部分具有来自凸起次生壁的隆起物。

vibration screen

▸振动筛

▹振動ふるい分級機

viscoelasticity

▸黏弹性

▹粘弾性

viscosity

▸黏性；黏度

▹粘性；ねばり

viscous damper

▸黏性阻尼

▹粘性ダンパー

visible characteristic of wood

▸木材视觉特性

▹木材視覚特性

*木材的颜色、反射、吸收、花纹、节子等对人类生理与心理舒适性影响的特性。

visible light transmittance

▸可见光透射比

▹可視光線透過率

*透过透明材料（如玻璃）的可见光光通量与投射在其表面可见光光通量之比。

visual graded lamina

▸目测分级层板

▹目視等級区分ラミナ

*在工厂用肉眼观测方式对木材材质划分等级，并用于制作胶合木的板材。

visual grading

▸目测分等

▹目視等級区分

*根据目测进行的层板质量分等。

visual stress grading

▸目测应力分级

▹目視的強度等級区分

visually stress-graded dimension lumber

▸目测应力分等规格材

▹目視的強度等級区分規格材

*根据肉眼可见的各种缺陷的严重程度，按规定的标准划分材质等级和强度等级的规格材，简称目测分等规格材。

visually stress-graded lumber

▸目测分级木材

▹目視等級区分材

*采用肉眼观测方式对木材材质划分等级的木材。

void

▸孔洞

▹空隙

void content

▸空隙率

▹空隙率

*木塑复合材中空隙体积占材料总体积的百分比。

void volume

▸孔洞尺寸

▹空隙容量

volatile content

▸残留挥发分

▹揮発性成分

*树脂浸渍纸中残留的易挥发成分的含量，包括其中的水分、后期树脂固化时产生的缩合水以及其他可挥发性的物质。其值的大小间接反映了浸渍纸经干燥后树脂缩聚的程度。

volume recovery

▸出材率

▹**出材率**

* 原木制材中锯材的材积占原木材积的百分比。

volume recovery of all sawn timber produced

▸**综合出材率**

▹**総合出材率**

* 原木制材中全部产品即主产品、连产品、短产品、小规格材的总材积占原木材积的百分比。

volume recovery of major product

▸**主产出材率**

▹**主出材率**

* 原木制材中主产品的总材积占原木材积的百分比。

volume recovery of sawn timber up to standard

▸**正品出材率**

▹**合格出材率**

* 原木制材中正品材的材积占原木材积的百分比，不包括不合格品、残次品。

volumetric shrinkage

▸**体积收缩（率）**

▹**体積収縮率**

volumetric swelling

▸**体积膨胀（率）**

▹**体積膨潤率**

W

wafer

▸**宽平刨花**

▹**ウエファー**

* 长度在 30mm 以上，且长度和宽度尺寸基本一致的薄平刨花。

waferboard

▸**华夫板；大片刨花板**

▹**ウエファーボード**

* 用一定规格的宽平刨花，施加胶黏剂和添加剂，铺装热压制成的刨花板。

wainscot

▸**壁板；护墙板**

▹**腰羽目**

wall existence

▸**墙体长度**

▹**存在壁量**

wall penetration

▸**墙体穿管**

▹**壁貫通**

* 穿透墙体的管道。

wall ratio

●**参见** multiplier

wall board

▸**墙板**

▹**ウォールボード**

***Wallemia* spp.**

▸**植物病原菌**

▹**ワレミア属**

walnut shell flour

▸**胡桃壳粉**

▹**クルミから粉末**

wane

▸**钝棱**

▹**丸味**

* 整边锯材在宽度或厚度上有部分或全部材棱未着锯，残留的原木表面部分。

warp

▸**弯曲；翘曲**

▹**反り**

* ①干燥时木材主要因径向、弦向及纵向干缩差异而发生反翘和弯曲的总称。②工字搁栅在生产和存放等过程中产生的弯曲现象，按弯曲方向可分为顺弯和横弯。

warped plane

▸**翘起台刨**

▹**反り台鉋**

wash coating

▸**底漆**

▹**下塗り**

washer

▸**垫圈**

▹**座金；ワッシャ**

* 放在螺母（或螺钉头）与被连接件之间的薄金属垫。

waste

▸**废弃物**

▹**廃棄物**

water-absorbing capacity of wood

▸**木材吸水性**

▹**木材吸水性**

* 木材浸渍于水中吸收水分的能力。

water absorption

▸**吸水率**

▹**吸水率**

* 试件在一定温度的水中浸泡规定时间后，其质量增加量与原质量的百分比。

water mark

▸**湿花；水迹**

▹**ウォーターマーク**

* 高压装饰板、树脂浸渍纸贴面人造板表面存在的雾状痕迹。

water-borne preservative (WB)

▸**水载型防腐剂**

▹**水溶性防腐剂**

* 有效成分能溶于水的木材防腐剂。

water-cement ratio
▸水灰比
▹水セメント比

water-gas tar creosote
▸水煤气焦油杂酚油
▹水性ガスタールクレオソート
* 水煤气焦油的高沸点馏分。与煤焦油—杂酚油混合物的主要差别在于，焦油酸或焦油碱含量少，防腐效力较低。

water paint
▸水性涂料
▹水性塗料

water-proof membrane
▸防水膜
▹防水膜
* 铺设在屋顶、墙面、露台的，用于防止水渗透的片状材料。

water-proof plywood
▸防水胶合板
▹耐水合板

water-proofing paint
▸防水涂料
▹耐水性塗料

water repellency
▸防水性
▹撥水性

water repellent
▸防水剂；耐水剂
▹耐水剤
* 具有一定疏水性，能使人造板不易被水渗透或润湿而降低其性能的物质，如石蜡、干性油等。

water-repellent agent
▸防水剂
▹撥水剤
* 可与木材防腐剂混合使用或单独使用的疏水性化学物质。

water resistant adhesive
▸防水胶黏剂
▹耐水性接着剤

water-return lines
▸回水线路
▹水戻り線路
* 将加热器的冷凝水排回锅炉房的管路。

water spray pipe
▸喷水器
▹スプレー水管
* 具有喷头可向干燥室内喷射雾化水的装置。

water table
▸地下水位
▹地下水位
* 一个水平面，其下地面中的水分达到饱和状态。

water vapour permeance rate
▸蒸汽渗透率
▹水蒸気透過率
* 水蒸气通过任何厚度的片状材料（或平行表面之间的组件）的扩散比率，即在单位压力下，单位时间内通过单位面积的水蒸气量。常用单位是 ng/（Pa · s · m^2）。

water vestige
▸水渍
▹水しみによる欠陥
* 由于热压工艺不当，造成的纤维板表面出现的水迹状缺陷。

water wetting spot
▸水渍缺陷
▹水にぬれた欠陥
* 在生产过程中，由于汽、水等的侵蚀造成板面局部鼓起、结构松软的缺陷。

waviness
▸波纹
▹波形
* 细木工板板面上出现的有规律的凹凸不平缺陷。

wavy grain
▸波状纹理
▹波状木理

wax size
▸石蜡胶
▹ワックスサイズ

way of lumber piling
▸材垛积法
▹挽材積み重ね方法
＊锯材堆垛的方法，主要有侧叉卡垛垛积法、延宽码垛法、垫木垛积法、纵横垛积法、一顺水垛积法、倾斜垛积法等。

weak ground
▸软弱地盘
▹軟弱地盤

weather-and-boil-proof plywood
▸耐候胶合板；耐候耐煮沸胶合板
▹特類合板
＊在屋外或长时间处于湿润状态的地方使用的结构用胶合板。在性能上，必须经过连续煮沸试验并合格，针叶树材胶合板还必须经过蒸发反复试验或减压加压试验并合格。

weather-proof adhesive
▸耐候胶黏剂
▹耐候性接着剂

weather resistance
▸耐候性
▹耐候性

weather-stripping
▸密封条
▹目詰め材；すき間ふさぎ
＊沿门或窗边缘安装，阻挡气流并减少热能量损失的毛毡、橡胶、金属或其他材料的长条。

weatherability
•参见 weather resistance

weathering
▸风化；侵蚀
▹風化

weathering coating
▸耐候性涂料
▹耐候性塗料
＊一种涂于木材表面能形成具有高耐久性保护及装饰固态涂膜的液体材料。

weathering of wood
▸木材老化
▹木材風化
＊木材长期暴露于室外环境中，受光照、风、雨、霜、雪、雹、沙尘、真菌等侵蚀而引起的变色、开裂和损毁现象。

weathering test
▸耐候性试验；风化试验
▹耐候性試験
＊利用模拟室外各种气候条件的设备，使人造板经受一定的温湿度变化及定时光照等条件处理，加速其老化后，检测其物理力学性能变化的试验。

weathering treatment
▸老化处理
▹耐候操作

weatherometer
▸耐风蚀测试仪；老化试验机
▹ウェザオメーター；促進耐候性試験機

web
▸腹杆
▹ウエブ
＊桁架框架内连接上弦杆和下弦杆的桁架构件。

web-flange gap
▸腹板－翼缘结合间隙
▹ウエブ－突縁間隔
＊工字搁栅腹板端头与翼缘槽底面间的空隙。

web joint
▸腹杆节点
▹ウエブジョイント
＊桁架腹杆与弦杆相交的节点。

web offset
▸腹板偏移值
▹ウエブオフセット

＊翼缘宽度上的中心线与腹板厚度中心线的偏离距离。

web stiffeners
▸腹板加强块
▹ウエブ補強材
＊减少腹板变形，降低腹板在集中荷载下变形的可能性。

wedge
▸楔形物
▹楔

weep hole
▸滴水孔
▹ウィープホール；水抜き穴；涙孔
＊位于挡土墙或砖石饰面底部，用于向外表面排水的小孔。

weld
▸焊接
▹溶接
＊一种利用连接件之间的金属分子在高温下互相渗透，而结合成整体的金属结构构件连接方法。

western hemlock
●参见 *Tsuga heterophylla*

western red cedar
●参见 *Thuja plicata*

western roof structure
▸西式屋架
▹洋小屋

western yellow pine
●参见 *Pinus ponderosa*

wet and dry bulb thermometer (psycbrometer)
▸干湿球湿度计
▹乾湿球湿度計
＊测定干燥介质温度和相对湿度的仪表。

wet bonding strength
▸湿胶合强度
▹湿潤接着強度

wet-bulb depression
●参见 hygrometric difference

wet-bulb temperature
▸湿球温度
▹湿球温度
＊干湿球温度计（湿度计）中湿球温度计的温度。

wet forming
▸湿法成型
▹湿式フォーミング

wet forming process
▸湿法成型工艺
▹ウエットフォーミング法；湿式抄造法

wet heartwood
▸湿心材
▹多湿心材

wet masonry
▸浆砌
▹練積み

wet pressing
▸湿压
▹ウェットプレッシング；湿式熱圧

wet-process fiberboard
▸湿法纤维板
▹湿式法繊維板
＊以水为成型介质，含水率超过20%的成型板坯经干燥或热压制成的纤维板。湿法制板工艺一般不施加胶黏剂，是依靠纤维之间的交织及其自身固有的黏结物质使其结合成板。根据产品密度一般分为硬质纤维板、湿法中密度纤维板和软质纤维板。

wet process paper-overlay
▸装饰纸湿法贴面
▹湿式化粧紙貼り
＊先在基材表面涂布脲醛树脂等热固性树脂胶黏剂，再将装饰纸与之热压贴合的工艺。

wet rot
▸湿腐
▹湿食；ぬれ腐れ

* 具有高含水量的木材腐朽。腐朽部分很湿，在中等压力下即可挤出水来。粉孢革菌是导致湿腐的重要菌种。

wet test
▸湿态
▹ウェットテスト
* 将板材用水喷淋其上表面，连续3天处于湿态，应避免板材表面局部积水或任一部分没入水中。喷淋后的板材表面可用聚乙烯膜覆盖保湿。

wet timber
▸湿材
▹湿材
* 长期贮存于水中或在陆地喷水湿存的木材。

wet veneer overlaying
▸薄木湿贴
▹湿式ベニヤ貼り
* 刨切后的薄木不经干燥直接进行贴面的方法。一般用于微薄木贴面。

wettability
▸润湿性
▹湿潤性

wetting
▸润湿
▹濡れ

wetwood
▸湿心材
▹水食材
* 心材含水率比边材高的木材。

white cement
▸白水泥
▹白色セメント
* 白色硅酸盐水泥的简称，以适当成分的生料烧至部分熔融，得到以硅酸钙为主要成分，铁质含量少的熟料，再加入适量的石膏，磨细制成的白色水硬性胶凝材料。

white lauan
▸白柳桉
▹ホワイトラワン

white meranti
▸白色红柳桉
▹ホワイトメランチ

white rot
▸白腐
▹白色腐朽
* 由白腐菌分解木质素并破坏部分纤维素所形成的腐朽，腐朽材多呈白色、浅黄白色、浅红褐色，露出纤维状结构。

white-rot fungus
▸白腐菌
▹白色腐朽菌

white seraya
▸轻赛婆罗双木
▹ホワイトセラヤ

wide belt sander
▸宽带砂光机
▹ワイドベルトサンダー

width
▸宽度
▹広さ

width of the finger tenon bottom
▸齿底宽
▹フィンガー底部隙間
* 相邻指榫的指底之间的底平面宽度。即榫底部的宽度。

width of the finger tenon top
▸齿顶宽
▹フィンガー頂部隙間
* 榫顶部的宽度。

wind effect
▸风载效应
▹風荷重効果
* 当风吹一幢房屋时所产生的状态，此时迎风面产生一个高压区，迫使空气流入房屋内部。与此同时，低压区会出现在背风面，有时也出现在房屋的其他侧面。

wind load
▸风荷载
▹風荷重
* 也称风的动压力，是空气流动对工程结构所产生的压力。

window sill
▸窗台
▹窓台；ウィンドウシル
* 窗框架底基。

window sill plate
▸窗基板
▹ウィンドウシルプレート
* 构成窗户下部开洞结构的水平构件，其上放置窗户结构。

winged imago
▸有翅成虫
* 有翅虫

witch hazel
● 参见 *Distylium racemosum*

withdrawal capacity
▸抗拔性能
▹引拔抵抗性能
* 钉、木螺钉、码钉垂直钉入木质材料表面后，用试验机从木质材料拔出销类金属连接件的能力。

without edge support
▸边缘无支承状态
▹縁無支持状態
* 楼面板或屋面板宽度方向的边缘放置在搁栅构件上，长度方向的边缘无支承的状态。

wood
▸木材
▹木材
* 来源于树木的次生木质部，主要由纤维素、半纤维素和木质素等组成。

wood adhesive
▸木材胶黏剂
▹木材接着剤
* 在一定条件下，能使不同形态木材通过表面黏附作用，相互或与其他材料紧密地胶合在一起的物质。

wood ash
▸木材灰分
▹木灰
* 木材燃烧后残留的无机成分，主要为钾、钙、镁、硅等的氧化物。

wood-assortment
▸材种
▹木材種類
* 按不同用途和不同的使用质量要求所划分的原木产品种类。

wood-bamboo composite plywood
▸竹木复合胶合板；木竹复合胶合板
▹木竹複合合板
* 将竹材、木材加工成的各种片状材料，经组坯胶压制成的胶合板。

wood-based panel defects
▸人造板缺陷
▹木質パネル欠陥
* 影响人造板质量和等级的外观及加工缺陷的总称。

wood-based panel
▸人造板
▹木質パネル
* 以木材或非木材植物纤维材料为主要原料，加工成各种材料单元，施加（或不施加）胶黏剂和其他添加剂，组坯胶合而成的板材或成型制品。主要包括胶合板、刨花板、纤维板及其表面装饰板等产品。

wood-based structural panels
▸木基结构板
▹木質系構造パネル
* 以木质单板或木片为原料，采用结构胶黏剂热压制成的承重板材，包括结构胶合板和定向刨花板。

wood-bending
▸木材弯曲；曲木
▹曲げ木

wood biodeterioration agents
▸木材生物劣化因子
▹木材生物劣化因子
* 导致木材劣化的生物，包括微生物（主要为木腐菌、变色菌和霉菌）、昆虫和海生钻孔动物。

wood boring insects
▸木材钻孔虫；木蛀虫
▹木材穿孔性昆虫
* 能钻蛀木材，形成孔洞、坑道的昆虫。

wood brittleness
▸木材脆性
▹木材脆性
* 木材冲击韧性较低的一种性质或状态。

wood chemical properties
▸木材化学性质
▹木材化学的性質
* 木材及其主要组分与各种物质发生化学反应的性质。

wood chip
▸木片
▹削片；チップ
* 木材经削片机加工得到的具有一定规格的木质单元。木片规格一般为长15～30mm，宽15～25mm，厚3～5mm。

wood decay
▸木材腐朽
▹木材腐朽
* 木材细胞壁被腐朽菌或其他微生物分解引起的木材腐烂和解体的现象，包括白腐、褐腐和软腐等。

wood-destroying fungi
▸木材腐朽菌；木腐菌
▹木材腐朽菌
* 导致树木和木材腐朽的真菌，主要是担子菌亚门层菌纲的真菌，其中最常见多孔菌类。

wood destroying insects
●参见 wood boring insects

wood deterioration
▸木材劣化
▹木材劣化
* 木材遭受生物侵害和物理、化学等损害所造成的变质和损坏现象。

wood discoloration induced by chemicals
▸木材化学变色
▹木材化学的变色
* 木材受金属离子、酸、碱、酶等化学因子作用引起的变色。如铁污迹、柿树科的红变色等。

wood discoloration induced by microorganism
▸木材微生物变色
▹木材微生物变色
* 木材由微生物滋生繁殖而引起的变色。如马尾松和橡胶木蓝变等。

wood discoloration induced by physical factors
▸木材物理变色
▹木材物理的变色
* 木材受热、光照等物理因子作用而发生的变色。如干燥木材的垫条污迹等。

wood discoloration induced by physiological factors
▸木材生理变色
▹木材生理的变色
* 木材受到冻害、病害等灾害引发生理反应而导致的变色。

wood drying
▸木材干燥
▹木材乾燥
* 在热能作用下以蒸发或沸腾方式排除木材水分的处理过程。

wood drying dynamics
▸木材干燥动力学

▹木材乾燥動力学
＊研究干燥过程中，干燥室内气流的动力循环与木材内应力的发生、发展规律的科学。

wood drying kiln
▸木材干燥室；木材干燥窑
▹木材乾燥室
＊具有加热、通风、密闭、保温、防腐蚀等性能，在人工控制干燥介质条件下干燥木材的容器（设备）。

wood drying kinematics
▸木材干燥运动学
▹木材乾燥運動學
＊研究木材干燥过程中水分蒸发和移动规律的科学。

wood drying statics
▸木材干燥静力学
▹木材乾燥靜力學
＊研究干燥介质与木材之间状态平衡（如平衡含水率、最终含水率）的科学。

wood durability
▸木材耐久性
▹木材耐久性
＊木材在使用过程中，耐生物劣化和其他劣化的能力。

wood equilibrium moisture content
▸木材平衡含水率
▹木材平衡含水率
＊木材的干湿状态达到与周围介质的温湿度相平衡时的含水率。

wood extractives
▸木材抽提物
▹木材抽出物
＊木材用有机溶剂、碱性溶剂以及水处理所得的各种物质的总称。

wood failure
▸木材破坏
▹木部破断

wood failure percentage
▸木破率；木材破坏率
▹木部破断率；木破率
＊在测试胶合强度时，通过目测方法估计试件剪切破坏面上木材纤维被胶粘连或撕裂下来的部分占试件受剪面积的比例（%）。

wood failure ratio
•参见 wood failure percentage

wood fiber
▸木纤维
▹木部纖維
＊①阔叶树材次生木质部内的两端尖削、壁厚、腔小、木质化的具有具缘纹孔的闭管细胞，主要有韧型纤维和纤维管胞。②木质部内各种纤维的统称，包括针叶树材的管胞和阔叶树材中的韧型木纤维及纤维管胞。

wood fiber-thermoplastic composite (WFPC)
▸木纤维热塑性复合材
▹木纖維熱可塑性複合材
＊以单一的针、阔叶树材纤维或针、阔叶树材混合纤维和聚乙烯、聚丙烯等热塑性高分子为原料加工而成的一类复合材料，其中木材纤维含量为 30% ~ 70%。

wood figure
▸木材花纹
▹杢目
＊木材的各种组织和构造特征经加工后，在纵切面上所综合形成的图案。如带状花纹、波形纹、鸟眼花纹、泡状花纹和卷曲花纹等。

wood filler
▸木粉填料
▹目止め

wood flour
▸木粉
▹木粉

＊粉末状木材碎料，尺寸大小一般在 40 目以下。

wood for bridge construction
▸桥梁工程木
▹木造橋用材

wood for coop and cask
▸桶笼用木材
▹桶樽用材

wood gas
▸木瓦斯
▹木ガス

wood grain
▸木材纹理
▹木理
＊木材表面轴向分子（如木纤维、管胞、导管）排列方向的表现形式，可分为直纹理、斜纹理、螺旋纹理、波形纹理和交错纹理等类型。

wood grain print
▸木纹印刷
▹木目印刷

wood I-joist
▸工字形木搁栅；木工字梁
▹Ｉ型ビーム
＊采用规格材或结构用复合材作翼缘，木基结构板材作腹板，并采用结构胶黏剂胶结而组成的工字形截面的受弯构件。

wood identification
▸木材识别
▹木材の識別
＊根据木材构造特征，识别鉴定木材树种的过程。

wood incense
▸木香
▹木香

wood insect
▸木材害虫
▹木材害虫
＊通常为食木性昆虫和食菌性昆虫。

wood parenchyma
●参见 xylem parenchyma

wood plastic ratio
▸木塑比
▹木材プラスチック比
＊木塑复合材料中植物纤维（或木粉）与塑料的质量比例。

wood plastics combination(or composite) (WPC)
▸木塑复合材；木材复合塑料板
▹ダブルピーシー；木材プラスチック複合材料
＊以削片、碎料、颗粒、大刨花等木材组分和塑料碎片、颗粒等为原料，经过适当的处理使两种原料通过不同的复合方法制成的新型复合材料。其材料性能与木材的树种、组分含量，以及塑料的组分含量、浓度、尺寸大小、形状等密切相关。

wood preservation
▸木材防腐
▹木材防腐
＊应用化学药剂防止菌、虫、海生钻孔动物等对木材的侵害和破坏，且延长木材使用年限的防护处理技术。

wood preservative
▸木材防腐剂
▹木材防腐剤
＊用于增强木材抵抗腐菌、虫害、海生钻孔动物侵蚀风化、化学损害等破坏因素作用的化学药剂，主要分为油类、油载型和水载型。

wood preservative paste
▸木材防腐浆膏
▹木材防腐のり
＊能涂抹于木材表面的浆膏状木材防腐剂。

wood preservative treatment
▸木材防腐处理
▹木材防腐処理
＊采用防腐剂对木材进行真空或加压浸渍的过程。

wood ray
▸木射线
▹放射組織
* 在木材横切面上从髓心向树皮呈辐射状排列的射线薄壁组织，来源于形成层中的射线原始细胞，是树木体内的一种储藏组织。按排列形式可分为单列、双列、多列；按细胞组成可分为同形、异形；针叶树材有纺锤形。

wood rot
• 参见 wood decay

wood screw
▸木螺钉
▹木ネジ

wood sealer
▸木材填孔剂
▹ウッドシーラー

wood seasoning
• 参见 wood drying

wood shavings
▸木屑
▹経木

wood siding board
▸木墙板
▹下見板

wood stain
▸木材变色
▹木材変色
* 由各种生物、物理或化学因素导致木材与木制品固有颜色发生改变的现象，可分为微生物变色、物理变色、化学变色和木材加工过程引起的变色等。

wood structure
• 参见 structure of wood

wood tar
▸木焦油
▹木タール
* 木材干馏得到的液体产物在澄清时沉在下部的黑色油状液体。含有酚类、酸类、烃类等有机化合物。加工后可得到杂酚油、抗聚剂、浮选起泡剂、木沥青等产品，用于医药、合成橡胶和冶金等工业领域，也可直接用作木材防腐剂和防腐涂料。

wood trestle
▸木栈桥
▹木桟橋
* 由木桩或墩桩与梁板组成的，连接码头与陆域的木质排架结构物。

wood trestle road along cliff
▸木栈道
▹木桟道
* 架设于不易直接行走的地段，提供给行人、物资运输的木质通道。

wood vinegar
• 参见 pyroligneous liquor

wood wasps
▸树蜂
▹キバチ
* 属膜翅目树蜂科，常危害衰弱的立木或新伐倒木，以及未干燥的原木。幼虫能在木质部钻蛀坑道，成虫羽化孔为圆形，雌蜂具有长产卵管，能刺入坚实木材中产卵。

wood wool
▸木丝
▹木毛

wood wool cemented board
▸木丝水泥板
▹木毛セメント板

wooden block
▸木块；木滑车
▹木煉瓦

wooden construction
• 参见 timber structure

wooden frame house construction
▸轻型木结构
▹枠組壁工法

wooden pattern
▸木模型
▹木型

wooden structural material
▸木质结构材料
▹木質構造材料
* 在建筑中使用的具有结构功能的木质材料，主要包括结构用木材和结构用木质复合材。

work in impact bending
▸冲击弯曲力
▹衝撃曲げ仕事量

work of adhesion
▸黏附功
▹接着仕事
* 油漆式胶黏剂的黏附称为黏附润湿，因为它取代了固—气界面和固—液界面，将润湿固—固表面的液体从固体表面除去所需的功，是润湿的一种度量方式。

worker termite
▸工蚁
▹職蟻

working life
• 参见 pot life

worm hole
▸虫洞
▹虫食

woven mat plybamboo
▸竹编胶合板；竹席胶合板
▹竹席合板
* 将竹篾相互交错编织成竹席，再经组坯胶压而成的竹材胶合板。

X

X form piling method

▸**X 形堆积法**

▹**X 形堆積法**

* 将长而薄的板材彼此交叉，斜靠在架杆上的堆积法。

xylem

▸**木质部**

▹**木部**

* 位于树木形成层与髓之间，由管胞、木纤维、导管和木薄壁细胞等组成。

xylem parenchyma

▸**木材薄壁组织**

▹**木部柔組織**

* 树木木质部的薄壁细胞群，包括轴向薄壁组织和射线薄壁组织。

Y

yellow cypress
▸黄桧
▹ベイヒバ

yellow meranti
●参见 *Shorea* spp.
▹イエロウメランチ

yezo spruce
●参见 *Picea jezoensis*

yield
▸屈服
▹歩留り
*在机械与材料科学中对延展性材料受力在弹性限度以上时产生应力应变比值反复变化的情形，再稍微增加受力后就会产生破断的应力值。当一材料受力时，其应力应变比值呈直线状态之最高应力值称为弹性限度，弹性限度以下，材料的变形属于弹性变形，在荷载卸除之后，材料会恢复到原来的形状；若受力持续加大，应力值超过屈顺点强度，则此时材料会产生塑性变形，当荷载卸除后，材料将无法恢复到原来的形状，呈现永久变形。

yield of green veneer
▸单板出板率
▹単板産出率
*旋切得到的有用单板的材积与木段材积的百分比。

yield point
▸屈服点
▹降伏点

yield resistance
▸降伏耐力
▹降伏耐力

Young's modulus
▸杨氏模量；弹性模数
▹ヤング係数
*弹性材料承受正向应力时会产生正向应变，在形变没有超过对应材料的一定弹性限度时，定义正向应力与正向应变的比值为这种材料的杨氏模量。

Young's modulus in compression
▸压缩杨氏模量
▹圧縮ヤング係数

Young's modulus in compression parallel to grain
▸顺纹压缩杨氏模量
▹縦圧縮ヤング係数

Young's modulus in tension
▸拉伸杨氏模量
▹引張ヤング係数

Z

Zelkova serrata

▸**榉木**

▹**ケヤキ**

zone line

▸**带线**

▹**帯線**

＊木材受木腐菌的侵害，在腐朽部分形成的真菌产物或分解产物的暗褐色和黑色细线带，常成为不规则腐朽范围的边界。

zoning

▸**空间区划**

▹**ゾーニング**

Zygomycotina

●**参见** subdivision zygomycota

索　引

中文词汇索引

C

D

E

F

G

H

I

J

K

L

N

O

P

R

S

T

V

W

X

Y

Z

日文词汇索引

ア

エ

オ

カ

キ

ク

ケ

コ

サ

シ

ス

セ

ソ

タ

チ

ツ

テ

ト

ナ

ニ

ヌ

ネ

ノ

ハ

ヒ

フ

ホ

マ

ミ

ム

メ

モ

ヤ

ユ

ヨ

ラ

リ

ル

レ

ロ

ワ